U0191405

计算机科学丛书

Go程序设计语言

艾伦 A. A. 多诺万（Alan A. A. Donovan）
[美]　　　　　谷歌公司　　　　　　　　　　著
布莱恩 W. 柯尼汉（Brian W. Kernighan）
普林斯顿大学

李道兵　高博　庞向才　金鑫鑫　林齐斌　译

The Go Programming Language

机械工业出版社
CHINA MACHINE PRESS

图书在版编目（CIP）数据

Go 程序设计语言 /（美）艾伦 A. A. 多诺万（Alan A. A. Donovan），（美）布莱恩 W. 柯尼汉（Brian W. Kernighan）著；李道兵等译 . —北京：机械工业出版社，2017.1（2024.1 重印）

（计算机科学丛书）

书名原文：The Go Programming Language

ISBN 978-7-111-55842-2

I. G… II. ① 艾… ② 布… ③ 李… III. C 语言 – 程序设计 IV. TP312.8

中国版本图书馆 CIP 数据核字（2017）第 011442 号

北京市版权局著作权合同登记　图字：01-2015-7914 号。

Authorized translation from the English language edition, entitled The Go Programming Language, 978-0-13-419044-0, by Alan A. A. Donovan, Brian W. Kernighan, published by Pearson Education, Inc., Copyright © 2016 Alan A. A. Donovan & Brian W. Kernighan.

All rights reserved. No part of this book may be reproduced or transmitted in any form or by any means, electronic or mechanical, including photocopying, recording or by any information storage retrieval system, without permission from Pearson Education, Inc.

Chinese simplified language edition published by Pearson Education Asia Ltd., and China Machine Press Copyright © 2017.

本书中文简体字版由 Pearson Education（培生教育出版集团）授权机械工业出版社在中国大陆地区（不包括香港、澳门特别行政区及台湾地区）独家出版发行。未经出版者书面许可，不得以任何方式抄袭、复制或节录本书中的任何部分。

本书封底贴有 Pearson Education（培生教育出版集团）激光防伪标签，无标签者不得销售。

本书由《C 程序设计语言》的作者 Kernighan 和谷歌公司 Go 团队主管 Alan Donovan 联袂撰写，是学习 Go 语言程序设计的权威指南。本书共 13 章，主要内容包括：Go 的基础知识、基本结构、基本数据类型、复合数据类型、函数、方法、接口、goroutine、通道、共享变量的并发性、包、go 工具、测试、反射等。

本书适合作为计算机相关专业的教材，也可供 Go 语言爱好者阅读。

出版发行：机械工业出版社（北京市西城区百万庄大街 22 号　邮政编码 100037）

责任编辑：迟振春　　　　　　　　　　　　　责任校对：董纪丽

印　　刷：固安县铭成印刷有限公司　　　　　版　　次：2024 年 1 月第 1 版第 14 次印刷

开　　本：185mm×260mm　1/16　　　　　　印　　张：18.75

书　　号：ISBN 978-7-111-55842-2　　　　　定　　价：79.00 元

客服电话：（010）88361066　68326294

版权所有·侵权必究
封底无防伪标均为盗版

很高兴这次应高博的邀请，与高博及上海七牛信息技术有限公司的几位同事一起来完成本书的翻译。

Go 语言在 2009 年发布，当年就被选为 TIOBE 年度语言，并在若干年后的今天，再度当选为 TIOBE 年度语言。这有力证明了 Go 语言在工业界和开发者社区的良好口碑，以及与时俱进的生命力。本书简体中文版的出版，可谓恰逢其时！

2012 年，Go 语言发布 1.0 版本后，推广速度更是突飞猛进，比如最好的容器软件 Docker 就是用 Go 语言写成的，ETCD、Kubernetes 这类有望构建新一代软件架构的基础软件也是基于 Go 语言的。除此之外，数据库领域有 TiDB 和 InfluxDB，消息系统有 NSQ，缓存系统有 GroupCache。可以看到，几乎在基础架构软件的每一个领域，都涌现了由 Go 语言编写的新软件，这些软件已经取得或者正在取得越来越高的市场占有率。除了作为基础架构软件的语言之外，Go 语言作为服务器端通用语言的机会也越来越多，这从 Beego、Gorilla 等 Go 语言 Web 框架的热门程度也可以看出一些端倪。

在基础架构软件这个层面，最早只有 C 语言，后来又有了 C++ 语言。在性能不受影响的情况下，C++ 语言让我们得以驾驭规模更大、更复杂的项目，比如 MySQL、MongoDB 这类数据库软件就是用 C++ 语言写的。尽管 C++ 语言功能强大，但是它并没有太好地解决代码的易用性和健壮性互相平衡的问题，所以我们接下来看到了很多基于 Java 语言的基础架构软件的出现，例如整个 Hadoop 生态。在这之后，随着高并发需求的逐步增强，不少针对高并发设计的语言流行起来，如 Erlang（代表作 RabbitMQ）、Scala（代表作 Apache Spark），还有最近由 Mozilla 基金会推出的 Rust，以及本书的主角 Go 语言。从目前的状态来看，Go 语言取得的成就远高于其他三种语言，尽管未来究竟哪种语言会成为新的基础架构语言还不可知，但高并发肯定会是一个必备的特性。

Go 语言的作者是 Robert Griesemer、Rob Pike 和 Ken Thompson，与我年龄相仿的程序员对 Ken Thompson 应该不会陌生，他在 UNIX 和 C 语言开发中的巨大贡献让他的名字被大量的程序员所熟知。也正因为如此，在 Go 语言中，我们看到了大量 C 的痕迹和 UNIX 的设计哲学。

本书的作者之一 Brian Kernighan 也是著名的经典 C 语言手册《C 程序设计语言》$^{\ominus}$的作者，程序员们甚至将《C 程序设计语言》亲切地称为 "K&R C"。而本书的名字也暗示了全书的品质将再现经典。我们也不应该忽视，Kernighan 和 Go 语言作者之一 Rob Pike 是另一本经典作品《程序设计实践》的作者。这些极其珍贵的历史经验和始终在第一线实践的宝贵经验，结合作者多年的教学和写作凝成的文笔，更是为本书的经典品质铸就了坚实的基础。我们在翻译本书中充分体会到：通过对一个又一个语言特性深入浅出的介绍，对设计取舍和具体实例的全面分析，以及与其他语言的综合对比，本书揭示了 Go 语言背后的设计思想。本书能够让新手一开始就走在正确的道路上，让老手能够更精准地把握语言的设计意

⊖ 本书中文版由机械工业出版社引进并出版，ISBN：978-7-111-12806-0。

图，确实是 Go 语言的一本经典之作！

　　这本书是"七牛人"为推广 Go 语言贡献的第三本书，2012 年上海七牛信息技术有限公司的创始人许式伟和吕桂华合著了国内的第一本 Go 语言书籍《Go 语言编程》，2013 年又集合该公司的力量翻译了本书，还组织了以 Go 语言为主题的 ECUG 年度大会。"七牛云"从 Go 语言中获益良多，我们也很乐于为 Go 语言以及 Go 社区的发展贡献一份我们自己的力量。

　　祝大家开卷有益！

李道兵

上海七牛信息技术有限公司首席架构师

"Go 是一种开源的程序设计语言，它意在使得人们能够方便地构建简单、可靠、高效的软件。"（来自 Go 官网 golang.org）

Go 在 2007 年 9 月形成构想，并于 2009 年 11 月发布，其发明人是 Robert Griesemer、Rob Pike 和 Ken Thompson，这几位都任职于 Google。该语言及其配套工具集使得编译和执行既富有表达力又高效，而且使得程序员能够轻松写出可靠、健壮的程序。

Go 和 C 从表面上看起来相似，而且和 C 一样，它也是专业程序员使用的一种工具，兼有事半功倍之效。但是 Go 远不止是 C 的一种升级版本。基于多种其他语言，它取其精华，去其糟粕。它实现并发功能的设施是全新的、高效的，实现数据抽象和面向对象的途径是极其灵活的。它还实现了自动化的内存管理，或称为垃圾回收。

Go 特别适用于构建基础设施类软件（如网络服务器），以及程序员使用的工具和系统等。但它的的确确是一种通用语言，而且在诸多领域（如图像处理、移动应用和机器学习）中都能发现它的身影。它在很多场合下用于替换无类型的脚本语言，这是由于它兼顾了表达力和安全性：Go 程序通常比动态语言程序运行速度要快，由于意料之外的类型错误而导致崩溃的情形更是少得多。

Go 是个开源项目，所以其编译器、库和工具的源代码是人人皆可免费取得的。来自全世界的社区都在积极地向这个项目贡献代码。Go 的运行环境包括类 UNIX 系统——Linux、FreeBSD、OpenBSD 和 Mac OS X，还有 Plan 9 和 Microsoft Windows。只要在其中一个环境中写了一个程序，那么基本上不加修改它就可以运行在其他环境中。

本书旨在帮助读者立刻开始使用 Go，以及熟练掌握这门语言，并充分地利用 Go 的语言特性和标准库来撰写清晰的、符合习惯用法的、高效的程序。

Go 的起源

和生物学物种一样，成功的语言会繁衍后代，这些后代语言会从它们的祖先那里汲取各种优点；有时候，语言间的"混血"会产生异常强大的力量；在一些罕见情况下，某个重大的语言特性也可能凭空出现而并无先例。通过考察语言间的影响，我们可以学得不少知识，比如语言为什么会变成这个样子，以及它适合用于哪些环境，等等。

下图展示了更早出现的程序设计语言对 Go 产生的最重要影响。

Go 有时会称为"类 C 语言"或"21 世纪的 C"。从 C 中，Go 继承了表达式语法、控制流语句、基本数据类型、按值调用的形参传递和指针，但比这些更重要的是，继承了 C 所强调的要点：程序要编译成高效的机器码，并自然地与所处的操作系统提供的抽象机制相配合。

可是，Go 的家谱中还有其他祖先。产生主要影响的是由 Niklaus Wirth 设计的、以 Pascal 为发端的一个语言支流。Modula-2 启发了包概念。Oberon 消除了模块接口文件和模块实现文件之间的差异。Oberon-2 影响了包、导入和声明的语法，并提供了方法声明的语法。

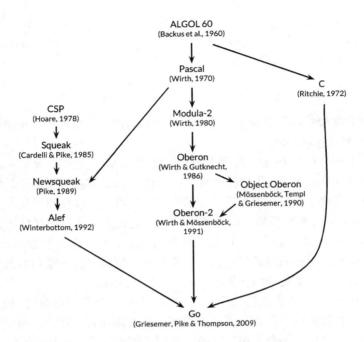

Go 的另一支世系祖先——它使得 Go 相对于当下的程序设计语言显得卓然不群，是在贝尔实验室开发的一系列名不见经传的研究用语言。这些语言都受到了通信顺序进程（Communicating Sequential Process，CSP）的启发，CSP 由 Tony Hoare 于 1978 年在发表的关于并发性基础的开创性论文中提出。在 CSP 中，程序就是一组无共享状态进程的并行组合，进程间的通信和同步采用通道完成。不过，Hoare 提出的 CSP 是一种形式语言，仅用于描述并发性的基本概念，并不是一种用来撰写可执行程序的程序设计语言。

Rob Pike 等人开始动手做一些实验，尝试把 CSP 实现为真正的语言。第一种这样的语言称为 Squeak（"和鼠类沟通的语言"）[⊖]，它是一种用于处理鼠标和键盘事件的语言，其中具有静态创建的通道。紧接着它的是 Newsqueak，它具有类 C 的语句和表达式语法，以及类 Pascal 的类型记法。它是一种纯粹的函数式语言，具有垃圾回收功能，同样也以管理键盘、鼠标和窗口事件为目标。通道变成了"一等"值（first-class value），它可以动态创建并用变量存储。

Plan 9 操作系统将这些思想都纳入一种称为 Alef 的语言中。Alef 尝试将 Newsqueak 改造成一种可用的系统级程序设计语言，但垃圾回收功能的缺失使得它在处理并发性时捉襟见肘。

Go 中的其他结构也会不时显示出某些并非来自祖先的基因。例如，iota 多多少少有点 APL 的影子，而嵌套函数的词法作用域则来自 Scheme（以及由之而来的大部分语言）。在 Go 语言中，也可以发现全新的变异。Go 中新颖的 slice 不仅为动态数组提供了高效的随机访问功能，还允许旧式链表的复杂共享机制。另外，defer 语句也是 Go 中新引入的。

Go 项目

所有的程序设计语言都反映了其发明者的程序设计哲理，其中相当大的一部分是对于此

⊖ 该单词直译为（老鼠的）吱吱叫声，是为隐喻和双关。——译者注

前语言已知缺点的应对措施。Go 这个项目也诞生于挫败感，这种挫败感来源于 Google 的若干复杂性激增的软件系统。（而且这个问题绝非 Google 所独有的。）

"复杂性是以乘积方式增长的。"Rob Pike 如是说。为了修复某个问题，一点点地将系统的某个部分变得更加复杂，这不可避免地也给其他部分增加了复杂性。在不断要求增加系统功能、选项和配置，以及快速发布的压力之下，简单性往往被忽视了（尽管长期来看，简单性才是好软件的不二法门）。

要实现简单性，就要求在项目的一开始就浓缩思想的本质，并在项目的整个生命周期制定更具体的准则，以分辨出哪些变化是好的，哪些是坏的或致命的。只要足够努力，好的变化就既可以实现目的，又能够不损害 Fred Brooks 所谓软件设计上的"概念完整性"。坏的变化就做不到这一点，而致命的变化则会牺牲"简单性"去换得浅薄的"方便性"。⊖但是，只有通过设计上的简单性，系统才能在增长过程中保持稳定、安全和自洽。

Go 项目不仅包括该语言本身及其工具和标准库，还有决不能忽视的一点，就是它保持极端简单性的行为文化。在高级语言中，Go 出现得较晚，因而有一定后发优势，它的基础部分实现得不错：有垃圾回收、包系统、一等公民函数、词法作用域、系统调用接口，还有默认用 UTF-8 编码的不可变字符串。但相对来说，它的语言特性不多，而且不太会增加新特性了。比如，它没有隐式数值类型强制转换，没有构造或析构函数，没有运算符重载，没有形参默认值，没有继承，没有泛型，没有异常，没有宏，没有函数注解，没有线程局部存储。这门语言成熟而且稳定，并且保证兼容更早版本：在旧版本的 Go 语言中写的程序，可以在新版本的编译器和标准库下编译与运行。

Go 的类型系统足可以使程序员避免在动态语言中会无意犯下的绝大多数错误，但相对而言，它在带类型的语言中又算是类型系统比较简单的。其实现方法有时候会导致类型框架林立却彼此孤立的"无类型"程序设计风格，并且 Go 程序员在类型方面不会像 C++ 或 Haskell 程序员那样走极端——反复表达类型安全性以证明语言是基于类型的。但在实际工作中，Go 却能为程序员提供只有强类型的系统才能实现的安全性和运行时性能，而不让程序员承担其复杂性。

Go 提倡充分利用当代计算机系统设计，尤其强调局部性的重要意义。其内置数据类型和大多数库数据结构都经过仔细设计，力求以自然方式工作，而不要求显式的初始化或隐式的构造函数。这么一来，隐藏在代码中的内存分配和内存写入就大大减少了。Go 中的聚合类型（结构体和数组）都以直接方式持有其元素，与使用间接字段的语言相比，它需要更少的存储空间以及更少的分配操作和指针间接寻址操作。正如前面提到的那样，由于现代计算机都是并行工作的，因此 Go 具有基于 CSP 的并行特性。Go 还提供了变长栈来运行其轻量级线程，或称为 goroutine。这个栈初始时非常小，所以创建一个 goroutine 的成本极低，创建 100 万个也完全可以接受。

Go 标准库常常称作"自带电池的语言"，它提供了清晰的构件，以及用于 I/O、文本处理、图形、加密、网络、分布式应用的 API，而且对许多标准文件格式和协议都提供了支持。Go 的库和工具充分地尊重惯例，避免了配置和解释，从而简化了程序逻辑，提高了多种多样的 Go 程序之间的相似性，使得它更容易学习和掌握。采用 go 工具构建的项目，仅使用文件和标识符的名字（在极少情况下使用特殊注释），就可以推断出一个项目使用的所有

⊖ 见《人月神话》。——译者注

库、可执行文件、测试、性能基准、示例、平台相关变体，以及文档。Go 的源代码中就包含了构建的规格说明。

本书结构

我们假定你已用一两种其他语言编过程序，可能是像 C、C++ 或 Java 那样的编译型语言，也可能是像 Python、Ruby 或 JavaScript 那样的解释型语言，所以本书不会像针对一个零基础的初学者那样事无巨细地讲述所有内容。表面上的语法大体雷同，变量、常量、表达式、控制流和函数也一样。

第 1 章是关于 Go 的基础结构的综述，通过十几个完成日常任务（包括读写文件、格式化文本、创建图像，以及在 Internet 客户端和服务器之间通信）的程序来介绍这门语言。

第 2 章讲述 Go 程序的组成元素——声明、变量、新类型、包和文件，以及作用域。第 3 章讨论数值、布尔量、字符串、常量，还解释如何处理 Unicode。第 4 章描述复合类型，即使用简单类型构造的类型，形式有数组、map、结构体，还有 slice（Go 中动态列表的实现）。第 5 章概述函数，并讨论错误处理、宕机（panic）和恢复（recover），以及 defer 语句。

可以看出，第 1～5 章是基础性的，其内容是任何主流命令式语言都有的。Go 的语法和风格可能与其他语言有所不同，但大多数程序员都能很快掌握这些内容。余下的章节重点讨论 Go 语言中与惯常做法有一定区别的内容，包括方法、接口、并发、包、测试和反射。

Go 以一种不同寻常的方式来诠释面向对象程序设计。它没有类继承，甚至没有类。较复杂的对象行为是通过较简单的对象组合（而非继承）完成的。方法可以关联到任何用户定义的类型，而不一定是结构体。具体类型和抽象类型（即接口）之间的关系是隐式的，所以一个具体类型可能会实现该类型设计者没有意识到其存在的接口。第 6 章讲述方法，第 7 章讲述接口。

第 8 章介绍 Go 的并发性处理途径，它基于 CSP 思想，采用 goroutine 和通道实现。第 9 章则讨论并发性中基于共享变量的一些传统话题。

第 10 章讨论包，也就是组织库的机制。该章也说明如何高效地利用 go 工具，仅仅这个工具，就提供了编译、测试、性能基准测试、程序格式化、文档，以及完成许多其他任务的功能。

第 11 章讨论测试，在这里 Go 采取了显著的轻量级途径，避免了重重抽象的框架，转而使用简单的库和工具。测试库提供了一个基础，在其之上根据需要可以构建更复杂的抽象。

第 12 章讨论反射，即程序在执行期间考察自身表示方式的能力。反射是一种强大的工具，不过要慎重使用它，该章通过演示如何用它来实现某些重要的 Go 库，解释了如何统筹兼顾。第 13 章解释低级程序设计的细节（它运用 unsafe 包来绕过 Go 的类型系统），以及什么时候适合这样做。

每章都配以一定数量的练习，可以用来测试你对 Go 的理解，或者探索对书中示例的扩展和变形。

除了最简单的示例代码以外，书中所有的示例代码都可以从 gopl.io 网站的公开 Git 仓库下载。每个示例以其包的导入路径开头和命名，从而能够方便地使用 go get 命令获取、构建和安装。你需要选取一个目录作为你的 Go 工作空间，并使 GOPATH 环境变量指向它。在必要时，go 工具会创建该目录。例如：

```
$ export GOPATH=$HOME/gobook        # choose workspace directory
$ go get gopl.io/ch1/helloworld     # fetch, build, install
$ $GOPATH/bin/helloworld            # run
Hello, 世界
```

要运行这些例子，至少需要使用 1.5 版本的 Go 语言。

```
$ go version
go version go1.5 linux/amd64
```

如果你的计算机上的 go 工具版本太旧或者缺失，请按 https://golang.org/doc/install 上的步骤操作。

更多信息来源

关于 Go 的更多信息，最好的来源就是 Go 的官方网站：https://golang.org。其中列出了文档供读者访问，包括 Go 程序设计语言规范、标准包等。其中还列出 Go 语言教程，指导如何撰写 Go 程序，以及如何撰写好的 Go 程序，还有大量在线文本和视频资源，这些都是本书的主要补充资源。位于 blog.golang.org 的 Go 博客发布的是关于 Go 的最好文章，内容涉及该语言当下的状态、未来的计划、会议方面的报告，还有 Go 相关的大量话题的深度解读。

Go 官网在线访问最有用的一个方面（这也是纸质书的一个令人遗憾的限制），就是提供了从描述 Go 程序的网页上直接运行的能力。这种功能由位于 play.golang.org 的 Go 训练场（Playground）提供，也可以嵌入其他页面，比如 golang.org 的首页，或者由 godoc 工具提供的文档页面。

训练场为读者对简短的程序执行简单的实验提供了方便，有助于读者检验自己对语法、语义和库包的理解，并且它在很多方面取代了其他语言中的读取－求值－输出循环（Read-Eval-Print Loop，REPL）。它的永久 URL 对于共享 Go 代码段、报告 bug 或提出建议都很有用。

在训练场的基础之上，位于 tour.golang.org 的 Go Tour 就是一系列简短的交互式课程（内容是 Go 语言的基础思想和结构），也是学习整门语言的系统资源。

训练场和 Go Tour 的主要缺点在于它只允许导入标准库，并且很多库特性（比如网络库）都出于可操作性或安全原因限制使用。而要编译和运行每个程序，都要求 Internet 连接。所以，欲进行更详尽的实验，需要在本机上运行 Go 程序。幸运的是，下载过程相当简单，从 golang.org 获取 Go 的安装版本并开始撰写和运行你自己的 Go 程序，用不了几分钟。

由于 Go 是个开源项目，因此你可以从 https://golang.org/pkg 上在线读取标准库中的任何类型或函数的代码，每个供下载的版本都同样包含这些代码。请使用这些代码来弄明白某些程序的运行原理、回答关于程序细节的问题，也可以用它们来学一学专家是如何写出一流的 Go 代码的。

致谢

Go 团队的核心成员 Rob Pike 和 Russ Cox 仔细通读了初稿数次，他们从遣词造句到整体结构都对本书提出了重要的建议。在准备本书的日语版时，柴田芳树所做的贡献大大超过了他负担的义务，他的火眼金睛发现了英语版中的上下文不一致性，以及代码中的错误。非常感谢 Brian Goetz、Corey Kosak、Arnold Robbins、Josh Bleecher Snyder 以及 Peter Weinberger 对全书初稿进行彻底的审查并提出批判性的建议。

感谢 Sameer Ajmani、Ittai Balaban、David Crawshaw、Billy Donohue、Jonathan Feinberg、Andrew Gerrand、Robert Griesemer、John Linderman、Minux Ma、Bryan Mills、Bala Natarajan、Cosmos Nicolaou、Paul Staniforth、Nigel Tao 以及 Howard Trickey 提供的诸多有用建议。也感谢 David Brailsford 和 Raph Levien 的排版建议。

Addison-Wesley 出版社的编辑 Greg Doench 策划了本书，而且一直不断地给予帮助。Addison-Wesley 的制作团队——John Fuller、Dayna Isley、Julie Nahil、Chuti Prasertsith 以及 Barbara Wood——非常杰出，给予作者大量的支持。

Alan Donovan 想要感谢 Google 的 Sameer Ajmani、Chris Demetriou、Walt Drummond 以及 Reid Tatge 让他腾出时间来写作这本书，还要感谢 Stephen Donovan 的建议和及时的鼓励。最重要的是，感谢他的妻子 Leila Kazemi 无限的热情和长期的支持，谅解了他在家庭生活中的疏忽。

Brian Kernighan 对他的朋友和同事深表谢意，他们对 Kernighan 花费了很长时间以通俗易懂的语言写作本书表现出了极大的耐心和理解。尤其是他的妻子 Meg，她为 Kernighan 的写作以及太多的其他事务提供了不懈的支持。

入　门

本章是对于 Go 语言基本组件的一些说明。希望本章所提供的足够信息和示例，能够使您尽可能快地做一些有用的东西。本书所有的例子都是针对现实世界的任务的。本章将带您尝试体验用 Go 语言来编写各种程序：从简单的文件、图片处理到并发的客户端和服务器的互联网应用开发。虽然在一章里不能把所有东西讲清楚，但是以这类应用作为学习一门语言的开始是一种高效的方式。

学习新语言比较自然的方式，是使用新语言写一些你已经可以用其他语言实现的程序。我们试图说明和解释如何用好 Go 语言，当你写自己的代码的时候，本章的代码可以作为参考。

1.1　hello, world

我们依然从永恒的 "hello, world" 例子开始，它出现在 1978 年出版的《The C Programming Language》这本书的开头。C 对 Go 的影响非常直接，我们用 "hello, world" 来说明一些主要的思路：

gopl.io/ch1/helloworld

```
package main

import "fmt"

func main() {
    fmt.Println("Hello, 世界")
}
```

Go 是编译型的语言。Go 的工具链将程序的源文件转变成机器相关的原生二进制指令。这些工具可以通过单一的 go 命令配合其子命令进行使用。最简单的子命令是 run，它将一个或多个以 .go 为后缀的源文件进行编译、链接，然后运行生成的可执行文件（本书中我们使用 $ 符号作为命令提示符）：

```
$ go run helloworld.go
```

不出意料地，这将输出：

```
Hello, 世界
```

Go 原生地支持 Unicode，所以它可以处理所有国家的语言。

如果这个程序不是一次性的实验，那么编译输出成一个可复用的程序比较好。这通过 go build 来实现：

```
$ go build helloworld.go
```

这条命令生成了一个叫作 helloworld 的二进制程序，它可以不用进行任何其他处理，随时执行：

```
$ ./helloworld
Hello, 世界
```

我们给每一个重要的例子都加了一个标签，提示你可以从本书在 gopl.io 的源码库获取
代码：

gopl.io/ch1/helloworld

如果执行 go get gopl.io/ch1/helloworld，它将会把源代码取到相应的目录。这将在 2.6
节和 10.7 节进行更多的讨论。

现在我们来说说该程序本身。Go 代码是使用包来组织的，包类似于其他语言中的库和
模块。一个包由一个或多个 .go 源文件组成，放在一个文件夹中，该文件夹的名字描述了包
的作用。每一个源文件的开始都用 package 声明，例子里面是 package main，指明了这个文
件属于哪个包。后面跟着它导入的其他包的列表，然后是存储在文件中的程序声明。

Go 的标准库中有 100 多个包用来完成输入、输出、排序、文本处理等常规任务。例如，
fmt 包中的函数用来格式化输出和扫描输入。Println 是 fmt 中一个基本的输出函数，它输出
一个或多个用空格分隔的值，结尾使用一个换行符，这样看起来这些值是单行输出。

名为 main 的包比较特殊，它用来定义一个独立的可执行程序，而不是库。在 main 包中，
函数 main 也是特殊的，不管在什么程序中，main 做什么事情，它总是程序开始执行的地方。
当然，main 通常调用其他包中的函数来做更多的事情，比如 fmt.Println。

我们需要告诉编译器源文件需要哪些包，用 package 声明后面的 import 来导入这些包。
"hello，world" 程序仅使用了一个来自于其他包的函数，而大多数程序可能导入更多的包。

你必须精确地导入需要的包。在缺失导入或存在不需要的包的情况下，编译会失败，这
种严格的要求可以防止程序演化中引用不需要的包。

import 声明必须跟在 package 声明之后。import 导入声明后面，是组成程序的函数、变
量、常量、类型（以 func、var、const、type 开头）声明。大部分情况下，声明的顺序是没
有关系的。示例中的程序足够短，因为它只声明了一个函数，这个函数又仅仅调用了一个其
他的函数。为了节省空间，在处理示例的时候，我们有时不展示 package 和 import 声明，但
是它们存在于源文件中，并且编译时必不可少。

一个函数的声明由 func 关键字、函数名、参数列表（main 函数为空）、返回值列表（可
以为空）、放在大括号内的函数体组成，函数体定义函数是用来做什么的，这将在第 5 章详
细介绍。

Go 不需要在语句或声明后面使用分号结尾，除非有多个语句或声明出现在同一行。事
实上，跟在特定符号后面的换行符被转换为分号，在什么地方进行换行会影响对 Go 代码的
解析。例如，"｛" 符号必须和关键字 func 在同一行，不能独自成行，并且在 x+y 这个表达
式中，换行符可以在 + 操作符的后面，但是不能在 + 操作符的前面。

Go 对于代码的格式化要求非常严格。gofmt 工具将代码以标准格式重写，go 工具的 fmt
子命令使用 gofmt 工具来格式化指定包里的所有文件或者当前文件夹中的文件（默认情况
下）。本书中包含的所有 Go 源代码文件都使用 gofmt 运行过，你应该养成对自己的代码使用
gofmt 工具的习惯。定制一个标准的格式，可以省去大量无关紧要的辩论，更重要的是，如
果允许随心所欲的格式，各种自动化的源代码转换工具将不可用。

许多文本编辑器可以配置为每次在保存文件时自动运行 gofmt，因此源文件总可以保持
正确的形式。此外，一个相关的工具 goimports 可以按需管理导入声明的插入和移除。它不
是标准发布版的一部分，可以通过执行下面的命令获取到：

```
$ go get golang.org/x/tools/cmd/goimports
```

对大多数用户来说，按照常规方式下载、编译包，执行自带的测试，查看文档等操作，使用 go 工具都可以实现，这将在 10.7 节详细介绍。

1.2　命令行参数

大部分程序处理输入然后产生输出，这就是关于计算的大致定义。但是程序怎样获取数据的输入呢？一些程序自己生成数据，更多的时候，输入来自一个外部源：文件、网络连接、其他程序的输出、键盘、命令行参数等。随后的一些示例将从命令行参数开始讨论这些输入。

os 包提供一些函数和变量，以与平台无关的方式和操作系统打交道。命令行参数以 os 包中 Args 名字的变量供程序访问，在 os 包外面，使用 os.Args 这个名字。

变量 os.Args 是一个字符串 slice。slice 是 Go 中的基础概念，很快我们将讨论到它。现在只需理解它是一个动态容量的顺序数组 s，可以通过 s[i] 来访问单个元素，通过 s[m:n] 来访问一段连续子区间，数组长度用 len(s) 表示。与大部分编程语言一样，在 Go 中，所有的索引使用半开区间，即包含第一个索引，不包含最后一个索引，因为这样逻辑比较简单。例如，slice s[m:n]，其中，$0 \leqslant m \leqslant n \leqslant len(s)$，包含 n-m 个元素。

os.Args 的第一个元素是 os.Args[0]，它是命令本身的名字；另外的元素是程序开始执行时的参数。表达式 s[m:n] 表示一个从第 m 个到第 n-1 个元素的 slice，所以下一个示例中 slice 需要的元素是 os.Args[1:len(os.Args)]。如果 m 或 n 缺失，默认分别是 0 或 len(s)，所以我们可以将期望的 slice 简写为 os.Args[1:]。

这里有一个 UNIX echo 命令的实现，它将命令行参数输出到一行。该实现导入两个包，使用由圆括号括起来的列表，而不是独立的 import 声明。两者都是合法的，但为了方便起见，我们使用列表的方式。导入的顺序是没有关系的，gofmt 工具会将其按照字母顺序表进行排序（当一个示例有几个版本时，通常给它们编号以区分出当前讨论的版本）。

gopl.io/ch1/echo1
```go
// echo1 输出其命令行参数
package main

import (
    "fmt"
    "os"
)

func main() {
    var s, sep string
    for i := 1; i < len(os.Args); i++ {
        s += sep + os.Args[i]
        sep = " "
    }
    fmt.Println(s)
}
```

注释以 // 开头。所有以 // 开头的文本是给程序员看的注释，编译器将会忽略它们。习惯上，在一个包声明前，使用注释对其进行描述；对于 main 包，注释是一个或多个完整的句子，用来对这个程序进行整体概括。

var 关键字声明了两个 string 类型的变量 s 和 sep。变量可以在声明的时候初始化。如果变量没有明确地初始化，它将隐式地初始化为这个类型的空值。例如，对于数字初始化结果是 0，对于字符串是空字符串 ""。在这个示例中，s 和 sep 隐式初始化为空字符串。第 2章将讨论变量和声明。

对于数字，Go 提供常规的算术和逻辑操作符。当应用于字符串时，+ 操作符对字符串的值进行追加操作，所以表达式

```
sep + os.Args[i]
```

表示将 sep 和 os.Args[i] 追加到一起。程序中使用的语句

```
s += sep + os.Args[i]
```

是一个赋值语句，将 sep 和 os.Args[i] 追加到旧的 s 上面，并且重新赋给 s，它等价于下面的语句：

```
s = s + sep + os.Args[i]
```

操作符 += 是一个赋值操作符。每一个算术和逻辑操作符（例如 + 或者 *）都有一个对应的赋值操作符。

echo 程序会循环每次输出，但是这个版本中我们通过反复追加来构建一个字符串。字符串 s 一开始为空字符串 ""，每一次循环追加一些文本。在第一次迭代后，一个空格被插入，这样当循环结束时，每个参数之间都有一个空格。这是一个二次过程，如果参数数量很大成本会比较高，不过对于 echo 程序还好。本章和下一章会展示几个改进版本，它们会逐步处理掉低效的地方。

循环的索引变量 i 在 for 循环开始处声明。:= 符号用于短变量声明，这种语句声明一个或多个变量，并且根据初始化的值给予合适的类型，下一章会详细讨论它。

递增语句 i++ 对 i 进行加 1，它等价于 i += 1，又等价于 i = i + 1。对应的递减语句 i--对 i 进行减 1。这些是语句，而不像其他 C 族语言一样是表达式，所以 j = i++ 是不合法的，并且仅支持后缀，所以 --i 不合法。

for 是 Go 里面的唯一循环语句。它有几种形式，这里展示其中一种：

```
for initialization; condition; post {
    // 零个或多个语句
}
```

for 循环的三个组成部分两边不用小括号。大括号是必需的，但左大括号必须和 post（后置）语句在同一行。

可选的 initialization（初始化）语句在循环开始之前执行。如果存在，它必须是一个简单的语句，比如一个简短的变量声明，一个递增或赋值语句，或者一个函数调用。condition（条件）是一个布尔表达式，在循环的每一次迭代开始前推演，如果推演结果是真，循环则继续执行。post 语句在循环体之后被执行，然后条件被再次推演。条件变成假之后循环结束。

三部分都是可以省略的。如果没有 initialization 和 post 语句，分号可以省略：

```
// 传统的 "while" 循环
for condition {
    // ...
}
```

如果条件部分都不存在，例子如下：

```
// 传统的无限循环
for {
    // ...
}
```

循环是无限的，尽管这种形式的循环可以通过如 break 或 return 等语句进行终止。

另一种形式的 for 循环在字符串或 slice 数据上迭代。为了说明，这里给出第 2 版的 echo：

gopl.io/ch1/echo2

```
// echo2 输出其命令行参数
package main

import (
    "fmt"
    "os"
)

func main() {
    s, sep := "", ""
    for _, arg := range os.Args[1:] {
        s += sep + arg
        sep = " "
    }
    fmt.Println(s)
}
```

每一次迭代，range 产生一对值：索引和这个索引处元素的值。这个例子里，我们不需要索引，但是语法上 range 循环需要处理，因此也必须处理索引。一个主意是我们将索引赋予一个临时变量（如 temp）然后忽略它，但是 Go 不允许存在无用的临时变量，不然会出现编译错误。

解决方案是使用空标识符，它的名字是 _ （即下划线）。空标识符可以用在任何语法需要变量名但是程序逻辑不需要的地方，例如丢弃每次迭代产生的无用的索引。大多数 Go 程序员喜欢搭配使用 range 和 _ 来写上面的 echo 程序，因为索引在 os.Args 上面是隐式的，所以更不容易犯错。

这个版本的程序使用短的变量声明来声明和初始化 s 和 sep，但是我们可以等价地分开声明变量。以下几种声明字符串变量的方式是等价的：

```
s := ""
var s string
var s = ""
var s string = ""
```

为什么我们更喜欢某一个？第一种形式的短变量声明更加简洁，但是通常在一个函数内部使用，不适合包级别的变量。第二种形式依赖默认初始化为空字符串的 ""。第三种形式很少用，除非我们声明多个变量。第四种形式是显式的变量类型，在类型一致的情况下是冗余的信息，在类型不一致的情况下是必需的。实践中，我们应当使用前两种形式，使用显式的初始化来说明初始化变量的重要性，使用隐式的初始化来表明初始化变量不重要。

如上所述，每次循环，字符串 s 有了新的内容。+= 语句通过追加旧的字符串、空格字符和下一个参数，生成一个新的字符串，然后把新字符串赋给 s。旧的内容不再需要使用，会被例行垃圾回收。

如果有大量的数据需要处理，这样的代价会比较大。一个简单和高效的方式是使用

strings 包中的 Join 函数：

gopl.io/ch1/echo3
```
func main() {
    fmt.Println(strings.Join(os.Args[1:], " "))
}
```

最后，如果我们不关心格式，只是想看值，或许只是调试，那么用 Println 格式化结果就可以了：

```
fmt.Println(os.Args[1:])
```

这个输出语句和我们从 strings.Join 得到的输出很像，不过两边有括号。任何 slice 都能够以这样的方式输出。

练习 1.1：修改 echo 程序输出 os.Args[0]，即命令的名字。

练习 1.2：修改 echo 程序，输出参数的索引和值，每行一个。

练习 1.3：尝试测量可能低效的程序和使用 strings.Join 的程序在执行时间上的差异。（1.6 节有 time 包，11.4 节展示如何撰写系统性的性能评估测试。）

1.3 找出重复行

用于文件复制、打印、检索、排序、统计的程序，通常有一个相似的结构：在输入接口上循环读取，然后对每一个元素进行一些计算，在运行时或者在最后输出结果。我们展示三个版本的 dup 程序，它受 UNIX 的 uniq 命令启发来找到相邻的重复行。这个程序使用容易适配的结构和包。

第一个版本的 dup 程序输出标准输入中出现次数大于 1 的行，前面是次数。这个程序引入 if 语句、map 类型和 bufio 包。

gopl.io/ch1/dup1
```
// dup1 输出标准输入中出现次数大于 1 的行，前面是次数
package main

import (
    "bufio"
    "fmt"
    "os"
)

func main() {
    counts := make(map[string]int)
    input := bufio.NewScanner(os.Stdin)
    for input.Scan() {
        counts[input.Text()]++
    }
    // 注意：忽略 input.Err() 中可能的错误
    for line, n := range counts {
        if n > 1 {
            fmt.Printf("%d\t%s\n", n, line)
        }
    }
}
```

像 for 一样，if 语句中的条件部分也从不放在圆括号里面，但是程序体中需要用到大括号。这里还可以有一个可选的 else 部分，当条件为 false 的时候执行。

map 存储一个键 / 值对集合，并且提供常量时间的操作来存储、获取或测试集合中的某个元素。键可以是其值能够进行相等（==）比较的任意类型，字符串是最常见的例子；值可以是任意类型。这个例子中，键的类型是字符串，值是 int。内置的函数 make 可以用来新建 map，它还可以有其他用途。map 将在 4.3 节中进行更多讨论。

每次 dup 从输入读取一行内容，这一行就作为 map 中的键，对应的值递增 1。语句 counts[input.Text()]++ 等价于下面的两个语句：

```
line := input.Text()
counts[line] = counts[line] + 1
```

键在 map 中不存在时也是没有问题的。当一个新的行第一次出现时，右边的表达式 counts[line] 根据值类型被推演为零值，int 的零值是 0。

为了输出结果，我们使用基于 range 的 for 循环，这次在 map 类型的 counts 变量上遍历。像以前一样，每次迭代输出两个结果，map 里面一个元素对应的键和值。map 里面的键的迭代顺序不是固定的，通常是随机的，每次运行都不一致。这是有意设计的，以防止程序依赖某种特定的序列，此处不对排序做任何保证。

下面讨论 bufio 包，使用它可以简便和高效地处理输入和输出。其中一个最有用的特性是称为扫描器（Scanner）的类型，它可以读取输入，以行或者单词为单位断开，这是处理以行为单位的输入内容的最简单方式。

程序使用短变量的声明方式，新建一个 bufio.Scanner 类型 input 变量：

```
input := bufio.NewScanner(os.Stdin)
```

扫描器从程序的标准输入进行读取。每一次调用 input.Scan() 读取下一行，并且将结尾的换行符去掉；通过调用 input.Text() 来获取读到的内容。Scan 函数在读到新行的时候返回 true，在没有更多内容的时候返回 false。

像 C 语言或其他语言中的 printf 一样，函数 fmt.Printf 从一个表达式列表生成格式化的输出。它的第一个参数是格式化指示字符串，由它指定其他参数如何格式化。每一个参数的格式是一个转义字符、一个百分号加一个字符。例如：%d 将一个整数格式化为十进制的形式，%s 把参数展开为字符串变量的值。

Printf 函数有超过 10 个这样的转义字符，Go 程序员称为 verb。下表远不完整，但是它说明有很多可以用的功能：

verb	描述
%d	十进制整数
%x, %o, %b	十六进制、八进制、二进制整数
%f, %g, %e	浮点数：如 3.141593, 3.141592653589793, 3.141593e+00
%t	布尔型：true 或 false
%c	字符（Unicode 码点）
%s	字符串
%q	带引号字符串（如 "abc"）或者字符（如 'c'）
%v	内置格式的任何值
%T	任何值的类型
%%	百分号本身（无操作数）

程序 dup1 中的格式化字符串还包含一个制表符 \t 和一个换行符 \n。字符串字面量可以包含类似转义序列（escape sequence）来表示不可见字符。Printf 默认不写换行符。按照约定，诸如 log.Printf 和 fmt.Errorf 之类的格式化函数以 f 结尾，使用和 fmt.Printf 相同的格式化规则；而那些以 ln 结尾的函数（如 Println）则使用 %v 的方式来格式化参数，并在最后追加换行符。

许多程序既可以像 dup 一样从标准输入进行读取，也可以从具体的文件读取。下一个版本的 dup 程序可以从标准输入或一个文件列表进行读取，使用 os.Open 函数来逐个打开：

gopl.io/ch1/dup2

```go
// dup2 打印输入中多次出现的行的个数和文本
// 它从 stdin 或指定的文件列表读取
package main

import (
    "bufio"
    "fmt"
    "os"
)

func main() {
    counts := make(map[string]int)
    files := os.Args[1:]
    if len(files) == 0 {
        countLines(os.Stdin, counts)
    } else {
        for _, arg := range files {
            f, err := os.Open(arg)
            if err != nil {
                fmt.Fprintf(os.Stderr, "dup2: %v\n", err)
                continue
            }
            countLines(f, counts)
            f.Close()
        }
    }
    for line, n := range counts {
        if n > 1 {
            fmt.Printf("%d\t%s\n", n, line)
        }
    }
}

func countLines(f *os.File, counts map[string]int) {
    input := bufio.NewScanner(f)
    for input.Scan() {
        counts[input.Text()]++
    }
    // 注意：忽略 input.Err() 中可能的错误
}
```

函数 os.Open 返回两个值。第一个是打开的文件（*os.File），该文件随后被 Scanner 读取。

第二个返回值是一个内置的 error 类型的值。如果 err 等于特殊的内置 nil 值，标准文件成功打开。文件在被读到结尾的时候，Close 函数关闭文件，然后释放相应的资源（内存等）。另一方面，如果 err 不是 nil，说明出错了。这时，error 的值描述错误原因。简单的错误处理是使用 Fprintf 和 %v 在标准错误流上输出一条消息，%v 可以使用默认格式显示任意类型的值；错误处理后，dup 开始处理下一个文件；continue 语句让循环进入下一个迭代。

为了保持示例代码简短，这里对错误处理有意进行了一定程度的忽略。很明显，必须检查 os.Open 返回的错误；但是，我们忽略了使用 input.Scan 读取文件的过程中出现概率很小的错误。我们将标记所跳过的错误检查，5.4 节将更详细地讨论错误处理。

值得注意的是，对 countLines 的调用出现在其声明之前。函数和其他包级别的实体可以以任意次序声明。

map 是一个使用 make 创建的数据结构的引用。当一个 map 被传递给一个函数时，函数接收到这个引用的副本，所以被调用函数中对于 map 数据结构中的改变对函数调用者使用的 map 引用也是可见的。在示例中，countLines 函数在 counts map 中插入的值，在 main 函数中也是可见的。

这个版本的 dup 使用"流式"模式读取输入，然后按需拆分为行，这样原理上这些程序可以处理海量的输入。一个可选的方式是一次读取整个输入到大块内存，一次性地分割所有行，然后处理这些行。接下去的版本 dup3 将以这种方式处理。这里引入一个 ReadFile 函数（从 io/ioutil 包），它读取整个命名文件的内容，还引入一个 strings.Split 函数，它将一个字符串分割为一个由子串组成的 slice。（Split 是前面介绍过的 strings.Join 的反操作。）

我们在某种程度上简化了 dup3：第一，它仅读取指定的文件，而非标准输入，因为 ReadFile 需要一个文件名作为参数；第二，我们将统计行数的工作放回 main 函数中，因为它当前仅在一处用到。

gopl.io/ch1/dup3

```go
package main

import (
    "fmt"
    "io/ioutil"
    "os"
    "strings"
)

func main() {
    counts := make(map[string]int)
    for _, filename := range os.Args[1:] {
        data, err := ioutil.ReadFile(filename)
        if err != nil {
            fmt.Fprintf(os.Stderr, "dup3: %v\n", err)
            continue
        }
        for _, line := range strings.Split(string(data), "\n") {
            counts[line]++
        }
    }
    for line, n := range counts {
        if n > 1 {
            fmt.Printf("%d\t%s\n", n, line)
        }
    }
}
```

ReadFile 函数返回一个可以转化成字符串的字节 slice，这样它可以被 strings.Split 分割。3.5.4 节将详细讨论字符串和字节 slice。

实际上，bufio.Scanner、ioutil.ReadFile 以及 ioutil.WriteFile 使用 *os.File 中的 Read 和 Write 方法，但是大多数程序员很少需要直接访问底层的例程。像 bufio 和 io/ioutil 包中上层的方法更易使用。

练习 1.4：修改 dup2 程序，输出出现重复行的文件的名称。

1.4　GIF 动画

下一个程序展示 Go 标准的图像包的使用，用来创建一系列的位图图像，然后将位图序列编码为 GIF 动画。下面的图像叫作利萨茹图形，是 20 世纪 60 年代科幻片中的纤维状视觉效果。利萨茹图形是参数化的二维谐振曲线，如示波器 x 轴和 y 轴馈电输入的两个正弦波。图 1-1 是几个示例。

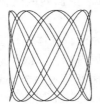

图 1-1　四种利萨茹图形

这段代码里有几个新的组成，包括 const 声明、结构体以及复合字面量。不像大多数例子，本例还引入了浮点运算。这个示例的主要目的是提供一些思路，表明 Go 语言看起来是怎样的，以及利用 Go 语言和它的库可以轻易完成哪些事情，这里只简短地讨论这几个主题，更多细节将放在后面章节。

gopl.io/ch1/lissajous

```go
// lissajous 产生随机利萨茹图形的 GIF 动画
package main

import (
    "image"
    "image/color"
    "image/gif"
    "io"
    "math"
    "math/rand"
    "os"
)

var palette = []color.Color{color.White, color.Black}

const (
    whiteIndex = 0 // 画板中的第一种颜色
    blackIndex = 1 // 画板中的下一种颜色
)

func main() {
    rand.Seed(time.Now().UTC().UnixNano())
    if len(os.Args) > 1 && os.Args[1] == "web" {
            handler := func(w http.ResponseWriter, r *http.Request) {
                lissajous(w)
            }
            http.HandleFunc("/", handler)
            log.Fatal(http.ListenAndServe("localhost:8000", nil))
            return
    }
    lissajous(os.Stdout)
}
```

```go
func lissajous(out io.Writer) {
    const (
        cycles = 5      // 完整的 x 振荡器变化的个数
        res    = 0.001  // 角度分辨率
        size   = 100    // 图像画布包含 [-size..+size]
        nframes = 64    // 动画中的帧数
        delay  = 8      // 以 10ms 为单位的帧间延迟
    )
    freq := rand.Float64() * 3.0 //y 振荡器的相对频率
    anim := gif.GIF{LoopCount: nframes}
    phase := 0.0 // phase difference
    for i := 0; i < nframes; i++ {
        rect := image.Rect(0, 0, 2*size+1, 2*size+1)
        img := image.NewPaletted(rect, palette)
        for t := 0.0; t < cycles*2*math.Pi; t += res {
            x := math.Sin(t)
            y := math.Sin(t*freq + phase)
            img.SetColorIndex(size+int(x*size+0.5), size+int(y*size+0.5),
                blackIndex)
        }
        phase += 0.1
        anim.Delay = append(anim.Delay, delay)
        anim.Image = append(anim.Image, img)
    }
    gif.EncodeAll(out, &anim) //注意：忽略编码错误
}
```

在导入那些由多段路径如 image/color 组成的包之后，使用路径最后的一段来引用这个包。所以变量 color.White 属于 image/color 包，gif.GIF 属于 image/gif 包。

const 声明（参考 3.6 节）用来给常量命名，常量是其值在编译期间固定的量，例如周期、帧数和延迟等数值参数。与 var 声明类似，const 声明可以出现在包级别（所以这些常量名字在包生命周期内都是可见的）或在一个函数内（所以名字仅在函数体内可见）。常量必须是数字、字符串或布尔值。

表达式 []color.Color{...} 和 gif.GIF{...} 是复合字面量（参考 4.2 节、4.4.1 节），即用一系列元素的值初始化 Go 的复合类型的紧凑表达方式。这里，第一个是 slice，第二个是结构体。

gif.GIF 是一个结构体类型（参考 4.4 节）。结构体由一组称为字段的值组成，字段通常有不同的数据类型，它们一起组成单个对象，作为一个单位被对待。anim 变量是 gif.GIF 结构体类型。这个结构体字面量创建一个结构体 LoopCount，其值设置为 nframes；其他字段的值是对应类型的零值。结构体的每个字段可以通过点记法来访问，在最后两个赋值语句中，显式更新 anim 结构体的 Delay 和 Image 字段。

lissajous 函数有两个嵌套的循环。外层有 64 个迭代，每个迭代产生一个动画帧。它创建一个 201 × 201 大小的画板，使用黑和白两种颜色。所有的像素值默认设置为 0（画板中的初始化颜色），这里设置为白色。每一个内层循环通过设置一些像素为黑色产生一个新的图像。结果使用内置的 append 参数将其追加到 anim 的帧列表中，并且指定 80ms 的延迟。最后帧和延迟的序列被编码成 GIF 格式，然后写入输出流 out。out 的类型是 io.Writer，它可以帮我们输出到很多地方，稍后即可看到。

外层循环运行两个振荡器。x 方向的振荡器是正弦函数，y 方向也是正弦化的，但是它的频率相对于 x 的振动周期是 0 ~ 3 之间的一个随机数，它的相位相对于 x 的初始值为 0，然后随着每个动画帧增加。该循环在 x 振荡器完成 5 个完整周期后停止。每一步它都调用

SetColorIndex 将对应画板上面的 (x, y) 位置涂为黑色，在画板上的值为 1。

　　main 函数调用 lissajous 函数，直接写到标准输出，所以这个命令产生一个像图 1-1 那样的 GIF 动画：

```
$ go build gopl.io/ch1/lissajous
$ ./lissajous >out.gif
```

　　练习 1.5：改变利萨茹程序的画板颜色为绿色黑底来增加真实性。使用 color.RGBA {0x*RR*,0x*GG*,0x*BB*,0xff} 创建一种 Web 颜色 #*RRGGBB*，每一对十六进制数字表示组成一个像素红、绿、蓝分量的亮度。

　　练习 1.6：通过在画板中添加更多颜色，然后通过有趣的方式改变 SetColorIndex 的第三个参数，修改利萨茹程序来产生多种色彩的图片。

1.5　获取一个 URL

　　对许多应用而言，访问互联网上的信息和访问本地文件系统一样重要。Go 提供了一系列包，在 net 包下面分组管理，使用它们可以方便地通过互联网发送和接收信息，使用底层的网络连接，创建服务器，此时 Go 的并发特性（见第 8 章）特别有用。

　　程序 fetch 展示从互联网获取信息的最小需求，它获取每个指定 URL 的内容，然后不加解析地输出。fetch 来自 curl 这个非常重要的工具。显然可以使用这些数据做更多的事情，但这里只讲基本的思路，本书将会频繁用到这个程序：

gopl.io/ch1/fetch

```
// fetch 输出从 URL 获取的内容
package main

import (
    "fmt"
    "io/ioutil"
    "net/http"
    "os"
)

func main() {
    for _, url := range os.Args[1:] {
        resp, err := http.Get(url)
        if err != nil {
            fmt.Fprintf(os.Stderr, "fetch: %v\n", err)
            os.Exit(1)
        }
        b, err := ioutil.ReadAll(resp.Body)
        resp.Body.Close()
        if err != nil {
            fmt.Fprintf(os.Stderr, "fetch: reading %s: %v\n", url, err)
            os.Exit(1)
        }
        fmt.Printf("%s", b)
    }
}
```

　　这个程序使用的函数来自两个包：net/http 和 io/ioutil。http.Get 函数产生一个 HTTP 请求，如果没有出错，返回结果存在响应结构 resp 里面。其中 resp 的 Body 域包含服务器端响应的一个可读取数据流。随后 ioutil.ReadAll 读取整个响应结果并存入 b。关闭 Body 数据流来避免资源泄漏，使用 Printf 将响应输出到标准输出。

```
$ go build gopl.io/ch1/fetch
$ ./fetch http://gopl.io
<html>
<head>
<title>The Go Programming Language</title>
...
```

如果 HTTP 请求失败，fetch 报告失败：

```
$ ./fetch http://bad.gopl.io
fetch: Get http://bad.gopl.io: dial tcp: lookup bad.gopl.io: no such host
```

无论哪种错误情况，os.Exit(1) 会在进程退出时返回状态码 1。

练习 1.7：函数 io.Copy(dst,src) 从 src 读，并且写入 dst。使用它代替 ioutil.ReadAll 来复制响应内容到 os.Stdout，这样不需要装下整个响应数据流的缓冲区。确保检查 io.Copy 返回的错误结果。

练习 1.8：修改 fetch 程序添加一个 http:// 前缀（假如该 URL 参数缺失协议前缀）。可能会用到 strings.HasPrefix。

练习 1.9：修改 fetch 来输出 HTTP 的状态吗，可以在 resp.Status 中找到它。

1.6　并发获取多个 URL

Go 最令人感兴趣和新颖的特点是支持并发编程。这是一个大话题，第 8 章和第 9 章将专门讨论，所以此处只是简单了解一下 Go 主要的并发机制、goroutine 和通道（channel）。

下一个程序 fetchall 和前一个一样获取 URL 的内容，但是它并发获取很多 URL 内容，于是这个进程使用的时间不超过耗时最长时间的获取任务，而不是所有获取任务总的时间。这个版本的 fetchall 丢弃响应的内容，但是报告每一个响应的大小和花费的时间：

gopl.io/ch1/fetchall

```
// fetchall 并发获取 URL 并报告它们的时间和大小
package main

import (
    "fmt"
    "io"
    "io/ioutil"
    "net/http"
    "os"
    "time"
)

func main() {
    start := time.Now()
    ch := make(chan string)
    for _, url := range os.Args[1:] {
        go fetch(url, ch) // 启动一个 goroutine
    }
    for range os.Args[1:] {
        fmt.Println(<-ch) // 从通道 ch 接收
    }
    fmt.Printf("%.2fs elapsed\n", time.Since(start).Seconds())
}
```

```go
func fetch(url string, ch chan<- string) {
    start := time.Now()
    resp, err := http.Get(url)
    if err != nil {
        ch <- fmt.Sprint(err) // 发送到通道 ch
        return
    }

    nbytes, err := io.Copy(ioutil.Discard, resp.Body)
    resp.Body.Close() // 不要泄露资源
    if err != nil {
        ch <- fmt.Sprintf("while reading %s: %v", url, err)
        return
    }
    secs := time.Since(start).Seconds()
    ch <- fmt.Sprintf("%.2fs  %7d  %s", secs, nbytes, url)
}
```

这有一个例子：

```
$ go build gopl.io/ch1/fetchall
$ ./fetchall https://golang.org http://gopl.io https://godoc.org
0.14s     6852   https://godoc.org
0.16s     7261   https://golang.org
0.48s     2475   http://gopl.io
0.48s elapsed
```

goroutine 是一个并发执行的函数。通道是一种允许某一例程向另一个例程传递指定类型的值的通信机制。main 函数在一个 goroutine 中执行，然后 go 语句创建额外的 goroutine。

main 函数使用 make 创建一个字符串通道。对于每个命令行参数，go 语句在第一轮循环中启动一个新的 goroutine，它异步调用 fetch 来使用 http.Get 获取 URL 内容。io.Copy 函数读取响应的内容，然后通过写入 ioutil.Discard 输出流进行丢弃。Copy 返回字节数以及出现的任何错误。每一个结果返回时，fetch 发送一行汇总信息到通道 ch。main 中的第二轮循环接收并且输出那些汇总行。

当一个 goroutine 试图在一个通道上进行发送或接收操作时，它会阻塞，直到另一个 goroutine 试图进行接收或发送操作才传递值，并开始处理两个 goroutine。本例中，每一个 fetch 在通道 ch 上发送一个值（ch <- *expression*），main 函数接收它们（<-ch）。由 main 来处理所有的输出确保了每个 goroutine 作为一个整体单元处理，这样就避免了两个 goroutine 同时完成造成输出交织所带来的风险。

练习 1.10：找一个产生大量数据的网站。连续两次运行 fetchall，看报告的时间是否会有大的变化，调查缓存情况。每一次获取的内容一样吗？修改 fetchall 将内容输出到文件，这样可以检查它是否一致。

练习 1.11：使用更长的参数列表来尝试 fetchall，例如使用 alexa.com 排名前 100 万的网站。如果一个网站没有响应，程序的行为是怎样的？（8.9 节会通过复制这个例子来描述响应的机制。）

1.7 一个 Web 服务器

使用 Go 的库非常容易实现一个 Web 服务器，用来响应像 fetch 那样的客户端请求。本节将展示一个迷你服务器，返回访问服务器的 URL 的路径部分。例如，如果请求的 URL 是 http://localhost:8000/hello，响应将是 URL.Path = "/hello"。

gopl.io/ch1/server1

```go
// server1 是一个迷你回声服务器
package main

import (
    "fmt"
    "log"
    "net/http"
)

func main() {
    http.HandleFunc("/", handler) // 回声请求调用处理程序
    log.Fatal(http.ListenAndServe("localhost:8000", nil))
}

// 处理程序回显请求 URL r 的路径部分
func handler(w http.ResponseWriter, r *http.Request) {
    fmt.Fprintf(w, "URL.Path = %q\n", r.URL.Path)
}
```

这个程序只有寥寥几行代码,因为库函数做了大部分工作。main 函数将一个处理函数和以 / 开头的 URL 链接在一起,代表所有的 URL 使用这个函数处理,然后启动服务器监听进入 8000 端口处的请求。一个请求由一个 http.Request 类型的结构体表示,它包含很多关联的域,其中一个是所请求的 URL。当一个请求到达时,它被转交给处理函数,并从请求的 URL 中提取路径部分(/hello),使用 fmt.Printf 格式化,然后作为响应发送回去。Web 服务器将在 7.7 节进行详细讨论。

让我们在后台启动服务器。在 Mac OS X 或者 Linux 上,在命令行后添加一个 & 符号;在微软 Windows 上,不需要 & 符号,而需要单独开启一个独立的命令行窗口。

```
$ go run src/gopl.io/ch1/server1/main.go &
```

可以从命令行发起客户请求:

```
$ go build gopl.io/ch1/fetch
$ ./fetch http://localhost:8000
URL.Path = "/"
$ ./fetch http://localhost:8000/help
URL.Path = "/help"
```

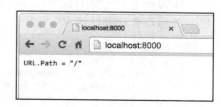

图 1-2　来自回声服务器的响应

另外,还可以通过浏览器进行访问,如图 1-2 所示。

为服务器添加功能很容易。一个有用的扩展是一个特定的 URL,它返回某种排序的状态。例如,这个版本的程序完成和回声服务器一样的事情,但同时返回请求的数量;URL /count 请求返回到现在为止的个数,去掉 /count 请求本身:

gopl.io/ch1/server2

```go
// server2 是一个迷你的回声和计数器服务器
package main

import (
    "fmt"
    "log"
    "net/http"
    "sync"
)

var mu sync.Mutex
var count int
```

```
func main() {
    http.HandleFunc("/", handler)
    http.HandleFunc("/count", counter)
    log.Fatal(http.ListenAndServe("localhost:8000", nil))
}

// 处理程序回显请求的 URL 的路径部分
func handler(w http.ResponseWriter, r *http.Request) {
    mu.Lock()
    count++
    mu.Unlock()
    fmt.Fprintf(w, "URL.Path = %q\n", r.URL.Path)
}

// counter 回显目前为止调用的次数
func counter(w http.ResponseWriter, r *http.Request) {
    mu.Lock()
    fmt.Fprintf(w, "Count %d\n", count)
    mu.Unlock()
}
```

这个服务器有两个处理函数，通过请求的 URL 来决定哪一个被调用：请求 /count 调用 counter，其他的调用 handler。以 / 结尾的处理模式匹配所有含有这个前缀的 URL。在后台，对于每个传入的请求，服务器在不同的 goroutine 中运行该处理函数，这样它可以同时处理多个请求。然而，如果两个并发的请求试图同时更新计数值 count，它可能会不一致地增加，程序会产生一个严重的竞态 bug（参考 9.1 节）。为避免该问题，必须确保最多只有一个 goroutine 在同一时间访问变量，这正是 mu.Lock() 和 mu.Unlock() 语句的作用。第 9 章将更细致地讨论共享变量的并发访问。

作为一个更完整的例子，处理函数可以报告它接收到的消息头和表单数据，这样可以方便服务器审查和调试请求：

gopl.io/ch1/server3
```
// 处理程序回显 HTTP 请求
func handler(w http.ResponseWriter, r *http.Request) {
    fmt.Fprintf(w, "%s %s %s\n", r.Method, r.URL, r.Proto)
    for k, v := range r.Header {
        fmt.Fprintf(w, "Header[%q] = %q\n", k, v)
    }
    fmt.Fprintf(w, "Host = %q\n", r.Host)
    fmt.Fprintf(w, "RemoteAddr = %q\n", r.RemoteAddr)
    if err := r.ParseForm(); err != nil {
        log.Print(err)
    }
    for k, v := range r.Form {
        fmt.Fprintf(w, "Form[%q] = %q\n", k, v)
    }
}
```

这里使用 http.Request 结构体的成员来产生类似下面的输出：

```
GET /?q=query HTTP/1.1
Header["Accept-Encoding"] = ["gzip, deflate, sdch"]
Header["Accept-Language"] = ["en-US,en;q=0.8"]
Header["Connection"] = ["keep-alive"]
Header["Accept"] = ["text/html,application/xhtml+xml,application/xml;..."]
Header["User-Agent"] = ["Mozilla/5.0 (Macintosh; Intel Mac OS X 10_7_5)..."]
Host = "localhost:8000"
```

```
RemoteAddr = "127.0.0.1:59911"
Form["q"] = ["query"]
```

注意这里是如何在 if 语句中嵌套调用 ParseForm 的。Go 允许一个简单的语句（如一个局部变量声明）跟在 if 条件的前面，这在错误处理的时候特别有用。也可以这样写：

```
err := r.ParseForm()
if err != nil {
    log.Print(err)
}
```

但是合并的语句更短而且可以缩小 err 变量的作用域，这是一个好的实践。2.7 节将介绍作用域。

这些程序中，我们看到了作为输出流的三种非常不同的类型。fetch 程序复制 HTTP 响应到文件 os.Stdout，像 lissajous 一样；fetchall 程序通过将响应复制到 ioutil.Discard 中进行丢弃（在统计其长度时）；Web 服务器使用 fmt.Fprintf 通过写入 http.ResponseWriter 来让浏览器显示。

尽管三种类型细节不同，但都满足一个通用的接口（interface），该接口允许它们按需使用任何一种输出流。该接口（称为 io.Writer）将在 7.1 节进行讨论。

Go 的接口机制是第 7 章的内容，但是为了说明它可以做什么，我们来看一下整合 Web 服务器和 lissajous 函数是一件多么容易的事情，这样 GIF 动画将不再输出到标准输出而是 HTTP 客户端。简单添加这些行到 Web 服务器：

```
handler := func(w http.ResponseWriter, r *http.Request) {
    lissajous(w)
}
http.HandleFunc("/", handler)
```

或者也可以：

```
http.HandleFunc("/", func(w http.ResponseWriter, r *http.Request) {
    lissajous(w)
})
```

上面 HandleFunc 函数中立即调用的第二个参数是函数字面量，这是一个在该场景中使用它时才定义的匿名函数，这将在 5.6 节进一步解释。

一旦你完成这个改变，就可以通过浏览器访问 http://localhost:8000。每次加载页面，你将看到一个类似图 1-3 的动画。

练习 1.12：修改利萨茹服务器以通过 URL 参数读取参数值。例如，你可以通过调整它，使得像 http://localhost:8000/?cycles=20 这样的网址将其周期设置为 20，以替代默认的 5。使用 strconv.Atoi 函数来将字符串参数转化为整型。可以通过 go doc strconv.Atoi 来查看文档。

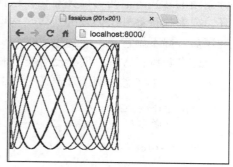

图 1-3　浏览器中的动态利萨茹图形

1.8　其他内容

Go 里面的东西远比这个快速入门中介绍的多。这里是一些很少提及或者完全忽略掉的主题，下面简单地介绍一下这些主题，以便读者在用到时能够熟悉这些内容。

控制流：我们前面介绍了两个基础的控制语句 if 和 for，但没有介绍 switch 语句，它是多路分支控制。这里有一个例子：

```
switch coinflip() {
case "heads":
    heads++
case "tails":
    tails++
default:
    fmt.Println("landed on edge!")
}
```

coinflip 的调用结果会和每一个条件的值进行比较。case 语句从上到下进行推演，所以第一个匹配的 case 语句会被执行。如果没有其他的 case 语句符合条件，那么可选的默认 case 语句将被执行。默认 case 语句可以放在任何地方。case 语句不像 C 语言那样从上到下贯穿执行（尽管有一个很少使用的 fallthrough 语句可以改写这个行为）。

switch 语句不需要操作数，它就像一个 case 语句列表，每条 case 语句都是一个布尔表达式：

```
func Signum(x int) int {
    switch {
    case x > 0:
        return +1
    default:
        return 0
    case x < 0:
        return -1
    }
}
```

这种形式称为无标签（tagless）选择，它等价于 switch true。

与 for 和 if 语句类似，switch 可以包含一个可选的简单语句：一个短变量声明，一个递增或赋值语句，或者一个函数调用，用来在判断条件前设置一个值。

break 和 continue 语句可以改变控制流。break 可以打断 for、switch 或 select 的最内层调用，开始执行下面的语句。正如我们在 1.3 节中看到的，continue 可以让 for 的内层循环开始新的迭代。语句可以标签化，这样方便 break 和 continue 引用它们来跳出多层嵌套的循环，或者执行最外层循环的迭代。这里还有一个 goto 语句，通常在机器生成的代码中使用，程序员一般不用它。

命名类型：type 声明给已有类型命名。因为结构体类型通常很长，所以它们基本上都独立命名。一个熟悉的例子是定义一个 2D 图形系统的 Point 类型：

```
type Point struct {
    X, Y int
}
var p Point
```

类型声明和命名将在第 2 章讲述。

指针：Go 提供了指针，它的值是变量的地址。在一些语言（比如 C）中，指针基本是没有约束的。其他语言中，指针称为"引用"，并且除了到处传递之外，它不能做其他的事情。Go 做了一个折中，指针显式可见。使用 & 操作符可以获取一个变量的地址，使用 * 操作符可以获取指针引用的变量的值，但是指针不支持算术运算。这将在 2.3.2 节进行介绍。

方法和接口：一个关联了命名类型的函数称为方法。Go 里面的方法可以关联到几乎所有的命名类型。方法在第 6 章讲述。接口可以用相同的方式处理不同的具体类型的抽象类型，它基于这些类型所包含的方法，而不是类型的描述或实现。接口是第 7 章的主题。

包：Go 自带一个可扩展并且实用的标准库，Go 社区创建和共享了更多的库。编程时，更多使用现有的包，而不是自己写所有的源码。本书将指出一些比较重要的标准库包，但是这些包太多了，本书无法一一展示，并且也无法提供诸如包的完整参考手册之类的东西。

在着手新程序前，看看是否已经有现成的包。可以在 https://golang.org/pkg 找到标准库包的索引，社区贡献的包可以在 https://godoc.org 找到。使用 go doc 工具可以方便地通过命令行访问这些文档：

```
$ go doc http.ListenAndServe
package http // import "net/http"

func ListenAndServe(addr string, handler Handler) error
    ListenAndServe listens on the TCP network address addr and then
    calls Serve with handler to handle requests on incoming connections.
...
```

注释：我们已经在程序或包的开始提到文档注释。在声明任何函数前，写一段注释来说明它的行为是一个好的风格。这个约定很重要，因为它们可以被 go doc 和 godoc 工具定位和作为文档显示（参考 10.7.4 节）。

对于跨越多行的注释，可以使用类似其他语言中的 /*...*/ 注释。这样可以避免在文件的开始有一大块说明文本时每一行都有 //。在注释内部，// 和 /* 没有特殊的含义，所以注释不能嵌套。

程 序 结 构

与其他编程语言一样，Go 语言中的大程序都从小的基本组件构建而来：变量存储值；简单表达式通过加和减等操作合并成大的；基本类型通过数组和结构体进行聚合；表达式通过 if 和 for 等控制语句来决定执行顺序；语句被组织成函数用于隔离和复用；函数被组织成源文件和包。

上面这些内容中的大部分已在前一章介绍过，本章将更细致地讨论 Go 程序中的基本结构元素。示例程序有意进行了简化，这有助于聚焦于语言本身而不是复杂的算法和数据结构。

2.1 名称

Go 中函数、变量、常量、类型、语句标签和包的名称遵循一个简单的规则：名称的开头是一个字母（Unicode 中的字符即可）或下划线，后面可以跟任意数量的字符、数字和下划线，并区分大小写。如 heapSort 和 Heapsort 是不同的名称。

Go 有 25 个像 if 和 switch 这样的关键字，只能用在语法允许的地方，它们不能作为名称：

```
break       default       func         interface    select
case        defer         go           map          struct
chan        else          goto         package      switch
const       fallthrough   if           range        type
continue    for           import       return       var
```

另外，还有三十几个内置的预声明的常量、类型和函数：

```
常量：true  false  iota  nil
类型：int  int8  int16  int32  int64
     uint  uint8  uint16  uint32  uint64  uintptr
     float32  float64  complex128  complex64
     bool  byte  rune  string  error
函数：make  len  cap  new  append  copy  close  delete
     complex  real  imag
     panic  recover
```

这些名称不是预留的，可以在声明中使用它们。我们将在很多地方看到对其中的名称进行重声明，但是要知道这有冲突的风险。

如果一个实体在函数中声明，它只在函数局部有效。如果声明在函数外，它将对包里面的所有源文件可见。实体第一个字母的大小写决定其可见性是否跨包。如果名称以大写字母的开头，它是导出的，意味着它对包外是可见和可访问的，可以被自己包之外的其他程序所引用，像 fmt 包中的 Printf。包名本身总是由小写字母组成。

名称本身没有长度限制，但是习惯以及 Go 的编程风格倾向于使用短名称，特别是作用域较小的局部变量，你更喜欢看到一个变量叫 i 而不是 theLoopIndex。通常，名称的作用域越大，就使用越长且更有意义的名称。

风格上，当遇到由单词组合的名称时，Go 程序员使用"驼峰式"的风格——更喜欢使用大写字母而不是下划线。所以标准库中的函数名采用 QuoteRuneToASCII 和 parseRequestLine 的形式，而不会采用 quote_rune_to_ASCII 或 quote_rune_to_ASCII 这样的形式。像 ASCII 和 HTML 这样的首字母缩写词通常使用相同的大小写，所以一个函数可以叫作 htmlEscape、HTMLEscape 或 escapeHTML，但不会是 escapeHtml。

2.2 声明

声明给一个程序实体命名，并且设定其部分或全部属性。有 4 个主要的声明：变量（var）、常量（const）、类型（type）和函数（func）。本章讨论变量和类型，常量放在第 3 章讨论，函数放在第 5 章讨论。

Go 程序存储在一个或多个以 .go 为后缀的文件里。每一个文件以 package 声明开头，表明文件属于哪个包。package 声明后面是 import 声明，然后是包级别的类型、变量、常量、函数的声明，不区分顺序。例如，下面的程序声明一个常量、一个函数和一对变量：

gopl.io/ch2/boiling

```
// boiling 输出水的沸点
package main

import "fmt"

const boilingF = 212.0

func main() {
    var f = boilingF
    var c = (f - 32) * 5 / 9
    fmt.Printf("boiling point = %g°F or %g°C\n", f, c)
    // 输出:
    // boiling point = 212°F or 100°C
}
```

常量 boilingF 是一个包级别的声明（main 包），f 和 c 是属于 main 函数的局部变量。包级别的实体名字不仅对于包含其声明的源文件可见，而且对于同一个包里面的所有源文件都可见。另一方面，局部声明仅仅是在声明所在的函数内部可见，并且可能对于函数中的一小块区域可见。

函数的声明包含一个名字、一个参数列表（由函数的调用者提供的变量）、一个可选的返回值列表，以及函数体（其中包含具体逻辑语句）。如果函数不返回任何内容，返回值列表可以省略。函数的执行从第一个语句开始，直到遇到一个返回语句，或者执行到无返回结果的函数的结尾。然后程序控制和返回值（如果有的话）都返回给调用者。

我们已经看过许多函数，将来还会遇见更多，在第 5 章有更广泛的讨论，因此这里仅仅是一个概括。下面的函数 fToC 封装了温度转换的逻辑，这样它可以只定义一次而在多个地方使用。这里 main 调用了它两次，使用两个不同的局部常量的值：

gopl.io/ch2/ftoc

```
// ftoc 输出两个华氏温度 – 摄氏温度的转换
package main

import "fmt"
```

```go
func main() {
    const freezingF, boilingF = 32.0, 212.0
    fmt.Printf("%g°F = %g°C\n", freezingF, fToC(freezingF)) // "32°F = 0°C"
    fmt.Printf("%g°F = %g°C\n", boilingF, fToC(boilingF))   // "212°F = 100°C"
}

func fToC(f float64) float64 {
    return (f - 32) * 5 / 9
}
```

2.3 变量

var 声明创建一个具体类型的变量，然后给它附加一个名字，设置它的初始值。每一个
声明有一个通用的形式：

```
var name type = expression
```

类型和表达式部分可以省略一个，但是不能都省略。如果类型省略，它的类型将由初始
化表达式决定；如果表达式省略，其初始值对应于类型的零值——对于数字是 0，对于布尔
值是 false，对于字符串是 ""，对于接口和引用类型（slice、指针、map、通道、函数）是
nil。对于一个像数组或结构体这样的复合类型，零值是其所有元素或成员的零值。

零值机制保障所有的变量是良好定义的，Go 里面不存在未初始化变量。这种机制简化
了代码，并且不需要额外工作就能感知边界条件的行为。例如：

```go
var s string
fmt.Println(s) // ""
```

输出空字符串，而不是一些错误或不可预料的行为。Go 程序员经常花费精力来使复杂类型
的零值有意义，以便变量一开始就处于一个可用状态。

可以声明一个变量列表，并选择使用对应的表达式列表对其初始化。忽略类型允许声明
多个不同类型的变量。

```go
var i, j, k int                    // int, int, int
var b, f, s = true, 2.3, "four" // bool, float64, string
```

初始值设定可以是字面量值或者任意的表达式。包级别的初始化在 main 开始之前进行
（参考 2.6.2 节），局部变量初始化和声明一样在函数执行期间进行。

变量可以通过调用返回多个值的函数进行初始化：

```go
var f, err = os.Open(name) // os.Open 返回一个文件和一个错误
```

2.3.1 短变量声明

在函数中，一种称作短变量声明的可选形式可以用来声明和初始化局部变量。它使用
name:= expression 的形式，*name* 的类型由 *expression* 的类型决定。这里是 lissajous 函数（参
考 1.4 节）中的三个短变量声明：

```go
anim := gif.GIF{LoopCount: nframes}
freq := rand.Float64() * 3.0
t := 0.0
```

因其短小、灵活，故而在局部变量的声明和初始化中主要使用短声明。var 声明通常是
为那些跟初始化表达式类型不一致的局部变量保留的，或者用于后面才对变量赋值以及变量
初始值不重要的情况。

```
i := 100                    // 一个 int 类型的变量
var boiling float64 = 100  // 一个 float64 类型的变量

var names []string
var err error
var p Point
```

与 var 声明一样，多个变量可以以短变量声明的方式声明和初始化：

```
i, j := 0, 1
```

只有当它们对于可读性有帮助的时候才使用多个初始化表达式来进行变量声明，例如短小且天然一组的 for 循环的初始化。

记住，:= 表示声明，而 = 表示赋值。一个多变量的声明不能和多重赋值（参考 2.4.1 节）搞混，后者将右边的值赋给左边的对应变量：

```
i, j = j, i // 交换 i 和 j的值
```

与普通的 var 声明类似，短变量声明也可以用来调用像 os.Open 那样返回两个或多个值的函数：

```
f, err := os.Open(name)
if err != nil {
    return err
}
// ...使用 f...
f.Close()
```

一个容易被忽略但重要的地方是：短变量声明不需要声明所有在左边的变量。如果一些变量在同一个词法块中声明（参考 2.7 节），那么对于那些变量，短声明的行为等同于赋值。

在如下代码中，第一条语句声明了 in 和 err。第二条语句仅声明了 out，但向已有的 err 变量赋了值。

```
in, err := os.Open(infile)
// ...
out, err := os.Create(outfile)
```

短变量声明最少声明一个新变量，否则，代码编译将无法通过：

```
f, err := os.Open(infile)
// ...
f, err := os.Create(outfile) // 编译错误：没有新的变量
```

第二个语句使用普通的赋值语句来修复这个错误。

只有在同一个词法块中已经存在变量的情况下，短声明的行为才和赋值操作一样，外层的声明将被忽略。我们在本章结尾的例子中将看到。

2.3.2　指针

变量是存储值的地方。借助声明创建的变量使用名字来区分，例如 x，但是许多变量仅仅使用像 x[i] 或者 x.f 这样的表达式来区分。所有这些表达式读取一个变量的值，除非它们出现在赋值操作符的左边，这个时候是给变量赋值。

指针的值是一个变量的地址。一个指针指示值所保存的位置。不是所有的值都有地址，但是所有的变量都有。使用指针，可以在无须知道变量名字的情况下，间接读取或更新变量的值。

如果一个变量声明为 var x int，表达式 &x（x 的地址）获取一个指向整型变量的指针，它的类型是整型指针（*int）。如果值叫作 p，我们说 p 指向 x，或者 p 包含 x 的地址。p 指向的变量写成 *p。表达式 *p 获取变量的值，一个整型，因为 *p 代表一个变量，所以它也可以出现在赋值操作符左边，用于更新变量的值。

```
x := 1
p := &x          // p 是整型指针, 指向 x
fmt.Println(*p) // "1"
*p = 2           // 等于 x = 2
fmt.Println(x)  // 结果 "2"
```

每一个聚合类型变量的组成（结构体的成员或数组中的元素）都是变量，所以也有一个地址。

变量有时候使用一个地址化的值。代表变量的表达式，是唯一可以应用取地址操作符 & 的表达式。

指针类型的零值是 nil。测试 p != nil，结果是 true 说明 p 指向一个变量。指针是可比较的，两个指针当且仅当指向同一个变量或者两者都是 nil 的情况下才相等。

```
var x, y int
fmt.Println(&x == &x, &x == &y, &x == nil) // "true false false"
```

函数返回局部变量的地址是非常安全的。例如下面的代码中，通过调用 f 产生的局部变量 v 即使在调用返回后依然存在，指针 p 依然引用它：

```
var p = f()

func f() *int {
    v := 1
    return &v
}
```

每次调用 f 都会返回一个不同的值：

```
fmt.Println(f() == f()) // "false"
```

因为一个指针包含变量的地址，所以传递一个指针参数给函数，能够让函数更新间接传递的变量值。例如，这个函数递增一个指针参数所指向的变量，然后返回此变量的新值，于是它可以在表达式中使用：

```
func incr(p *int) int {
    *p++ // 递增 p 所指向的值; p 自身保持不变
    return *p
}

v := 1
incr(&v)                 // 副作用: v 现在等于 2
fmt.Println(incr(&v)) // "3" (v 现在是 3)
```

每次使用变量的地址或者复制一个指针，我们就创建了新的别名或者方式来标记同一变量。例如，*p 是 v 的别名。指针别名允许我们不用变量的名字来访问变量，这一点是非常有用的，但是它是双刃剑：为了找到所有访问变量的语句，需要知道所有的别名。不仅指针产生别名，当复制其他引用类型（像 slice、map、通道，甚至包含这里引用类型的结构体、数组和接口）的值的时候，也会产生别名。

指针对于 flag 包是很关键的，它使用程序的命令行参数来设置整个程序内某些变量的值。为了说明，下面这个变种的 echo 命令使用两个可选的标识参数：-n 使 echo 忽略正常输出时结尾的换行符，-s sep 使用 sep 替换默认参数输出时使用的空格分隔符。因为这是第 4 版，所以包名字叫作 gopl.io/ch2/echo4。

gopl.io/ch2/echo4

```
// echo4 输出其命令行参数
package main

import (
    "flag"
    "fmt"
    "strings"
)

var n = flag.Bool("n", false, "omit trailing newline")
var sep = flag.String("s", " ", "separator")

func main() {
    flag.Parse()
    fmt.Print(strings.Join(flag.Args(), *sep))
    if !*n {
        fmt.Println()
    }
}
```

flag.Bool 函数创建一个新的布尔标识变量。它有三个参数：标识的名字（"n"），变量的默认值（false），以及当用户提供非法标识、非法参数抑或 -h 或 -help 参数时输出的消息。同样地，flag.String 也使用名字、默认值和消息来创建一个字符串变量。变量 sep 和 n 是指向标识变量的指针，它们必须通过 *sep 和 *n 来访问。

当程序运行时，在使用标识前，必须调用 flag.Parse 来更新标识变量的默认值。非标识参数也可以从 flag.Args() 返回的字符串 slice 来访问。如果 flag.Parse 遇到错误，它输出一条帮助消息，然后调用 os.Exit(2) 来结束程序。

让我们运行一些 echo 测试用例：

```
$ go build gopl.io/ch2/echo4
$ ./echo4 a bc def
a bc def
$ ./echo4 -s / a bc def
a/bc/def
$ ./echo4 -n a bc def
a bc def$
$ ./echo4 -help
Usage of ./echo4:
  -n    omit trailing newline
  -s string
        separator (default " ")
```

2.3.3 new 函数

另外一种创建变量的方式是使用内置的 new 函数。表达式 new(T) 创建一个未命名的 T 类型变量，初始化为 T 类型的零值，并返回其地址（地址类型为 *T）。

```
p := new(int)   // *int 类型的 p，指向未命名的 int 变量
fmt.Println(*p) // 输出 "0"
*p = 2          // 把未命名的 int 设置为 2
fmt.Println(*p) // 输出 "2"
```

使用 new 创建的变量和取其地址的普通局部变量没有什么不同，只是不需要引入（和声明）一个虚拟的名字，通过 new(T) 就可以直接在表达式中使用。因此 new 只是语法上的便

利，不是一个基础概念。

下面两个 newInt 函数有同样的行为。

```
func newInt() *int {              func newInt() *int {
    return new(int)                   var dummy int
}                                     return &dummy
                                  }
```

每一次调用 new 返回一个具有唯一地址的不同变量：

```
p := new(int)
q := new(int)
fmt.Println(p == q) // "false"
```

这个规则有一个例外：两个变量的类型不携带任何信息且是零值，例如 struct{} 或 [0]
int，当前的实现里面，它们有相同的地址。

因为最常见的未命名变量都是结构体类型，它的语法（参考 4.4.1 节）比较复杂，所以
new 函数使用得相对较少。

new 是一个预声明的函数，不是一个关键字，所以它可以重定义为另外的其他类型，
例如：

```
func delta(old, new int) int { return new - old }
```

自然，在 delta 函数内，内置的 new 函数是不可用的。

2.3.4　变量的生命周期

生命周期指在程序执行过程中变量存在的时间段。包级别变量的生命周期是整个程序的
执行时间。相反，局部变量有一个动态的生命周期：每次执行声明语句时创建一个新的实
体，变量一直生存到它变得不可访问，这时它占用的存储空间被回收。函数的参数和返回值
也是局部变量，它们在其闭包函数被调用的时候创建。

例如，在 1.4 节中的 lissajous 示例程序中：

```
for t := 0.0; t < cycles*2*math.Pi; t += res {
    x := math.Sin(t)
    y := math.Sin(t*freq + phase)
    img.SetColorIndex(size+int(x*size+0.5), size+int(y*size+0.5),
        blackIndex)
}
```

变量 t 在每次 for 循环的开始创建，变量 x 和 y 在循环的每次迭代中创建。

那么垃圾回收器如何知道一个变量是否应该被回收？说来话长，基本思路是每一个包级
别的变量，以及每一个当前执行函数的局部变量，可以作为追溯该变量的路径的源头，通过
指针和其他方式的引用可以找到变量。如果变量的路径不存在，那么变量变得不可访问，因
此它不会影响任何其他的计算过程。

因为变量的生命周期是通过它是否可达来确定的，所以局部变量可在包含它的循环的一
次迭代之外继续存活。即使包含它的循环已经返回，它的存在还可能延续。

编译器可以选择使用堆或栈上的空间来分配，令人惊奇的是，这个选择不是基于使用
var 或 new 关键字来声明变量。

```
var global *int
func f() {                        func g() {
    var x int                         y := new(int)
    x = 1                             *y = 1
    global = &x                   }
}
```

这里，x 一定使用堆空间，因为它在 f 函数返回以后还可以从 global 变量访问，尽管它被声明为一个局部变量。这种情况我们说 x 从 f 中逃逸。相反，当 g 函数返回时，变量 *y 变得不可访问，可回收。因为 *y 没有从 g 中逃逸，所以编译器可以安全地在栈上分配 *y，即便使用 new 函数创建它。任何情况下，逃逸的概念使你不需要额外费心来写正确的代码，但要记住它在性能优化的时候是有好处的，因为每一次变量逃逸都需要一次额外的内存分配过程。

垃圾回收对于写出正确的程序有巨大的帮助，但是免不了考虑内存的负担。不需要显式分配和释放内存，但是变量的生命周期是写出高效程序所必需清楚的。例如，在长生命周期对象中保持短生命周期对象不必要的指针，特别是在全局变量中，会阻止垃圾回收器回收短生命周期的对象空间。

2.4 赋值

赋值语句用来更新变量所指的值，它最简单的形式由赋值符 =，以及符号左边的变量和右边的表达式组成。

```
x = 1                          // 有名称的变量
*p = true                      // 间接变量
person.name = "bob"            // 结构体成员
count[x] = count[x] * scale    // 数组或 slice 或 map 的元素
```

每一个算术和二进制位操作符有一个对应的赋值操作符，例如，最后的那个语句可以重写成：

```
count[x] *= scale
```

它避免了在表达式中重复变量本身。

数字变量也可以通过 ++ 和 -- 语句进行递增和递减：

```
v := 1
v++    // 等同于 v = v + 1; v 变成 2
v--    // 等同于 v = v - 1; v 变成 1
```

2.4.1 多重赋值

另一种形式的赋值是多重赋值，它允许几个变量一次性被赋值。在实际更新变量前，右边所有的表达式被推演，当变量同时出现在赋值符两侧的时候这种形式特别有用，例如，当交换两个变量的值时：

```
x, y = y, x

a[i], a[j] = a[j], a[i]
```

或者计算两个整数的最大公约数：

```
func gcd(x, y int) int {
    for y != 0 {
        x, y = y, x%y
    }
    return x
}
```

或者计算斐波那契数列的第 n 个数：

```go
func fib(n int) int {
    x, y := 0, 1
    for i := 0; i < n; i++ {
        x, y = y, x+y
    }
    return x
}
```

多重赋值也可以使一个普通的赋值序列变得紧凑：

```go
i, j, k = 2, 3, 5
```

从风格上考虑，如果表达式比较复杂，则避免使用多重赋值形式；一系列独立的语句更易读。

这类表达式（例如一个有多个返回值的函数调用）产生多个值。当在一个赋值语句中使用这样的调用时，左边的变量个数需要和函数的返回值一样多。

```go
f, err = os.Open("foo.txt")  // 函数调用返回两个值
```

通常函数使用额外的返回值来指示一些错误情况，例如通过 os.Open 返回的 error 类型，或者一个通常叫 ok 的 bool 类型变量。我们会在后面的章节中看到，这里有三个操作符也有类似的行为。如果 map 查询（参考 4.3 节）、类型断言（参考 7.10 节）或者通道接收动作（参考 8.4.2 节）出现在两个结果的赋值语句中，都会产生一个额外的布尔型结果：

```go
v, ok = m[key]              // map 查询
v, ok = x.(T)               // 类型断言
v, ok = <-ch                // 通道接收
```

像变量声明一样，可以将不需要的值赋给空标识符：

```go
_, err = io.Copy(dst, src) // 丢弃字节个数
_, ok = x.(T)               // 检查类型但丢弃结果
```

2.4.2 可赋值性

赋值语句是显式形式的赋值，但是程序中很多地方的赋值是隐式的：一个函数调用隐式地将参数的值赋给对应参数的变量；一个 return 语句隐式地将 return 操作数赋值给结果变量。复合类型的字面量表达式，例如 slice（参考 4.2 节）：

```go
medals := []string{"gold", "silver", "bronze"}
```

隐式地给每一个元素赋值，它可以写成下面这样：

```go
medals[0] = "gold"
medals[1] = "silver"
medals[2] = "bronze"
```

map 和通道的元素尽管不是普通变量，但它们也遵循相似的隐式赋值。

不管隐式还是显式赋值，如果左边的（变量）和右边的（值）类型相同，它就是合法的。通俗地说，赋值只有在值对于变量类型是可赋值的时才合法。

可赋值性根据类型不同有着不同的规则，我们将会在引入新类型的时候解释相应的规则。对已经讨论过的类型，规则很简单：类型必须精准匹配，nil 可以被赋给任何接口变量或引用类型。常量（参考 3.6 节）有更灵活的可赋值性规则来规避显式的转换。

两个值使用 == 和 != 进行比较与可赋值性相关：任何比较中，第一个操作数相对于第二个操作数的类型必须是可赋值的，或者可以反过来赋值。与可赋值性一样，我们也将解释新类型的可比较性的相关规则。

2.5 类型声明

变量或表达式的类型定义这些值应有的特性，例如大小（多少位或多少个元素等）、在内部如何表达、可以对其进行何种操作以及它们所关联的方法。

任何程序中，都有一些变量使用相同的表示方式，但是含义相差非常大。例如，int 类型可以用于表示循环的索引、时间戳、文件描述符或月份；float64 类型可以表示每秒多少米的速度或精确到几位小数的温度；string 类型可以表示密码或者颜色的名字。

type 声明定义一个新的命名类型，它和某个已有类型使用同样的底层类型。命名类型提供了一种方式来区分底层类型的不同或者不兼容使用，这样它们就不会在无意中混用。

```
type name underlying-type
```

类型的声明通常出现在包级别，这里命名的类型在整个包中可见，如果名字是导出的（开头使用大写字母），其他的包也可以访问它。

为了说明类型声明，我们把不同计量单位的温度值转换为不同的类型：

gopl.io/ch2/tempconv0
```
// 包 tempconv 进行摄氏温度和华氏温度的转换计算
package tempconv

import "fmt"

type Celsius float64
type Fahrenheit float64

const (
    AbsoluteZeroC Celsius = -273.15
    FreezingC     Celsius = 0
    BoilingC      Celsius = 100
)

func CToF(c Celsius) Fahrenheit { return Fahrenheit(c*9/5 + 32) }

func FToC(f Fahrenheit) Celsius { return Celsius((f - 32) * 5 / 9) }
```

这个包定义了两个类型——Celsius（摄氏温度）和 Fahrenheit（华氏温度），它们分别对应两种温度计量单位。即使使用相同的底层类型 float64，它们也不是相同的类型，所以它们不能使用算术表达式进行比较和合并。区分这些类型可以防止无意间合并不同计量单位的温度值；从 float64 转换为 Celsius(t) 或 Fahrenheit(t) 需要显式类型转换。Celsius(t) 和 Fahrenheit(t) 是类型转换，而不是函数调用。它们不会改变值和表达方式，但改变了显式意义。另一方面，函数 CToF 和 FToC 用来在两种温度计量单位之间转换，返回不同的数值。

对于每个类型 T，都有一个对应的类型转换操作 T(x) 将值 x 转换为类型 T。如果两个类型具有相同的底层类型或二者都是指向相同底层类型变量的未命名指针类型，则二者是可以相互转换的。类型转换不改变类型值的表达方式，仅改变类型。如果 x 对于类型 T 是可赋值的，类型转换也是允许的，但是通常是不必要的。

数字类型间的转换，字符串和一些 slice 类型间的转换是允许的，我们将在下一章详细讨论。这些转换会改变值的表达方式。例如，从浮点型转化为整型会丢失小数部分，从字符串转换成字节（[]byte）slice 会分配一份字符串数据副本。任何情况下，运行时的转换不会失败。

命名类型的底层类型决定了它的结构和表达方式，以及它支持的内部操作集合，这些内部操作与直接使用底层类型的情况相同。正如你所预期的，它意味着对于 Celsius 和 Fahrenheit 类型可以使用与 float64 相同的算术操作符。

```
fmt.Printf("%g\n", BoilingC-FreezingC) // "100" °C
boilingF := CToF(BoilingC)
fmt.Printf("%g\n", boilingF-CToF(FreezingC)) // "180" °F
fmt.Printf("%g\n", boilingF-FreezingC)       // 编译错误：类型不匹配
```

通过 == 和 < 之类的比较操作符，命名类型的值可以与其相同类型的值或者底层类型相同的未命名类型的值相比较。但是不同命名类型的值不能直接比较：

```
var c Celsius
var f Fahrenheit
fmt.Println(c == 0)         // "true"
fmt.Println(f >= 0)         // "true"
fmt.Println(c == f)         // 编译错误：类型不匹配
fmt.Println(c == Celsius(f)) // "true"!
```

注意最后一种情况。无论名字如何，类型转换 Celsius(f) 没有改变参数的值，只改变其类型。测试结果是真，因为 c 和 f 的值都是 0。

命名类型提供了概念上的便利，避免一遍遍地重复写复杂的类型。当底层类型是像 float64 这样简单的类型时，好处就不大了，但是对于我们将讨论到的复杂结构体类型，好处就很大，在讨论结构体时将介绍这一点。

下面的声明中，Celsius 参数 c 出现在函数名字前面，名字叫 String 的方法关联到 Celsius 类型，返回 c 变量的数字值，后面跟着摄氏温度的符号℃。

```
func (c Celsius) String() string { return fmt.Sprintf("%g°C", c) }
```

很多类型都声明这样一个 String 方法，在变量通过 fmt 包作为字符串输出时，它可以控制类型值的显示方式，我们将在 7.1 节中看到。

```
c := FToC(212.0)
fmt.Println(c.String()) // "100°C"
fmt.Printf("%v\n", c)   // "100°C"; 不需要显式调用字符串
fmt.Printf("%s\n", c)   // "100°C"
fmt.Println(c)          // "100°C"
fmt.Printf("%g\n", c)   // "100"; 不调用字符串
fmt.Println(float64(c)) // "100"; 不调用字符串
```

2.6 包和文件

在 Go 语言中包的作用和其他语言中的库或模块作用类似，用于支持模块化、封装、编译隔离和重用。一个包的源代码保存在一个或多个以 .go 结尾的文件中，它所在目录名的尾部就是包的导入路径，例如，gopl.io/ch1/helloworld 包的文件存储在目录 $GOPATH/src/gopl.io/ch1/helloworld 中。

每一个包给它的声明提供独立的命名空间。例如，在 image 包中，Decode 标识符和 unicode/utf16 包中的标识符一样，但是关联了不同的函数。为了从包外部引用一个函数，我们必须明确修饰标识符来指明所指的是 image.Decode 或 utf16.Decode。

包让我们可以通过控制变量在包外面的可见性或导出情况来隐藏信息。在 Go 里，通过一条简单的规则来管理标识符是否对外可见：导出的标识符以大写字母开头。

为了说明基本原理，假设温度转换软件很受欢迎，我们想把它作为新包贡献给 Go 社

区，将要怎么做呢？

我们创建一个叫作 gopl.io/ch2/tempconv 的包，这是前面例子的变种（这里我们没有照惯例对例子进行顺序编号，目的是让包路径更实际一些）。包自己保存在两个文件里，以展示如何访问一个包里面多个独立文件中的声明。现实中，像这样的小包可能只需要一个文件。

将类型、它们的常量及方法的声明放在 tempconv.go 中：

gopl.io/ch2/tempconv
```
// tempconv 包负责摄氏温度与华氏温度的转换
package tempconv

import "fmt"

type Celsius float64
type Fahrenheit float64
const (
    AbsoluteZeroC Celsius = -273.15
    FreezingC     Celsius = 0
    BoilingC      Celsius = 100
)
func (c Celsius) String() string    { return fmt.Sprintf("%g°C", c) }
func (f Fahrenheit) String() string { return fmt.Sprintf("%g°F", f) }
```

将转换函数放在 conv.go 中：

```
package tempconv

// CToF 把摄氏温度转换为华氏温度
func CToF(c Celsius) Fahrenheit { return Fahrenheit(c*9/5 + 32) }

// FToC 把华氏温度转换为摄氏温度
func FToC(f Fahrenheit) Celsius { return Celsius((f - 32) * 5 / 9) }
```

每一个文件的开头用 package 声明定义包的名称。当导入包时，它的成员通过诸如 tempconv.CToF 等方式被引用。如果包级别的名字（像类型和常量）在包的一个文件中声明，就像所有的源代码在同一个文件中一样，它们对于同一个包中的其他文件可见。注意，tempconv.go 导入 fmt 包，但是 conv.go 没有，因为它本身没有用到 fmt 包。

因为包级别的常量名字以大写字母开头，所以它们也可以使用修饰过的名称（如 tempconv.AbsoluteZeroC）来访问：

```
fmt.Printf("Brrrr! %v\n", tempconv.AbsoluteZeroC) // "Brrrr! -273.15°C"
```

为了在某个包里将摄氏温度转换为华氏温度，导入包 gopl.io/ch2/tempconv，然后编写下面的代码：

```
fmt.Println(tempconv.CToF(tempconv.BoilingC)) // "212°F"
```

package 声明前面紧挨着的文档注释（参考 10.7.4 节）对整个包进行描述。习惯上，应该在开头用一句话对包进行总结性的描述。每一个包里只有一个文件应该包含该包的文档注释。扩展的文档注释通常放在一个文件中，按惯例名字叫作 doc.go。

练习 2.1：添加类型、常量和函数到 tempconv 包中，处理以开尔文为单位（K）的温度值，0K=-273.15℃，变化 1K 和变化 1℃是等价的。

2.6.1 导入

在 Go 程序里，每一个包通过称为导入路径（import path）的唯一字符串来标识。它们

出现在诸如 "gopl.io/ch2/tempconv" 之类的 import 声明中。语言的规范没有定义哪些字符串从哪来以及它们的含义，这依赖于工具来解释。当使用 go 工具（参考第 10 章）时，一个导入路径标注一个目录，目录中包含构成包的一个或多个 Go 源文件。除了导入路径之外，每个包还有一个包名，它以短名字的形式（且不必是唯一的）出现在包的声明中。按约定，包名匹配导入路径的最后一段，这样可以方便地预测 gopl.io/ch2/tempconv 的包名是 tempconv。

为了使用 gopl.io/ch2/tempconv，必须导入它：

gopl.io/ch2/cf
```go
// cf 把它的数值参数转换为摄氏温度和华氏温度
package main
import (
    "fmt"
    "os"
    "strconv"

    "gopl.io/ch2/tempconv"
)
func main() {
    for _, arg := range os.Args[1:] {
        t, err := strconv.ParseFloat(arg, 64)
        if err != nil {
            fmt.Fprintf(os.Stderr, "cf: %v\n", err)
            os.Exit(1)
        }
        f := tempconv.Fahrenheit(t)
        c := tempconv.Celsius(t)
        fmt.Printf("%s = %s, %s = %s\n",
            f, tempconv.FToC(f), c, tempconv.CToF(c))
    }
}
```

导入声明可以给导入的包绑定一个短名字，用来在整个文件中引用包的内容。上面的 import 可以使用修饰标识符来引用 gopl.io/ch2/tempconv 包里的变量名，如 tempconv.CToF。默认这个短名字是包名，在本例中是 tempconv，但是导入声明可以设定一个可选的名字来避免冲突（参考 10.4 节）。

cf 程序将一个数字型的命令行参数分别转换成摄氏温度和华氏温度：

```
$ go build gopl.io/ch2/cf
$ ./cf 32
32°F = 0°C, 32°C = 89.6°F
$ ./cf 212
212°F = 100°C, 212°C = 413.6°F
$ ./cf -40
-40°F = -40°C, -40°C = -40°F
```

如果导入一个没有被引用的包，就会触发一个错误。这个检查帮助消除代码演进过程中不再需要的依赖（尽管它在调试过程中会带来一些麻烦），因为注释掉一条诸如 log.Print("got here!") 之类的代码，可能去除了对于 log 包唯一的一个引用，导致编译器报错。这种情况下，需要注释掉或者删掉不必要的 import。

练习 2.2：写一个类似于 cf 的通用的单位转换程序，从命令行参数或者标准输入（如果没有参数）获取数字，然后将每一个数字转换为以摄氏温度和华氏温度表示的温度，以英寸和米表示的长度单位，以磅和千克表示的重量，等等。

2.6.2　包初始化

包的初始化从初始化包级别的变量开始，这些变量按照声明顺序初始化，在依赖已解析完毕的情况下，根据依赖的顺序进行。

```
var a = b + c        // 最后把 a 初始化为 3
var b = f()          // 通过调用 f 接着把 b 初始化为 2
var c = 1            // 首先初始化为 1

func f() int { return c + 1 }
```

如果包由多个 .go 文件组成，初始化按照编译器收到文件的顺序进行：go 工具会在调用编译器前将 .go 文件进行排序。

对于包级别的每一个变量，生命周期从其值被初始化开始，但是对于其他一些变量，比如数据表，初始化表达式不是简单地设置它的初始化值。这种情况下，init 函数的机制会比较简单。任何文件可以包含任意数量的声明如下的函数：

```
func init() { /* ... */ }
```

这个 init 函数不能被调用和被引用，另一方面，它也是普通的函数。在每一个文件里，当程序启动的时候，init 函数按照它们声明的顺序自动执行。

包的初始化按照在程序中导入的顺序来进行，依赖顺序优先，每次初始化一个包。因此，如果包 p 导入了包 q，可以确保 q 在 p 之前已完全初始化。初始化过程是自下向上的，main 包最后初始化。在这种方式下，在程序的 main 函数开始执行前，所有的包已初始化完毕。

下面的包定义了一个 PopCount 函数，它返回一个数字中被置位的个数，即在一个 uint64 的值中，值为 1 的位的个数，这称为种群统计。它使用 init 函数来针对每一个可能的 8 位值预计算一个结果表 pc，这样 PopCount 只需要将 8 个快查表的结果相加而不用进行 64 步的计算。（这个不是最快的统计位算法，只是方便用来说明 init 函数，用来展示如何预计算一个数值表，它是一种很有用的编程技术。）

gopl.io/ch2/popcount

```
package popcount

// pc[i] 是 i 的种群统计
var pc [256]byte

func init() {
    for i := range pc {
        pc[i] = pc[i/2] + byte(i&1)
    }
}

// PopCount 返回 x 的种群统计（置位的个数）
func PopCount(x uint64) int {
    return int(pc[byte(x>>(0*8))] +
        pc[byte(x>>(1*8))] +
        pc[byte(x>>(2*8))] +
        pc[byte(x>>(3*8))] +
        pc[byte(x>>(4*8))] +
        pc[byte(x>>(5*8))] +
        pc[byte(x>>(6*8))] +
        pc[byte(x>>(7*8))])
}
```

注意，init 中的 range 循环只使用索引；值不是必需的，所以没必要包含进来。循环可以重写为下面的形式：

```
for i, _ := range pc {
```

我们将在下一节和 10.5 节看到 init 函数的其他用途。

练习 2.3：使用循环重写 PopCount 来代替单个表达式。对比两个版本的效率。（11.4 节会展示如何系统性地对比不同实现的性能。）

练习 2.4：写一个用于统计位的 PopCount，它在其实际参数的 64 位上执行移位操作，每次判断最右边的位，进而实现统计功能。把它与快查表版本的性能进行对比。

练习 2.5：使用 x&(x-1) 可以清除 x 最右边的非零位，利用该特点写一个 PopCount，然后评价它的性能。

2.7　作用域

声明将名字和程序实体关联起来，如一个函数或一个变量。声明的作用域是指用到声明时所声明名字的源代码段。

不要将作用域和生命周期混淆。声明的作用域是声明在程序文本中出现的区域，它是一个编译时属性。变量的生命周期是变量在程序执行期间能被程序的其他部分所引用的起止时间，它是一个运行时属性。

语法块（block）是由大括号围起来的一个语句序列，比如一个循环体或函数体。在语法块内部声明的变量对块外部不可见。块把声明包围起来，并且决定了它的可见性。我们可以把块的概念推广到其他没有显式包含在大括号中的声明代码，将其统称为词法块。包含了全部源代码的词法块，叫作全局块。每一个包，每一个文件，每一个 for、if 和 switch 语句，以及 switch 和 select 语句中的每一个条件，都是写在一个词法块里的。当然，显式写在大括号语法里的代码块也算是一个词法块。

一个声明的词法块决定声明的作用域大小。像 int、len 和 true 等内置类型、函数或常量在全局块中声明并且对于整个程序可见。在包级别（就是在任何函数外）的声明，可以被同一个包里的任何文件引用。导入的包（比如 tempconv 例子中的 fmt）是文件级别的，所以它们可以在同一个文件内引用，但是不能在没有另一个 import 语句的前提下被同一个包中其他文件中的东西引用。许多声明（像 tempconv.CToF 函数中变量 c 的声明）是局部的，仅可在同一个函数中或者仅仅是函数的一部分所引用。

控制流标签（如 break、continue 和 goto 语句使用的标签）的作用域是整个外层的函数（enclosing function）。

一个程序可以包含多个同名的声明，前提是它们在不同词法块中。例如可以声明一个和包级别变量同名的局部变量。或者像 2.3.3 节展示的，可以声明一个叫作 new 的参数，即使它是一个全局块中预声明的函数。然而，不要滥用，重声明所涉及的作用域越广，越可能影响其他的代码。

当编译器遇到一个名字的引用时，将从最内层的封闭词法块到全局块寻找其声明。如果没有找到，它会报"undeclared name"错误；如果在内层和外层块都存在这个声明，内层的将先被找到。这种情况下，内层声明将覆盖外部声明，使它不可访问：

```
func f() {}
var g = "g"
```

```
func main() {
    f := "f"
    fmt.Println(f) // "f"; 局部变量 f 覆盖了包级函数 f
    fmt.Println(g) // "g"; 包级变量
    fmt.Println(h) // 编译错误: 未定义 h
}
```

在函数里面，词法块可能嵌套很深，所以一个局部变量声明可能覆盖另一个。很多词法块使用 if 语句和 for 循环这类控制流结构构建。下面的程序有三个称为 x 的不同的变量声明，因为每个声明出现在不同的词法块。（这个例子只是用来说明作用域的规则，风格并不完美！）

```
func main() {
    x := "hello!"
    for i := 0; i < len(x); i++ {
        x := x[i]
        if x != '!' {
            x := x + 'A' - 'a'
            fmt.Printf("%c", x) // "HELLO" (每次迭代一个字母)
        }
    }
}
```

表达式 x[i] 和 x + 'A' - 'a' 都引用了在外层声明的 x，稍后我们会解释它。（注意，后面的表达式不同于 unicode.ToUpper 函数。）

如上所述，不是所有的词法块都对应于显式大括号包围的语句序列，有一些词法块是隐式的。for 循环创建了两个词法块：一个是循环体本身的显式块，以及一个隐式块，它包含了一个闭合结构，其中就有初始化语句中声明的变量，如变量 i。隐式块中声明的变量的作用域包括条件、后置语句 (i++)，以及 for 语句体本身。

下面的例子也有三个名字为 x 的变量，每一个都在不同的词法块中声明：一个在函数体中，一个在 for 语句块中，一个在循环体中。但只有两个块是显式的：

```
func main() {
    x := "hello"
    for _, x := range x {
        x := x + 'A' - 'a'
        fmt.Printf("%c", x) // "HELLO" (每次迭代一个字母)
    }
}
```

像 for 循环一样，除了本身的主体块之外，if 和 switch 语句还会创建隐式的词法块。下面的 if-else 链展示 x 和 y 的作用域：

```
if x := f(); x == 0 {
    fmt.Println(x)
} else if y := g(x); x == y {
    fmt.Println(x, y)
} else {
    fmt.Println(x, y)
}
fmt.Println(x, y) // 编译错误: x 与 y 在这里不可见
```

第二个 if 语句嵌套在第一个中，所以第一个语句的初始化部分声明的变量在第二个语句中是可见的。同样的规则可以应用于 switch 语句：条件对应一个块，每个 case 语句体对应一个块。

在包级别，声明的顺序和它们的作用域没有关系，所以一个声明可以引用它自己或者跟在它后面的其他声明，使我们可以声明递归或相互递归的类型和函数。如果常量或变量声明引用它自己，则编译器会报错。

在以下程序中：

```
if f, err := os.Open(fname); err != nil { // 编译错误: 未使用 f
    return err
}
f.Stat()      // 编译错误: 未定义 f
f.Close()     // 编译错误: 未定义 f
```

f 变量的作用域是 if 语句，所以 f 不能被接下来的语句访问，编译器会报错。根据编译器的不同，也可能收到其他报错：局部变量 f 没有使用。

所以通常需要在条件判断之前声明 f，使其在 if 语句后面可以访问：

```
f, err := os.Open(fname)
if err != nil {
    return err
}
f.Stat()
f.Close()
```

你可能希望避免在外部块中声明 f 和 err，方法是将 Stat 和 Close 的调用放到 else 块中：

```
if f, err := os.Open(fname); err != nil {
    return err
} else {
    // f 与 err 在这里可见
    f.Stat()
    f.Close()
}
```

通常 Go 中的做法是在 if 块中处理错误然后返回，这样成功执行的路径不会被变得支离破碎。

短变量声明依赖一个明确的作用域。考虑下面的程序，它获取当前的工作目录然后把它保存在一个包级别的变量里。这通过在 main 函数中调用 os.Getwd 来完成，但是最好可以从主逻辑中分离，特别是在获取目录失败是致命错误的情况下。函数 log.Fatalf 输出一条消息，然后调用 os.Exit(1) 退出。

```
var cwd string
func init() {
    cwd, err := os.Getwd() // 编译错误: 未使用 cwd
    if err != nil {
        log.Fatalf("os.Getwd failed: %v", err)
    }
}
```

因为 cwd 和 err 在 init 函数块的内部都尚未声明，所以 := 语句将它们都声明为局部变量。内层 cwd 的声明让外部的声明不可见，所以这个语句没有按预期更新包级别的 cwd 变量。

当前 Go 编译器检测到局部的 cwd 变量没有被使用，然后报错，但是不必严格执行这种检查。进一步做一个小的修改，比如增加引用局部 cwd 变量的日志语句就可以让检查失效。

```
var cwd string

func init() {
    cwd, err := os.Getwd() // 注意: 错误
    if err != nil {
        log.Fatalf("os.Getwd failed: %v", err)
    }
    log.Printf("Working directory = %s", cwd)
}
```

全局的 cwd 变量依然未初始化，看起来一个普通的日志输出让 bug 变得不明显。

处理这种潜在的问题有许多方法。最直接的方法是在另一个 var 声明中声明 err，避免使用 :=。

```
var cwd string

func init() {
    var err error
    cwd, err = os.Getwd()
    if err != nil {
        log.Fatalf("os.Getwd failed: %v", err)
    }
}
```

现在我们已经看到包、文件、声明以及语句是如何来构成程序的。接下来的两章将要讨论数据的结构。

基本数据

毫无疑问，计算机底层全是位，而实际操作则是基于大小固定的单元中的数值，称为字（word），这些值可解释为整数、浮点数、位集（bitset）或内存地址等，进而构成更大的聚合体，以表示数据包、像素、文件、诗集，以及其他种种。Go 的数据类型宽泛，并有多种组织方式，向下匹配硬件特性，向上满足程序员所需，从而可以方便地表示复杂数据结构。

Go 的数据类型分四大类：基础类型（basic type）、聚合类型（aggregate type）、引用类型（reference type）和接口类型（interface type）。本章的主题是基础类型，包括数字（number）、字符串（string）和布尔型（boolean）。聚合类型——数组（array，见 4.1 节）和结构体（struct，见 4.4 节）——是通过组合各种简单类型得到的更复杂的数据类型。引用是一大分类，其中包含多种不同类型，如指针（pointer，见 2.3.2 节），slice（见 4.2 节），map（见 4.3 节），函数（function，见第 5 章），以及通道（channel，见第 8 章）。它们的共同点是全都间接指向程序变量或状态，于是操作所引用数据的效果就会遍及该数据的全部引用。接口类型将在第 7 章讨论。

3.1 整数

Go 的数值类型包括了几种不同大小的整数、浮点数和复数。各种数值类型分别有自己的大小，对正负号支持也各异。我们从整数开始。

Go 同时具备有符号整数和无符号整数。有符号整数分四种大小：8 位、16 位、32 位、64 位，用 int8、int16、int32、int64 表示，对应的无符号整数是 uint8、uint16、unint32、uint64。

此外还有两种类型 int 和 uint。在特定平台上，其大小与原生的有符号整数\无符号整数相同，或等于该平台上的运算效率最高的值。int 是目前使用最广泛的数值类型。这两种类型大小相等，都是 32 位或 64 位，但不能认为它们一定就是 32 位，或一定就是 64 位；即使在同样的硬件平台上，不同的编译器可能选用不同的大小。

rune 类型是 int32 类型的同义词，常常用于指明一个值是 Unicode 码点（code point）。这两个名称可互换使用。同样，byte 类型是 uint8 类型的同义词，强调一个值是原始数据，而非量值。

最后，还有一种无符号整数 uintptr，其大小并不明确，但足以完整存放指针。uintptr 类型仅仅用于底层编程，例如在 Go 程序与 C 程序库或操作系统的接口界面。第 13 章介绍 unsafe 包，将会结合 uintptr 举例。

int、uint 和 uintptr 都有别于其大小明确的相似类型的类型。就是说，int 和 int32 是不同类型，尽管 int 天然的大小就是 32 位，并且 int 值若要当作 int32 使用，必须显式转换；反之亦然。

有符号整数以补码表示，保留最高位作为符号位，n 位数字的取值范围是 $-2^{n-1} \sim 2^{(n-1)}-1$。无符号整数由全部位构成其非负值，范围是 $0 \sim 2^n-1$。例如，int8 可以从 -128 到 127 取值，而 unit8 从 0 到 255 取值。

Go 的二元操作符涵盖了算术、逻辑和比较等运算。按优先级的降序排列如下：

```
*    /    %    <<    >>    &    &^
+    -    |    ^
==   !=   <    <=    >     >=
&&
||
```

二元运算符分五大优先级。同级别的运算符满足左结合律，为求清晰，可能需要圆括号，或为使表达式内的运算符按指定次序计算，如 mask & (1<<28)。

上述列表中前两行的运算符（如加法运算 +）都有对应的赋值运算符（如 +=），用于简写赋值语句。

算术运算符 +、-、*、/ 可应用于整数、浮点数和复数，而取模运算符 % 仅能用于整数。取模运算符 % 的行为因编程语言而异。就 Go 而言，取模余数的正负号总是与被除数一致，于是 -5%3 和 -5%-3 都得 -2。除法运算 (/) 的行为取决于操作数是否都为整型，整数相除，商会舍弃小数部分，于是 5.0/4.0 得到 1.25，而 5/4 结果是 1。

不论是有符号数还是无符号数，若表示算术运算结果所需的位超出该类型的范围，就称为溢出。溢出的高位部分会无提示地丢弃。假如原本的计算结果是有符号类型，且最左侧位是 1，则会形成负值，以 int8 为例：

```
var u uint8 = 255
fmt.Println(u, u+1, u*u) // "255 0 1"

var i int8 = 127
fmt.Println(i, i+1, i*i) // "127 -128 1"
```

下列二元比较运算符用于比较两个类型相同的整数；比较表达式本身的类型是布尔型。

```
==    等于
!=    不等于
<     小于
<=    小于或等于
>     大于
>=    大于等于
```

实际上，全部基本类型的值（布尔值、数值、字符串）都可以比较，这意味着两个相同类型的值可用 == 和 != 运算符比较。整数、浮点数和字符串还能根据比较运算符排序。许多其他类型的值是不可比较的，也无法排序。后面介绍每种类型时，我们将分别说明比较规则。

另外，还有一元加法和一元减法运算符：

```
+     一元取正（无实际影响）
-     一元取负
```

对于整数，+x 是 0+x 的简写，而 -x 则为 0-x 的简写。对于浮点数和复数，+x 就是 x，-x 为 x 的负数。

Go 也具备下列位运算符，前四个对操作数的运算逐位独立进行，不涉及算术进位或正负号：

```
&     位运算 AND
|     位运算 OR
^     位运算 XOR
&^    位清空（AND NOT）
<<    左移
>>    右移
```

如果作为二元运算符，运算符 ^ 表示按位"异或"（XOR）；若作为一元前缀运算符，则它表示按位取反或按位取补，运算结果就是操作数逐位取反。运算符 &^ 是按位清除（AND NOT）：表达式 z=x&^y 中，若 y 的某位是 1，则 z 的对应位等于 0；否则，它就等于 x 的对应位。

下面的代码说明了如何用位运算将一个 uint8 值作为位集（bitset）处理，其含有 8 个独立的位，高效且紧凑。Printf 用谓词 %b 以二进制形式输出数值，副词 08 在这个输出结果前被零，补够 8 位。

```
var x uint8 = 1<<1 | 1<<5
var y uint8 = 1<<1 | 1<<2

fmt.Printf("%08b\n", x)    // "00100010", 集合 {1, 5}
fmt.Printf("%08b\n", y)    // "00000110", 集合 {1, 2}

fmt.Printf("%08b\n", x&y)  // "00000010", 交集 {1}
fmt.Printf("%08b\n", x|y)  // "00100110", 并集 {1, 2, 5}
fmt.Printf("%08b\n", x^y)  // "00100100", 对称差 {2, 5}
fmt.Printf("%08b\n", x&^y) // "00100000", 差集 {5}

for i := uint(0); i < 8; i++ {
    if x&(1<<i) != 0 { // 元素判定
        fmt.Println(i) // "1", "5"
    }
}

fmt.Printf("%08b\n", x<<1) // "01000100", 集合 {2, 6}
fmt.Printf("%08b\n", x>>1) // "00010001", 集合 {0, 4}
```

（6.5 节会介绍比单字节大得多的整数位集的实现。）

在移位运算 x<<n 和 x>>n 中，操作数 n 决定位移量，而且 n 必须为无符号型；操作数 x 可以是有符号型也可以是无符号型。算术上，左移运算 x<<n 等价于 x 乘以 2^n；而右移运算 x>>n 等价于 x 除以 2^n，向下取整。

左移以 0 填补右边空位，无符号整数右移同样以 0 填补左边空位，但有符号数的右移操作是按符号位的值填补空位。因此，请注意，如果将整数以位模式处理，须使用无符号整型。

尽管 Go 具备无符号整型数和相关算术运算，也尽管某些量值不可能为负，但是我们往往还采用有符号整型数，如数组的长度（即便直观上明显更应该选用 uint）。下例从后向前输出奖牌名称，循环里用到了内置的 len 函数，它返回有符号整数：

```
medals := []string{"gold", "silver", "bronze"}
for i := len(medals) - 1; i >= 0; i-- {
    fmt.Println(medals[i]) // "bronze", "silver", "gold"
}
```

相反，假若 len 返回的结果是无符号整数，就会导致严重错误，因为 i 随之也成为 uint 型，根据定义，条件 i>=0 将恒成立。第 3 轮迭代后，有 i==0，语句 i-- 使得 i 变为 uint 型的最大值（例如，可能为 $2^{64}-1$），而非 −1，导致 medals[i] 试图越界访问元素，超出 slice 范围，引发运行失败或宕机（见 5.9 节）。

因此，无符号整数往往只用于位运算符和特定算术运算符，如实现位集时，解析二进制格式的文件，或散列和加密。一般而言，无符号整数极少用于表示非负值。

通常，将某种类型的值转换成另一种，需要显式转换。对于算术和逻辑（不含移位）的二元运算符，其操作数的类型必须相同。虽然这有时会导致表达式相对冗长，但是一整类错误得以避免，程序也更容易理解。

考虑下面的语句，它与某些其他场景类似：

```
var apples int32 = 1
var oranges int16 = 2
var compote int = apples + oranges // 编译错误
```

尝试编译这三个声明将产生错误消息:

非法操作: apples + oranges (int32 与 int16 类型不匹配)

类型不匹配（+ 的问题）有几种方法改正，最直接地，将全部操作数转换成同一类型:

```
var compote = int(apples) + int(oranges)
```

2.5 节已经提及，于每种类型 T，若允许转换，操作 T(x) 会将 x 的值转换成类型 T。很多整型 – 整型转换不会引起值的变化，仅告知编译器应如何解读该值。不过，缩减大小的整型转换，以及整型与浮点型的相互转换，可能改变值或损失精度:

```
f := 3.141 // a float64
i := int(f)
fmt.Println(f, i)   // "3.141 3"
f = 1.99
fmt.Println(int(f)) // "1"
```

浮点型转成整型，会舍弃小数部分，趋零截尾（正值向下取整，负值向上取整）。如果有些转换的操作数的值超出了目标类型的取值范围，就应当避免这种转换，因为其行为依赖具体实现:

```
f := 1e100  // a float64
i := int(f) // 结果依赖实现
```

不论有无大小和符号限制，源码中的整数都能写成常见的十进制数；也能写成八进制数，以 0 开头，如 0666；还能写成十六进制数，以 0x 或 0X 开头，如 0xdeadbeef。十六进制的数字（或字母）大小写皆可。当前，八进制数似乎仅有一种用途——表示 POSIX 文件系统的权限——而十六进制数广泛用于强调其位模式，而非数值大小。

如下例所示，如果使用 fmt 包输出数字，我们可以用谓词 %d、%o 和 %x 指定进位制基数和输出格式:

```
o := 0666
fmt.Printf("%d %[1]o %#[1]o\n", o) // "438 666 0666"
x := int64(0xdeadbeef)
fmt.Printf("%d %[1]x %#[1]x %#[1]X\n", x)
// 输出:
// 3735928559 deadbeef 0xdeadbeef 0XDEADBEEF
```

注意 fmt 的两个技巧。通常 Printf 的格式化字符串含有多个 % 谓词，这要求提供相同数目的操作数，而 % 后的副词 [1] 告知 Printf 重复使用第一个操作数。其次，%o、%x 或 %X 之前的副词 # 告知 Printf 输出相应的前缀 0、0x 或 0X。

源码中，文字符号（rune literal）的形式是字符写在一对单引号内。最简单的例子就是 ASCII 字符，如 'a'，但也可以直接使用 Unicode 码点（codepoint）或码值转义，稍后有介绍。

用 %c 输出文字符号，如果希望输出带有单引号则用 %q:

```
ascii := 'a'
unicode := '国'
newline := '\n'
fmt.Printf("%d %[1]c %[1]q\n", ascii)   // "97 a 'a'"
fmt.Printf("%d %[1]c %[1]q\n", unicode) // "22269 国 '国'"
fmt.Printf("%d %[1]q\n", newline)       // "10 '\n'"
```

3.2 浮点数

Go 具有两种大小的浮点数 float32 和 float64。其算术特性遵从 IEEE 754 标准，所有新式 CPU 都支持该标准。

这两个类型的值可从极细微到超宏大。math 包给出了浮点值的极限。常量 math.MaxFloat32 是 float32 的最大值，大约为 3.4e38，而 math.MaxFloat64 则大约为 1.8e308。相应地，最小的正浮点值大约为 1.4e-45 和 4.9e-324。

十进制下，float32 的有效数字大约是 6 位，float64 的有效数字大约是 15 位。绝大多数情况下，应优先选用 float64，因为除非格外小心，否则 float32 的运算会迅速累积误差。另外，float32 能精确表示的正整数范围有限：

```
var f float32 = 16777216 // 1 << 24
fmt.Println(f == f+1)     // "true"
```

在源码中，浮点数可写成小数，如：

```
const e = 2.71828 //（近似值）
```

小数点前的数字可以省略（.707），后面的也可省去（1.）。非常小或非常大的数字最好使用科学记数法表示，此方法在数量级指数前写字母 e 或 E：

```
const Avogadro = 6.02214129e23
const Planck   = 6.62606957e-34
```

浮点值能方便地通过 Printf 的谓词 %g 输出，该谓词会自动保持足够的精度，并选择最简洁的表示方式，但是对于数据表，%e（有指数）或 %f（无指数）的形式可能更合适。这三个谓词都能掌控输出宽度和数值精度。

```
for x := 0; x < 8; x++ {
    fmt.Printf("x = %d eˣ = %8.3f\n", x, math.Exp(float64(x)))
}
```

上面的代码按 8 个字符的宽度输出自然对数 e 的各个幂方，结果保留三位小数：

```
x = 0   eˣ =    1.000
x = 1   eˣ =    2.718
x = 2   eˣ =    7.389
x = 3   eˣ =   20.086
x = 4   eˣ =   54.598
x = 5   eˣ =  148.413
x = 6   eˣ =  403.429
x = 7   eˣ = 1096.633
```

除了大量常见的数学函数之外，math 包还有函数用于创建和判断 IEEE 754 标准定义的特殊值：正无穷大和负无穷大，它表示超出最大许可值的数及除以零的商；以及 NaN（Not a Number），它表示数学上无意义的运算结果（如 0/0 或 Sqrt(-1)）。

```
var z float64
fmt.Println(z, -z, 1/z, -1/z, z/z) //  "0 -0 +Inf -Inf NaN"
```

math.IsNaN 函数判断其参数是否是非数值，math.NaN 函数则返回非数值（NaN）。在数字运算中，我们倾向于将 NaN 当作信号值（sentinel value），但直接判断具体的计算结果是否为 NaN 可能导致潜在错误，因为与 NaN 的比较总不成立（除了 !=，它总是与 == 相反）：

```
nan := math.NaN()
fmt.Println(nan == nan, nan < nan, nan > nan) // "false false false"
```

一个函数的返回值是浮点型且它有可能出错，那么最好单独报错，如下：

```go
func compute() (value float64, ok bool) {
    // ...
    if failed {
        return 0, false
    }
    return result, true
}
```

下一个程序以浮点绘图运算为例。它根据传入两个参数的函数 z=f(x,y)，绘出三维的网线状曲面，绘制过程中运用了可缩放矢量图形（Scalable Vector Graphics，SVG)，绘制线条的一种标准 XML 格式。图 3-1 是函数 sin(r)/r 的图形输出样例，其中 r 为 sqrt(x*x+y*y)。

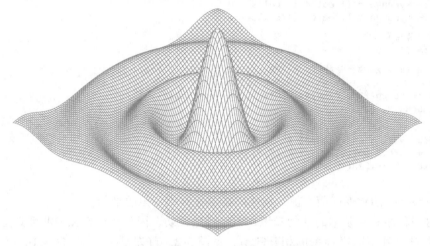

图 3-1　函数 sin(r)/r 的图形输出样例

gopl.io/ch3/surface

```go
// surface 函数根据一个三维曲面函数计算并生成 SVG
package main

import (
    "fmt"
    "math"
)

const (
    width, height = 600, 320            // 以像素表示的画布大小
    cells         = 100                 // 网格单元的个数
    xyrange       = 30.0                // 坐标轴的范围 (-xyrange..+xyrange)
    xyscale       = width / 2 / xyrange // x 或 y 轴上每个单位长度的像素
    zscale        = height * 0.4        // z 轴上每个单位长度的像素
    angle         = math.Pi / 6         // x、y 轴的角度 (=30°)
)

var sin30, cos30 = math.Sin(angle), math.Cos(angle) // sin(30°), cos(30°)

func main() {
    fmt.Printf("<svg xmlns='http://www.w3.org/2000/svg' "+
        "style='stroke: grey; fill: white; stroke-width: 0.7' "+
        "width='%d' height='%d'>", width, height)
```

```go
    for i := 0; i < cells; i++ {
        for j := 0; j < cells; j++ {
            ax, ay := corner(i+1, j)
            bx, by := corner(i, j)
            cx, cy := corner(i, j+1)
            dx, dy := corner(i+1, j+1)
            fmt.Printf("<polygon points='%g,%g %g,%g %g,%g %g,%g'/>\n",
                ax, ay, bx, by, cx, cy, dx, dy)
        }
    }
    fmt.Println("</svg>")
}
func corner(i, j int) (float64, float64) {
    // 求出网格单元 (i,j) 的顶点坐标(x,y)
    x := xyrange * (float64(i)/cells - 0.5)
    y := xyrange * (float64(j)/cells - 0.5)

    // 计算曲面高度 z
    z := f(x, y)

    // 将 (x,y,z) 等角投射到二维 SVG 绘图平面上, 坐标是 (sx,sy)
    sx := width/2 + (x-y)*cos30*xyscale
    sy := height/2 + (x+y)*sin30*xyscale - z*zscale
    return sx, sy
}
func f(x, y float64) float64 {
    r := math.Hypot(x, y) // 到 (0,0) 的距离
    return math.Sin(r) / r
}
```

注意, `corner` 函数返回两个值, 构成网格单元其中一角的坐标。

理解这段程序只需基本的几何知识, 但略过也无妨, 因为本例旨在说明浮点运算。这段程序本质上是三套不同坐标系的相互映射, 见图 3-2。首先是个包含 100×100 个单元的二维网格, 每个网格单元用整数坐标 (i,j) 标记, 从最远处靠后的角落 $(0, 0)$ 开始。我们从后向前绘制, 因而后方的多边形可能被前方的遮住。

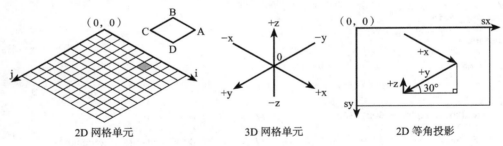

图 3-2   三套不同坐标系

第二个坐标系内, 网格由三维浮点数 (x, y, z) 决定, 其中 x 和 y 由 i 和 j 的线性函数决定, 经过坐标转换, 原点处于中央, 并且坐标系按照 xyrange 进行缩放。高度值 z 由曲面函数 $f(x, y)$ 决定。

第三个坐标系是二维成像绘图平面（image canvas）, 原点在左上角。这个平面中点的坐标记作 (sx, sy)。我们用等角投影（isometric projection）将三维坐标点 (x, y, z) 映射到二维绘图平面上。若一个点的 x 值越大, y 值越小, 则其在绘图平面上看起来就越接近右方。而若一个点的 x 值或 y 值越大, 且 z 值越小, 则其在绘图平面上看起来就越接近下方。纵向

（x）与横向（y）的缩放系数是由 30° 角的正弦值和余弦值推导而得。z 方向的缩放系数为 0.4，是个随意选定的参数值。

二维网格中的单元由 main 函数处理，它算出多边形 *ABCD* 在绘图平面上四个顶点的坐标，其中 *B* 对应 (i, j)，*A*、*C*、*D* 则为其他三个顶点，然后再输出一条 SVG 指令将其绘出。

练习 3.1：假如函数 f 返回一个 float64 型的无穷大值，就会导致 SVG 文件含有无效的 `<polygon>` 元素（尽管很多 SVG 绘图程序对此处理得当）。修改本程序以避免无效多边形。

练习 3.2：用 math 包的其他函数试验可视化效果。你能否生成各种曲面，分别呈鸡蛋盒状、雪坡状或马鞍状？

练习 3.3：按高度给每个多边形上色，使得峰顶呈红色（`#ff0000`），谷底呈蓝色（`#0000ff`）。

练习 3.4：仿照 1.7 节的示例 Lissajous 的方法，构建一个 Web 服务器，计算并生成曲面，同时将 SVG 数据写入客户端。服务器必须如下设置 Content-Type 报头。

```
w.Header().Set("Content-Type", "image/svg+xml")
```

（在 Lissajous 示例中，这一步并不强制要求，因为该服务器使用标准的启发式规则，根据响应内容最前面的 512 字节来识别常见的格式（如 PNG），并生成正确的 HTTP 报头。）允许客户端通过 HTTP 请求参数的形式指定各种值，如高度、宽度和颜色。

3.3 复数

Go 具备两种大小的复数 complex64 和 complex128，二者分别由 float32 和 float64 构成。内置的 complex 函数根据给定的实部和虚部创建复数，而内置的 real 函数和 imag 函数则分别提取复数的实部和虚部：

```
var x complex128 = complex(1, 2) // 1+2i
var y complex128 = complex(3, 4) // 3+4i
fmt.Println(x*y)               // "(-5+10i)"
fmt.Println(real(x*y))         // "-5"
fmt.Println(imag(x*y))         // "10"
```

源码中，如果在浮点数或十进制整数后面紧接着写字母 i，如 3.141592i 或 2i，它就变成一个虚数，表示一个实部为 0 的复数：

```
fmt.Println(1i * 1i) // "(-1+0i)", i² = -1
```

根据常量运算规则，复数常量可以和其他常量相加（整型或浮点型，实数和虚数皆可），这让我们可以自然地写出复数，如 1+2i，或等价地，2i+1。前面 x 和 y 的声明可以简写为：

```
x := 1 + 2i
y := 3 + 4i
```

可以用 == 或 != 判断复数是否等值。若两个复数的实部和虚部都相等，则它们相等。math/cmplx 包提供了复数运算所需的库函数，例如复数的平方根函数和复数的幂函数。

```
fmt.Println(cmplx.Sqrt(-1)) // "(0+1i)"
```

下面的程序用 complex128 运算生成一个 Mandelbrot 集。

gopl.io/ch3/mandelbrot
```
// mandelbrot 函数生成一个 PNG 格式的 Mandelbrot分形图
package main
```

```go
import (
    "image"
    "image/color"
    "image/png"
    "math/cmplx"
    "os"
)
func main() {
    const (
        xmin, ymin, xmax, ymax = -2, -2, +2, +2
        width, height          = 1024, 1024
    )

    img := image.NewRGBA(image.Rect(0, 0, width, height))
    for py := 0; py < height; py++ {
        y := float64(py)/height*(ymax-ymin) + ymin
        for px := 0; px < width; px++ {
            x := float64(px)/width*(xmax-xmin) + xmin
            z := complex(x, y)
            // 点 (px, py) 表示复数值 z
            img.Set(px, py, mandelbrot(z))
        }
    }
    png.Encode(os.Stdout, img) // 注意：忽略错误
}
func mandelbrot(z complex128) color.Color {
    const iterations = 200
    const contrast = 15

    var v complex128
    for n := uint8(0); n < iterations; n++ {
        v = v*v + z
        if cmplx.Abs(v) > 2 {
            return color.Gray{255 - contrast*n}
        }
    }
    return color.Black
}
```

两个嵌套循环在 1024×1024 的灰度图上逐行扫描每个点，这个图表示复平面上 $-2 \sim +2$ 的区域，每个点都对应一个复数。该程序针对各个点反复迭代计算其平方与自身的和，判断其最终能否"超出"半径为 2 的圆。若然，就根据超出圆边界所需的迭代次数设定该点的灰度。否则，该点属于 Mandelbrot 集，颜色留黑。最后，程序将标准输出的数据写入 PNG 图，得到一个标志性的分形，见图 3-3。

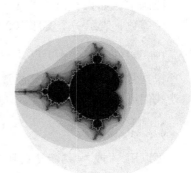

图 3-3　Mandelbrot 集

练习 3.5：用 `image.NewRGBA` 函数和 `color.RGBA` 类型或 `color.YCbCr` 类型实现一个 Mandelbrot 集的全彩图。

练习 3.6：超采样（supersampling）通过对几个临近像素颜色值取样并取均值，是一种减少锯齿化的方法。最简单的做法是将每个像素分成 4 个"子像素"。给出实现方式。

练习 3.7：另一种简单的分形是运用牛顿法求某个函数的复数解，比如 $z^4-1=0$。以平面上各点作为牛顿法的起始，根据逼近其中一个根（共有 4 个根）所需的迭代次数对该点设定灰度。再根据求得的根对每个点进行全彩上色。

练习 3.8：生成高度放大的分形需要极高的数学精度。分别用以下 4 种类型（complex64、complex128、big.Float 和 big.Rat）表示数据实现同一个分形（后面两种类型由 math/big 包给出。big.Float 类型随意选用 float32/float64 浮点数，但精度有限；big.Rat 类型使用无限精度的有理数。）它们在计算性能和内存消耗上相比如何？放大到什么程度，渲染的失真变得可见？

练习 3.9：编写一个 Web 服务器，它生成分形并将图像数据写入客户端。要让客户端得以通过 HTTP 请求的参数指定 x、y 值和放大系数。

3.4 布尔值

bool 型的值或布尔值（boolean）只有两种可能：真（true）和假（false）。if 和 for 语句里的条件就是布尔值，比较操作符（如 == 和 <）也能得出布尔值结果。一元操作符 (!) 表示逻辑取反，因此 !true 就是 false，或者可以说 (!true==false)==true。比如，考虑到代码风格，布尔表达式 x==true 相对冗长，我们总是简化为 x。

布尔值可以由运算符 &&(AND) 以及 ||(OR) 组合运算，这可能引起短路行为：如果运算符左边的操作数已经能直接确定总体结果，则右边的操作数不会计算在内，所以下面的表达式是安全的：

```
s != "" && s[0] == 'x'
```

其中，如果作用于空字符串，s[0] 会触发宕机异常。

因为 && 较 || 优先级更高（助记窍门：&& 表示逻辑乘法，|| 表示逻辑加法），所以如下形式的条件无须加圆括号：

```
if 'a' <= c && c <= 'z' ||
    'A' <= c && c <= 'Z' ||
    '0' <= c && c <= '9' {
    // ...ASCII 字母或数字
}
```

布尔值无法隐式转换成数值（如 0 或 1），反之也不行。如下状况下就有必要使用显式 if：

```
i := 0
if b {
    i = 1
}
```

假如转换操作常常用到，就值得专门为此写个函数：

```
// 如果 b 为真，btoi 返回 1；如果 b 为假，则返回 0
func btoi(b bool) int {
    if b {
        return 1
    }
    return 0
}
```

反向转换操作过于简单，无须专门撰写函数，但为了与 btoi 对应，这里还是给出其代码：

```
// itob 报告 i 是否为非零值
func itob(i int) bool { return i != 0 }
```

3.5 字符串

字符串是不可变的字节序列，它可以包含任意数据，包括 0 值字节，但主要是人类可读的文本。习惯上，文本字符串被解读成按 UTF-8 编码的 Unicode 码点（文字符号）序列，稍后将细究相关内容。

内置的 len 函数返回字符串的字节数（并非文字符号的数目），下标访问操作 s[i] 则取得第 *i* 个字符，其中 0⩽i<len(s)。

```
s := "hello, world"
fmt.Println(len(s))     // "12"
fmt.Println(s[0], s[7]) // "104 119"  ('h' and 'w')
```

试图访问许可范围以外的字节会触发宕机异常：

```
c := s[len(s)] // 宕机：下标越界
```

字符串的第 *i* 个字节不一定就是第 *i* 个字符，因为非 ASCII 字符的 UTF-8 码点需要两个字节或多个字节。稍后将讨论如何使用字符。

子串生成操作 s[i:j] 产生一个新字符串，内容取自原字符串的字节，下标从 i（含边界值）开始，直到 j（不含边界值）。结果的大小是 j-i 个字节。

```
fmt.Println(s[0:5]) // "hello"
```

再次强调，若下标越界，或者 j 的值小于 i，将触发宕机异常。

操作数 i 与 j 的默认值分别是 0（字符串起始位置）和 len(s)（字符串终止位置），若省略 i 或 j，或两者，则取默认值。

```
fmt.Println(s[:5]) // "hello"
fmt.Println(s[7:]) // "world"
fmt.Println(s[:])  // "hello, world"
```

加号（+）运算符连接两个字符串而生成一个新字符串：

```
fmt.Println("goodbye" + s[5:]) // "goodbye, world"
```

字符串可以通过比较运算符做比较，如 == 和 <；比较运算按字节进行，结果服从本身的字典排序。

尽管肯定可以将新值赋予字符串变量，但是字符串值无法改变：字符串值本身所包含的字节序列永不可变。要在一个字符串后面添加另一个字符串，可以这样编写代码：

```
s := "left foot"
t := s
s += ", right foot"
```

这并不改变 s 原有的字符串值，只是将 += 语句生成的新字符串赋予 s。同时，t 仍然持有旧的字符串值。

```
fmt.Println(s) // "left foot, right foot"
fmt.Println(t) // "left foot"
```

因为字符串不可改变，所以字符串内部的数据不允许修改：

```
s[0] = 'L' // 编译错误：s[0] 无法赋值
```

不可变意味着两个字符串能安全地共用同一段底层内存，使得复制任何长度字符串的开销都低廉。类似地，字符串 s 及其子串（如 s[7:]）可以安全地共用数据，因此子串生成操作的开销低廉。这两种情况下都没有分配新内存。图 3-4 展示了一个字符串及其两个子字符串的内存布局，它们共用底层字节数组。

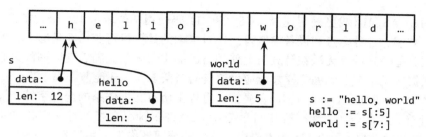

图 3-4　字符串 "hello,world" 及其两个子字符串

3.5.1　字符串字面量

字符串的值可以直接写成字符串字面量（string literal），形式上就是带双引号的字节序列：

```
"Hello, 世界"
```

因为 Go 的源文件总是按 UTF-8 编码，并且习惯上 Go 的字符串会按 UTF-8 解读，所以在源码中我们可以将 Unicode 码点写入字符串字面量。

在带双引号的字符串字面量中，转义序列以反斜杠（\）开始，可以将任意值的字节插入字符串中。下面是一组转义符，表示 ASCII 控制码，如换行符、回车符和制表符。

```
\a     "警告"或响铃
\b     退格符
\f     换页符
\n     换行符（指直接跳到下一行的同一位置）
\r     回车符（指返回行首）
\t     制表符
\v     垂直制表符
\'     单引号（仅用于文字字符字面量 '\''）
\"     双引号（仅用于 "…" 字面量内部）
\\     反斜杠
```

源码中的字符串也可以包含十六进制或八进制的任意字节。十六进制的转义字符写成 \x*hh* 的形式，*h* 是十六进制数字（大小写皆可），且必须是两位。八进制的转义字符写成 *ooo* 的形式，必须使用三位八进制数字（0 ～ 7），且不能超过 \377。这两者都表示单个字节，内容是给定值。后面，我们将看到如何将数值形式的 Unicode 码点嵌入字符串字面量。

原生的字符串字面量的书写形式是 `...`，使用反引号而不是双引号。原生的字符串字面量内，转义序列不起作用；实质内容与字面写法严格一致，包括反斜杠和换行符，因此，在程序源码中，原生的字符串字面量可以展开多行。唯一的特殊处理是回车符会被删除（换行符会保留），使得同一字符串在所有平台上的值都有相同，包括习惯在文本文件存入换行符的系统。

正则表达式往往含有大量反斜杠，可以方便地写成原生的字符串字面量。原生的字面量也适用于 HTML 模板、JSON 字面量、命令行提示信息，以及需要多行文本表达的场景。

```
const GoUsage = `Go is a tool for managing Go source code.

Usage:
    go command [arguments]
...`
```

3.5.2　Unicode

从前，事情简单明晰，至少，狭隘地看，软件只须处理一个字符集：ASCII（美国信息交换标准码）。ASCII（或更确切地说，US-ASCII）码使用 7 位表示 128 个"字符"：大小写英文字母、数字、各种标点和设备控制符。这对早期的计算机行业已经足够了，但是让世界上众多使用其他语言的人无法在计算机上使用自己的文书体系。随着互联网的兴起，包含纷繁语言的数据屡见不鲜。到底怎样才能应付语言的繁杂多样，还能兼顾高效率？

答案是 Unicode（unicode.org），它囊括了世界上所有文书体系的全部字符，还有重音符和其他变音符，控制码（如制表符和回车符），以及许多特有文字，对它们各自赋予一个叫Unicode 码点的标准数字。在 Go 的术语中，这些字符记号称为文字符号（rune）。

Unicode 第 8 版定义了超过一百种语言文字的 12 万个字符的码点。它们在计算机程序和数据中如何表示？天然适合保存单个文字符号的数据类型就是 int32，为 Go 所采用；正因如此，rune 类型作为 int32 类型的别名。

我们可以将文字符号的序列表示成 int32 值序列，这种表示方式称作 UTF-32 或 UCS-4，每个 Unicode 码点的编码长度相同，都是 32 位。这种编码简单划一，可是因为大多数面向计算机的可读文本是 ASCII 码，每个字符只需 8 位，也就是 1 字节，导致了不必要的存储空间消耗。而使用广泛的字符的数目也少于 65556 个，字符用 16 位就能容纳。我们能作改进吗？

3.5.3　UTF-8

UTF-8 以字节为单位对 Unicode 码点作变长编码。UTF-8 是现行的一种 Unicode 标准，由 Go 的两位创建者 Ken Thompson 和 Rob Pike 发明。每个文字符号用 1 ～ 4 个字节表示，ASCII 字符的编码仅占 1 个字节，而其他常用的文书字符的编码只是 2 或 3 个字节。一个文字符号编码的首字节的高位指明了后面还有多少字节。若最高位为 0，则标示着它是 7 位的ASCII 码，其文字符号的编码仅占 1 字节，这样就与传统的 ASCII 码一致。若最高几位是110，则文字符号的编码占用 2 个字节，第二个字节以 10 开始。更长的编码以此类推。

```
0xxxxxxx                              文字符号 0 ～ 127          (ASCII)
110xxxxx 10xxxxxx                     128 ～ 2047               少于 128 个未使用的值
1110xxxx 10xxxxxx 10xxxxxx            2048 ～ 65535             少于 2048 个未使用的值
11110xxx 10xxxxxx 10xxxxxx 10xxxxxx   65536 ～ 0x10ffff         其他未使用的值
```

变长编码的字符串无法按下标直接访问第 n 个字符，然而有失有得，UTF-8 换来许多有用的特性。UTF-8 编码紧凑，兼容 ASCII，并且自同步：最多追溯 3 字节，就能定位一个字符的起始位置。UTF-8 还是前缀编码，因此它能从左向右解码而不产生歧义，也无须超前预读。于是查找文字符号仅须搜索它自身的字节，不必考虑前文内容。文字符号的字典字节顺序与 Unicode 码点顺序一致（Unicode 设计如此），因此按 UTF-8 编码排序自然就是对文字符号排序。UTF-8 编码本身不会嵌入 NUL 字节（0 值），这便于某些程序语言用 NUL 标记字符串结尾。

Go 的源文件总是以 UTF-8 编码，同时，需要用 Go 程序操作的文本字符串也优先采用UTF-8 编码。unicode 包具备针对单个文字符号的函数（例如区分字母和数字，转换大小写），而 unicode/utf8 包则提供了按 UTF-8 编码和解码文字符号的函数。

许多 Unicode 字符难以直接从键盘输入；有的看起来十分相似几乎无法分辨；有些甚至不可见。Go 语言中，字符串字面量的转义让我们得以用码点的值来指明 Unicode 字符。有两种形式，\uhhhh 表示 16 位码点值，\Uhhhhhhhh 表示 32 位码点值，其中每个 h 代表一个十六进制数字；32 位形式的码点值几乎不需要用到。这两种形式都以 UTF-8 编码表示出给定的码点。因此，下面几个字符串字面量都表示长度为 6 字节的相同串：

```
"世界"
"\xe4\xb8\x96\xe7\x95\x8c"
"\u4e16\u754c"
"\U00004e16\U0000754c"
```

后面三行的转义序列用不同形式表示第一行的字符串，但实质上它们的字符串值都一样。

Unicode 转义符也能用于文字符号。下列字符是等价的：

```
'世'  '\u4e16'  '\U00004e16'
```

码点值小于 256 的文字符号可以写成单个十六进制数转义的形式，如 'A' 写成 '\x41'，而更高的码点值则必须使用 \u 或 \U 转义。这就导致，'\xe4\xb8\x96' 不是合法的文字符号，虽然这三个字节构成某个有效的 UTF-8 编码码点。

由于 UTF-8 的优良特性，许多字符串操作都无须解码。我们可以直接判断某个字符串是否为另一个的前缀：

```
func HasPrefix(s, prefix string) bool {
    return len(s) >= len(prefix) && s[:len(prefix)] == prefix
}
```

或者它是否为另一个字符串的后缀：

```
func HasSuffix(s, suffix string) bool {
    return len(s) >= len(suffix) && s[len(s)-len(suffix):] == suffix
}
```

或者它是否为另一个的子字符串：

```
func Contains(s, substr string) bool {
    for i := 0; i < len(s); i++ {
        if HasPrefix(s[i:], substr) {
            return true
        }
    }
    return false
}
```

按 UTF-8 编码的文本的逻辑同样也适用原生字节序列，但其他编码则无法如此。（上面的函数取自 strings 包，其实 Contains 函数的具体实现使用了散列方法让搜索更高效。）

另一方面，如果我们真的要逐个逐个处理 Unicode 字符，则必须使用其他编码机制。考虑我们第一个例子的字符串（见 3.5.1 节），它包含两个东亚字符。图 3-5 说明了该字符串的内存布局。它含有 13 个字节，而按作 UTF-8 解读，本质是 9 个码点或文字符号的编码：

```
import "unicode/utf8"

s := "Hello, 世界"
fmt.Println(len(s))                    // "13"
fmt.Println(utf8.RuneCountInString(s)) // "9"
```

我们需要 UTF-8 解码器来处理这些字符，unicode/utf8 包就具备一个：

```
for i := 0; i < len(s); {
    r, size := utf8.DecodeRuneInString(s[i:])
    fmt.Printf("%d\t%c\n", i, r)
    i += size
}
```

　　每次 DecodeRuneInString 的调用都返回 r（文字符号本身）和一个值（表示 r 按 UTF-8 编码所占用的字节数）。这个值用来更新下标 i，定位字符串内的下一个文字符号。可是按此方法，我们总是需要使用上例中的循环形式。所幸，Go 的 range 循环也适用于字符串，按 UTF-8 隐式解码。图 3-5 也展示了以下循环的输出。注意，对于非 ASCII 文字符号，下标增量大于 1。

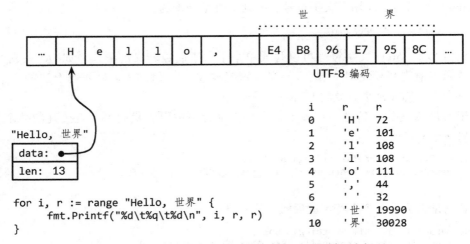

图 3-5　一个按 UTF-8 编码的字符串在 range 循环内解码

```
for i, r := range "Hello, 世界" {
    fmt.Printf("%d\t%q\t%d\n", i, r, r)
}
```

我们可用简单的 range 循环统计字符串中的文字符号数目，如下所示：

```
n := 0
for _, _ = range s {
    n++
}
```

与其他形式的 range 循环一样，可以忽略没用的变量：

```
n := 0
for range s {
    n++
}
```

或者，直截了当地调用 utf8.RuneCountInString(s)。

　　之前提到过，文本字符串作为按 UTF-8 编码的 Unicode 码点序列解读，很大程度是出于习惯，但为了确保使用 range 循环能正确处理字符串，则必须要求而不仅仅是按照习惯。如果字符串含有任意二进制数，也就是说，UTF-8 数据出错，而我们对它做 range 循环，会发生什么？

　　每次 UTF-8 解码器读入一个不合理的字节，无论是显式调用 utf8.DecodeRuneInString，还是在 range 循环内隐式读取，都会产生一个专门的 Unicode 字符 '\uFFFD' 替换它，其输出通常是个黑色六角形或类似钻石的形状，里面有个白色问号。如果程序碰到这个文字符号值，通常意味着，生成字符串数据的系统上游部分在处理文本编码方面存在瑕疵。

　　UTF-8 是一种分外便捷的交互格式，而在程序内部使用文字字符类型可能更加方便，因为它们大小一致，便于在数组和 slice 中用下标访问。

当 []rune 转换作用于 UTF-8 编码的字符串时，返回该字符串的 Unicode 码点序列：

```
// 日语片假名 " 程序 "
s := "プログラム"
fmt.Printf("% x\n", s) // "e3 83 97 e3 83 ad e3 82 b0 e3 83 a9 e3 83 a0"
r := []rune(s)
fmt.Printf("%x\n", r)  // "[30d7 30ed 30b0 30e9 30e0]"
```

（第一个 Printf 里的谓词 %x（注意，% 和 x 之间有空格）以十六进制数形式输出，并在每两个数位间插入空格。）

如果把文字符号类型的 slice 转换成一个字符串，它会输出各个文字符号的 UTF-8 编码拼接结果：

```
fmt.Println(string(r)) // "プログラム"
```

若将一个整数值转换成字符串，其值按文字符号类型解读，并且产生代表该文字符号值的 UTF-8 码：

```
fmt.Println(string(65))     // "A"，而不是 "65"
fmt.Println(string(0x4eac)) // "京"
```

如果文字符号值非法，将被专门的替换字符取代（见前面的 '\uFFFD'）。

```
fmt.Println(string(1234567)) // "�"
```

3.5.4　字符串和字节 slice

4 个标准包对字符串操作特别重要：bytes、strings、strconv 和 unicode。

strings 包提供了许多函数，用于搜索、替换、比较、修整、切分与连接字符串。

bytes 包也有类似的函数，用于操作字节 slice（[]byte 类型，其某些属性和字符串相同）。由于字符串不可变，因此按增量方式构建字符串会导致多次内存分配和复制。这种情况下，使用 bytes.Buffer 类型会更高效，范例见后。

strconv 包具备的函数，主要用于转换布尔值、整数、浮点数为与之对应的字符串形式，或者把字符串转换为布尔值、整数、浮点数，另外还有为字符串添加 / 去除引号的函数。

unicode 包备有判别文字符号值特性的函数，如 IsDigit、IsLetter、IsUpper 和 IsLower。每个函数以单个文字符号值作为参数，并返回布尔值。若文字符号值是英文字母，转换函数（如 ToUpper 和 ToLower）将其转换成指定的大小写。上面所有函数都遵循 Unicode 标准对字母数字等的分类原则。strings 包也有类似的函数，函数名也是 ToUpper 和 ToLower，它们对原字符串的每个字符做指定变换，生成并返回一个新字符串。

下例中，basename 函数模仿 UNIX shell 中的同名实用程序。只要 s 的前缀看起来像是文件系统路径（各部分由斜杠分隔），该版本的 basename(s) 就将其移除，貌似文件类型的后缀也被移除：

```
fmt.Println(basename("a/b/c.go")) // "c"
fmt.Println(basename("c.d.go"))   // "c.d"
fmt.Println(basename("abc"))      // "abc"
```

初版的 basename 独自完成全部工作，并不依赖任何库：

gopl.io/ch3/basename1

```
// basename 移除路径部分和 . 后缀
// e.g., a => a, a.go => a, a/b/c.go => c, a/b.c.go => b.c
func basename(s string) string {
    // 将最后一个 '/' 和之前的部分全都舍弃
    for i := len(s) - 1; i >= 0; i-- {
        if s[i] == '/' {
            s = s[i+1:]
            break
        }
    }
    // 保留最后一个 '.' 之前的所有内容
    for i := len(s) - 1; i >= 0; i-- {
        if s[i] == '.' {
            s = s[:i]
            break
        }
    }
    return s
}
```

简化版利用库函数 `string.LastIndex`：

gopl.io/ch3/basename2

```
func basename(s string) string {
    slash := strings.LastIndex(s, "/") // 如果没找到 "/", 则 slash 取值 -1
    s = s[slash+1:]
    if dot := strings.LastIndex(s, "."); dot >= 0 {
        s = s[:dot]
    }
    return s
}
```

path 包和 path/filapath 包提供了一组更加普遍适用的函数，用来操作文件路径等具有层次结构的名字。path 包处理以斜杠 '/' 分段的路径字符串，不分平台。它不适合用于处理文件名，却适合其他领域，像 URL 地址的路径部分。相反地，path/filepath 包根据宿主平台（host platform）的规则处理文件名，例如 POSIX 系统使用 /foo/bar，而 Microsoft Windows 系统使用 c:\foo\bar。

我们继续看另一个例子，它涉及子字符串操作。任务是接受一个表示整数的字符串，如 "12345"，从右侧开始每三位数字后面就插入一个逗号，形如 "12,345"。这个版本仅对整数有效。对浮点数的处理方式留作练习。

gopl.io/ch3/comma

```
// 函数向表示十进制非负整数的字符串中插入逗号
func comma(s string) string {
    n := len(s)
    if n <= 3 {
        return s
    }
    return comma(s[:n-3]) + "," + s[n-3:]
}
```

comma 函数的参数是一个字符串。若字符串长度小于等于 3，则不插入逗号。否则，comma 以仅包含字符串最后三个字符的子字符串作为参数，递归调用自己，最后在递归调用的结果后面添加一个逗号和最后三个字符。

若字符串包含一个字节数组，创建后它就无法改变。相反地，字节 slice 的元素允许随意修改。

字符串可以和字节 slice 相互转换：

```
s  := "abc"
b  := []byte(s)
s2 := string(b)
```

概念上，`[]byte(s)` 转换操作会分配新的字节数组，拷贝填入 s 含有的字节，并生成一个 slice 引用，指向整个数组。具备优化功能的编译器在某些情况下可能会避免分配内存和复制内容，但一般而言，复制有必要确保 s 的字节维持不变（即使 b 的字节在转换后发生改变）。反之，用 `string(b)` 将字节 slice 转换成字符串也会产生一份副本，保证 s2 也不可变。

为了避免转换和不必要的内存分配，bytes 包和 strings 包都预备了许多对应的实用函数（utility function），它们两两相对应。例如，strings 包具备下面 6 个函数：

```
func Contains(s, substr string) bool
func Count(s, sep string) int
func Fields(s string) []string
func HasPrefix(s, prefix string) bool
func Index(s, sep string) int
func Join(a []string, sep string) string
```

bytes 包里面的对应函数为：

```
func Contains(b, subslice []byte) bool
func Count(s, sep []byte) int
func Fields(s []byte) [][]byte
func HasPrefix(s, prefix []byte) bool
func Index(s, sep []byte) int
func Join(s [][]byte, sep []byte) []byte
```

唯一的不同是，操作对象由字符串变为字节 slice。

bytes 包为高效处理字节 slice 提供了 Buffer 类型。Buffer 起初为空，其大小随着各种类型数据的写入而增长，如 string、byte 和 []byte。如下例所示，bytes.Buffer 变量无须初始化，原因是零值本来就有效：

gopl.io/ch3/printints
```
// intsToString与fmt.Sprint(values)类似，但插入了逗号
func intsToString(values []int) string {
    var buf bytes.Buffer
    buf.WriteByte('[')
    for i, v := range values {
        if i > 0 {
            buf.WriteString(", ")
        }
        fmt.Fprintf(&buf, "%d", v)
    }
    buf.WriteByte(']')
    return buf.String()
}

func main() {
    fmt.Println(intsToString([]int{1, 2, 3})) // "[1, 2, 3]"
}
```

若要在 bytes.Buffer 变量后面添加任意文字符号的 UTF-8 编码，最好使用 bytes.Buffer 的 WriteRune 方法，而追加 ASCII 字符，如 '[' 和 ']'，则使用 WriteByte 亦可。

bytes.Buffer 类型用途极广，在第 7 章讨论接口的时候，假若 I/O 函数需要一个字节接

收器（io.Writer）或字节发生器（io.Reader），我们将看到能如何用其来代替文件，其中接收器的作用就如上例中的 Fprintf 一样。

练习 3.10：编写一个非递归的 comma 函数，运用 bytes.Buffer，而不是简单的字符串拼接。

练习 3.11：增强 comma 函数的功能，让其正确处理浮点数，以及带有可选正负号的数字。

练习 3.12：编写一个函数判断两个字符串是否同文异构，也就是，它们都含有相同的字符但排列顺序不同。

3.5.5 字符串和数字的相互转换

除了字符串、文字符号和字节之间的转换，我们常常也需要相互转换数值及其字符串表示形式。这由 strconv 包的函数完成。

要将整数转换成字符串，一种选择是使用 fmt.Sprintf，另一种做法是用函数 strconv.Itoa（"integer to ASCII"）：

```
x := 123
y := fmt.Sprintf("%d", x)
fmt.Println(y, strconv.Itoa(x)) // "123 123"
```

FormatInt 和 FormatUint 可以按不同的进位制格式化数字：

```
fmt.Println(strconv.FormatInt(int64(x), 2)) // "1111011"
```

fmt.Printf 里的谓词 %b、%d、%o 和 %x 往往比 Format 函数方便，若要包含数字以外的附加信息，它就尤其有用：

```
s := fmt.Sprintf("x=%b", x) // "x=1111011"
```

strconv 包内的 Atoi 函数或 ParseInt 函数用于解释表示整数的字符串，而 ParseUint 用于无符号整数：

```
x, err := strconv.Atoi("123")           // x 是整型
y, err := strconv.ParseInt("123", 10, 64) // 十进制，最长为 64 位
```

ParseInt 的第三个参数指定结果必须匹配何种大小的整型；例如，16 表示 int16，而 0 作为特殊值表示 int。任何情况下，结果 y 的类型总是 int64，可将他另外转换成较小的类型。

有时候，单行输入由字符串和数字依次混合构成，需要用 fmt.Scanf 解释，可惜 fmt.Scanf 也许不够灵活，处理不完整或不规则输入时尤甚。

3.6 常量

常量是一种表达式，其可以保证在编译阶段就计算出表达式的值，并不需要等到运行时，从而使编译器得以知晓其值。所有常量本质上都属于基本类型：布尔型、字符串或数字。

常量的声明定义了具名的值，它看起来在语法上与变量类似，但该值恒定，这防止了程序运行过程中的意外（或恶意）修改。例如，要表示数学常量，像圆周率，在 Go 程序中用常量比变量更适合，因其值恒定不变：

```
const pi = 3.14159 // 近似数；math.Pi 是更精准的近似
```

与变量类似，同一个声明可以定义一系列常量，这适用于一组相关的值：

```
const (
    e  = 2.71828182845904523536028747135266249775724709369995957496696763
    pi = 3.14159265358979323846264338327950288419716939937510582097494459
)
```

许多针对常量的计算完全可以在编译时就完成，以减免运行时的工作量并让其他编译器优化得以实现。某些错误通常要在运行时才能检测到，但如果操作数是常量，编译时就会报错，例如整数除以 0，字符串下标越界，以及任何产生无限大值的浮点数运算。

对于常量操作数，所有数学运算、逻辑运算和比较运算的结果依然是常量，常量的类型转换结果和某些内置函数的返回值，例如 len、cap、real、imag、complex 和 unsafe.Sizeof，同样是常量。

因为编译器知晓其值，常量表达式可以出现在涉及类型的声明中，具体而言就是数组类型的长度：

```
const IPv4Len = 4

// parseIPv4 函数解释一个 IPv4 地址 (d.d.d.d)
func parseIPv4(s string) IP {
    var p [IPv4Len]byte
    // ...
}
```

常量声明可以同时指定类型和值，如果没有显式指定类型，则类型根据右边的表达式推断。下例中，time.Duration 是一种具名类型，其基本类型是 int64，time.Minute 也是基于 int64 的常量。下面声明的两个常量都属于 time.Duration 类型，通过 %T 展示：

```
const noDelay time.Duration = 0
const timeout = 5 * time.Minute
fmt.Printf("%T %[1]v\n", noDelay)     // "time.Duration 0"
fmt.Printf("%T %[1]v\n", timeout)     // "time.Duration 5m0s"
fmt.Printf("%T %[1]v\n", time.Minute) // "time.Duration 1m0s"
```

若同时声明一组常量，除了第一项之外，其他项在等号右侧的表达式都可以省略，这意味着会复用前面一项的表达式及其类型。例如：

```
const (
    a = 1
    b
    c = 2
    d
)

fmt.Println(a, b, c, d) // "1 1 2 2"
```

如果复用右侧表达式导致计算结果总是相同，这就并不太实用。假若该结果可变该怎么办呢？我们来看看 iota。

3.6.1 常量生成器 iota

常量的声明可以使用常量生成器 iota，它创建一系列相关值，而不是逐个值显式写出。常量声明中，iota 从 0 开始取值，逐项加 1。

下例取自 time 包，它定义了 Weekday 的具名类型，并声明每周的 7 天为该类型的常量，从 Sunday 开始，其值为 0。这种类型通常称为枚举型（enumeration，或缩写成 enum）。

```
type Weekday int
const (
    Sunday Weekday = iota
    Monday
    Tuesday
    Wednesday
    Thursday
    Friday
    Saturday
)
```

上面的声明中，Sunday 的值为 0，Monday 的值为 1，以此类推。

更复杂的表达式也可使用 iota，借用 net 包的代码举例如下，无符号整数最低 5 位数中的每一个都逐一命名，并解释为布尔值。

```
type Flags uint
const (
    FlagUp Flags = 1 << iota // 向上
    FlagBroadcast            // 支持广播访问
    FlagLoopback             // 是环回接口
    FlagPointToPoint         // 属于点对点链路
    FlagMulticast            // 支持多路广播访问
)
```

随着 iota 递增，每个常量都按 1<<iota 赋值，这等价于 2 的连续次幂，它们分别与单个位对应。若某些函数要针对相应的位执行判定、设置或清除操作，就会用到这些常量。

gopl.io/ch3/netflag
```
func IsUp(v Flags) bool       { return v&FlagUp == FlagUp }
func TurnDown(v *Flags)       { *v &^= FlagUp }
func SetBroadcast(v *Flags) { *v |= FlagBroadcast }
func IsCast(v Flags) bool    { return v&(FlagBroadcast|FlagMulticast) != 0 }
func main() {
    var v Flags = FlagMulticast | FlagUp
    fmt.Printf("%b %t\n", v, IsUp(v)) // "10001 true"
    TurnDown(&v)
    fmt.Printf("%b %t\n", v, IsUp(v)) // "10000 false"
    SetBroadcast(&v)
    fmt.Printf("%b %t\n", v, IsUp(v))   // "10010 false"
    fmt.Printf("%b %t\n", v, IsCast(v)) // "10010 true"
}
```

下例更复杂，声明的常量表示 1024 的幂。

```
const (
    _ = 1 << (10 * iota)
    KiB // 1024
    MiB // 1048576
    GiB // 1073741824
    TiB // 1099511627776              (超过 1 << 32)
    PiB // 1125899906842624
    EiB // 1152921504606846976
    ZiB // 1180591620717411303424    (超过 1 << 64)
    YiB // 1208925819614629174706176
)
```

然而，iota 机制存在局限。比如，因为不存在指数运算符，所以无从生成更为人熟知的 1000 的幂（KB、MB 等）。

练习 3.13：用尽可能简洁的方法声明从 KB、MB 直到 YB 的常量。

3.6.2 无类型常量

Go 的常量自有特别之处。虽然常量可以是任何基本数据类型，如 int 或 float64，也包括具名的基本类型（如 time.Duration），但是许多常量并不从属某一具体类型。编译器将这些从属类型待定的常量表示成某些值，这些值比基本类型的数字精度更高，且算术精度高于原生的机器精度。可以认为它们的精度至少达到 256 位。从属类型待定的常量共有 6 种，分别是无类型布尔、无类型整数、无类型文字符号、无类型浮点数、无类型复数、无类型字符串。

借助推迟确定从属类型，无类型常量不仅能暂时维持更高的精度，与类型已确定的常量相比，它们还能写进更多表达式而无需转换类型。比如，上例中 ZiB 和 YiB 的值过大，用哪种整型都无法存储，但它们都是合法常量并且可以用在下面的表达式中：

```
fmt.Println(YiB/ZiB) // "1024"
```

再例如，浮点型常量 math.Pi 可用于任何需要浮点值或复数的地方：

```
var x float32 = math.Pi
var y float64 = math.Pi
var z complex128 = math.Pi
```

若常量 math.Pi 一开始就确定从属于某具体类型，如 float64，就会导致结果的精度下降。另外，假使最终需要 float32 值或 complex128 值，则可能需要转换类型：

```
const Pi64 float64 = math.Pi

var x float32 = float32(Pi64)
var y float64 = Pi64
var z complex128 = complex128(Pi64)
```

字面量的类型由语法决定。0、0.0、0i 和 '\u0000' 全都表示相同的常量值，但类型相异，分别是：无类型整数、无类型浮点数、无类型复数和无类型文字符号。类似地，true 和 false 是无类型布尔值，而字符串字面量则是无类型字符串。

根据除法运算中操作数的类型，除法运算的结果可能是整型或浮点。所以，常量除法表达式中，操作数选择不同的字面写法会影响结果：

```
var f float64 = 212
fmt.Println((f - 32) * 5 / 9)     // "100"; (f - 32) * 5 的结果是 float64 型
fmt.Println(5 / 9 * (f - 32))     // "0";   5/9 的结果是无类型整数，0
fmt.Println(5.0 / 9.0 * (f - 32)) // "100"; 5.0/9.0 的结果是无类型浮点数
```

只有常量才可以是无类型的。若将无类型常量声明为变量（如下面的第一条语句所示），或在类型明确的变量赋值的右方出现无类型常量（如下面的其他三条语句所示），则常量会被隐式转换成该变量的类型。

```
var f float64 = 3 + 0i // 无类型复数 -> float64
f = 2                  // 无类型整数 -> float64
f = 1e123              // 无类型浮点数 -> float64
f = 'a'                // 无类型 -> float64
```

上述语句与下面的语句等价：

```
var f float64 = float64(3 + 0i)
f = float64(2)
f = float64(1e123)
f = float64('a')
```

不论隐式或显式，常量从一种类型转换成另一种，都要求目标类型能够表示原值。实数和复数允许舍入取整：

```
const (
    deadbeef = 0xdeadbeef // 无类型整数，值为 3735928559
    a = uint32(deadbeef)  // uint32，值为 3735928559
    b = float32(deadbeef) // float32，值为 3735928576（向上取整）
    c = float64(deadbeef) // float64，值为 3735928559（精确值）
    d = int32(deadbeef)   // 编译错误：溢出，int32 无法容纳常量值
    e = float64(1e309)    // 编译错误：溢出，float64 无法容纳常量值
    f = uint(-1)          // 编译错误：溢出，uint 无法容纳常量值
)
```

变量声明（包括短变量声明）中，假如没有显式指定类型，无类型常量会隐式转换成该变量的默认类型，如下例所示：

```
i := 0      // 无类型整数；隐式 int(0)
r := '\000' // 无类型文字字符；隐式 rune('\000')
f := 0.0    // 无类型浮点数；隐式 float64(0.0)
c := 0i     // 无类型整数；隐式 complex128(0i)
```

注意各类型的不对称性：无类型整数可以转换成 int，其大小不确定，但无类型浮点数和无类型复数被转换成大小明确的 float64 和 complex128。Go 语言中，只有大小不明确的 int 类型，却不存在大小不确定的 float 类型和 complex 类型，原因是，如果浮点型数据的大小不明，就很难写出正确的数值算法。

要将变量转换成不同的类型，我们必须将无类型常量显式转换为期望的类型，或在声明变量时指明想要的类型，如下例所示：

```
var i = int8(0)
var i int8 = 0
```

在将无类型常量转换为接口值时（见第 7 章），这些默认类型就分外重要，因为它们决定了接口值的动态类型。

```
fmt.Printf("%T\n", 0)      // "int"
fmt.Printf("%T\n", 0.0)    // "float64"
fmt.Printf("%T\n", 0i)     // "complex128"
fmt.Printf("%T\n", '\000') // "int32" (rune)
```

至此，我们已经概述了 Go 的基本数据类型。下一步就是要说明如何将它们构建成为更大的聚合体，如数组和结构体，更进一步组成数据结构以解决实际的编程问题。第 4 章以此为主题。

复合数据类型

第 3 章讨论了 Go 程序中的基础数据类型，它们就像宇宙中的原子一样。本章介绍复合数据类型，复合数据类型是由基本数据类型以各种方式组合而构成的，就像分子由原子构成一样。我们将重点讲解四种复合数据类型，分别是数组、slice、map 和结构体。另外本章末尾将演示如何将使用这些数据类型构成的结构化数据编码为 JSON 数据，从 JSON 数据转换为结构化数据，以及从模板生成 HTML 页面。

数组和结构体都是聚合类型，它们的值由内存中的一组变量构成。数组的元素具有相同的类型，而结构体中的元素数据类型则可以不同。数组和结构体的长度都是固定的。反之，slice 和 map 都是动态数据结构，它们的长度在元素添加到结构中时可以动态增长。

4.1 数组

数组是具有固定长度且拥有零个或者多个相同数据类型元素的序列。由于数组的长度固定，所以在 Go 里面很少直接使用。slice 的长度可以增长和缩短，在很多场合下使用得更多。然而，在理解 slice 之前，我们必须先理解数组。

数组中的每个元素是通过索引来访问的，索引从 0 到数组长度减 1。Go 内置的函数 len 可以返回数组中的元素个数。

```
var a [3]int                // 3 个整数的数组
fmt.Println(a[0])           // 输出数组的第一个元素
fmt.Println(a[len(a)-1])    // 输出数组的最后一个元素，即 [2]
// 输出索引和元素
for i, v := range a {
    fmt.Printf("%d %d\n", i, v)
}

// 仅输出元素
for _, v := range a {
    fmt.Printf("%d\n", v)
}
```

默认情况下，一个新数组中的元素初始值为元素类型的零值，对于数字来说，就是 0。也可以使用数组字面量根据一组值来初始化一个数组。

```
var q [3]int = [3]int{1, 2, 3}
var r [3]int = [3]int{1, 2}
fmt.Println(r[2]) // "0"
```

在数组字面量中，如果省略号 "..." 出现在数组长度的位置，那么数组的长度由初始化数组的元素个数决定。以上数组 q 的定义可以简化为：

```
q := [...]int{1, 2, 3}
fmt.Printf("%T\n", q) // "[3]int"
```

数组的长度是数组类型的一部分，所以 [3]int 和 [4]int 是两种不同的数组类型。数组的长度必须是常量表达式，也就是说，这个表达式的值在程序编译时就可以确定。

```
q := [3]int{1, 2, 3}
q = [4]int{1, 2, 3, 4} // 编译错误: 不可以将 [4]int 赋值给 [3]int
```

如我们所见，数组、slice、map 和结构体的字面语法都是相似的。上面的例子是按顺序给出一组值；也可以像这样给出一组值，这一组值同样具有索引和索引对应的值：

```
type Currency int

const (
    USD Currency = iota
    EUR
    GBP
    RMB
)

symbol := [...]string{USD: "$", EUR: "€", GBP: "£", RMB: "¥"}

fmt.Println(RMB, symbol[RMB]) // "3 ¥"
```

在这种情况下，索引可以按照任意顺序出现，并且有的时候还可以省略。和上面一样，没有指定值的索引位置的元素默认被赋予数组元素类型的零值。例如，

```
r := [...]int{99: -1}
```

定义了一个拥有 100 个元素的数组 r，除了最后一个元素值是 −1 外，该数组中的其他元素值都是 0。

如果一个数组的元素类型是可比较的，那么这个数组也是可比较的，这样我们就可以直接使用 == 操作符来比较两个数组，比较的结果是两边元素的值是否完全相同。使用 != 来比较两个数组是否不同。

```
a := [2]int{1, 2}
b := [...]int{1, 2}
c := [2]int{1, 3}
fmt.Println(a == b, a == c, b == c) // "true false false"
d := [3]int{1, 2}
fmt.Println(a == d) // 编译错误: 无法比较 [2]int == [3]int
```

举一个更有意义的例子，crypto/sha256 包里面的函数 Sum256 用来为存储在任意字节 slice 中的消息使用 SHA256 加密散列算法生成一个摘要。摘要信息是 256 位，即 [32]byte。如果两个摘要信息相同，那么很有可能这两条原始消息就是相同的；如果这两个摘要信息不同，那么这两条原始消息就是不同的。下面的程序输出并比较了 "x" 和 "X" 的 SHA256 散列值：

gopl.io/ch4/sha256
```
import "crypto/sha256"

func main() {
    c1 := sha256.Sum256([]byte("x"))
    c2 := sha256.Sum256([]byte("X"))
    fmt.Printf("%x\n%x\n%t\n%T\n", c1, c2, c1 == c2, c1)
    // Output:
    // 2d711642b726b04401627ca9fbac32f5c8530fb1903cc4db02258717921a4881
    // 4b68ab3847feda7d6c62c1fbcbeebfa35eab7351ed5e78f4ddadea5df64b8015
    // false
    // [32]uint8
}
```

这两个原始消息仅有一位（bit）之差，但是它们生成的摘要消息有将近一半的位不同。注意，上面的格式化字符串 %x 表示将一个数组或者 slice 里面的字节按照十六进制的方式输出，%t 表示输出一个布尔值，%T 表示输出一个值的类型。

当调用一个函数的时候，每个传入的参数都会创建一个副本，然后赋值给对应的函数变量，所以函数接受的是一个副本，而不是原始的参数。使用这种方式传递大的数组会变得很低效，并且在函数内部对数组的任何修改都仅影响副本，而不是原始数组。这种情况下，Go 把数组和其他的类型都看成值传递。而在其他的语言中，数组是隐式地使用引用传递。

当然，也可以显式地传递一个数组的指针给函数，这样在函数内部对数组的任何修改都会反映到原始数组上面。下面的程序演示如何将一个数组 [32]byte 的元素清零：

```go
func zero(ptr *[32]byte) {
    for i := range ptr {
        ptr[i] = 0
    }
}
```

数组字面量 [32]byte{} 可以生成一个拥有 32 个字节元素的数组。数组中每个元素的值都是字节类型的零值，即 0。可以利用这一点来写另一个版本的数组清零程序：

```go
func zero(ptr *[32]byte) {
    *ptr = [32]byte{}
}
```

使用数组指针是高效的，同时允许被调函数修改调用方数组中的元素，但是因为数组长度是固定的，所以数组本身是不可变的。例如上面的 zero 函数不能接受一个 [16]byte 这样的数组指针，同样，也无法为数组添加或者删除元素。由于数组的长度不可变的特性，除了在特殊的情况下之外，我们很少使用数组。上面关于 SHA256 的例子中，摘要的结果拥有固定的长度，我们可以使用数组作为函数参数或结果，但是更多的情况下，我们使用 slice。

练习 4.1：编写一个函数，用于统计 SHA256 散列中不同的位数（见 2.6.2 节的 PopCount）。

练习 4.2：编写一个程序，用于在默认情况下输出其标准输入的 SHA256 散列，但也支持一个输出 SHA384 或 SHA512 散列的命令行标记。

4.2   slice

slice 表示一个拥有相同类型元素的可变长度的序列。slice 通常写成 []T，其中元素的类型都是 T；它看上去像没有长度的数组类型。

数组和 slice 是紧密关联的。slice 是一种轻量级的数据结构，可以用来访问数组的部分或者全部的元素，而这个数组称为 slice 的底层数组。slice 有三个属性：指针、长度和容量。指针指向数组的第一个可以从 slice 中访问的元素，这个元素并不一定是数组的第一个元素。长度是指 slice 中的元素个数，它不能超过 slice 的容量。容量的大小通常是从 slice 的起始元素到底层数组的最后一个元素间元素的个数。Go 的内置函数 len 和 cap 用来返回 slice 的长度和容量。

一个底层数组可以对应多个 slice，这些 slice 可以引用数组的任何位置，彼此之间的元素还可以重叠。图 4-1 显示了一个月份名称的字符串数组和两个元素存在重叠的 slice。数组声明是：

```go
months := [...]string{1: "January", /* ... */, 12: "December"}
```

所以 January 就是 months[1]，December 是 months[12]。一般来讲，数组中索引 0 的位置存放数组的第一个元素，但是由于月份总是从 1 开始，因此我们可以不设置索引为 0 的元素，这样它的值就是空字符串。

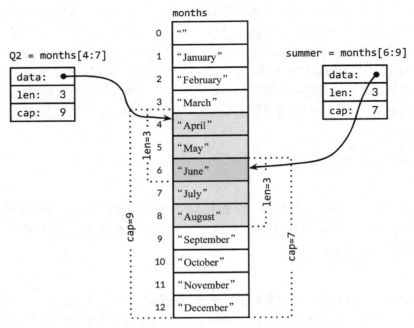

图 4-1   月份名称字符串数组对应的两个元素重叠的 slice

   slice 操作符 s[i:j]（其中 0 ≤ i ≤ j ≤ cap(s)）创建了一个新的 slice，这个新的 slice 引用
了序列 s 中从 i 到 j−1 索引位置的所有元素，这里的 s 既可以是数组或者指向数组的指针，
也可以是 slice。新 slice 的元素个数是 j−i 个。如果上面的表达式中省略了 i，那么新 slice
的起始索引位置就是 0，即 i=0；如果省略了 j，那么新 slice 的结束索引位置是 len(s)-1，
即 j=len(s)。因此 slicemonths[1:13] 引用了所有的有效月份，同样的写法可以是 months[1:]。
slicemonths[:] 引用了整个数组。接下来，我们定义元素重叠的 slice，分别用来表示第二季
度的月份和北半球的夏季月份：

```
Q2 := months[4:7]
summer := months[6:9]
fmt.Println(Q2)      // ["April" "May" "June"]
fmt.Println(summer) // ["June" "July" "August"]
```

   元素 June 同时包含在两个 slice 中。用下面的代码来输出两个 slice 的共同元素（虽然效
率不高），

```
for _, s := range summer {
    for _, q := range Q2 {
        if s == q {
            fmt.Printf("%s appears in both\n", s)
        }
    }
}
```

   如果 slice 的引用超过了被引用对象的容量，即 cap(s)，那么会导致程序宕机；但是如果
slice 的引用超出了被引用对象的长度，即 len(s)，那么最终 slice 会比原 slice 长：

```
fmt.Println(summer[:20])    // 宕机：超过了被引用对象的边界

endlessSummer := summer[:5] // 在 slice 容量范围内扩展了 slice
fmt.Println(endlessSummer)  // "[June July August September October]"
```

另外，注意求字符串（string）子串操作和对字节 slice（[]byte）做 slice 操作这两者的相似性。它们都写作 x[m:n]，并且都返回原始字节的一个子序列，同时它们的底层引用方式也是相同的，所以两个操作都消耗常量时间。区别在于：如果 x 是字符串，那么 x[m:n] 返回的是一个字符串；如果 x 是字节 slice，那么返回的结果是字节 slice。

因为 slice 包含了指向数组元素的指针，所以将一个 slice 传递给函数的时候，可以在函数内部修改底层数组的元素。换言之，创建一个数组的 slice 等于为数组创建了一个别名（见 2.3.2 节）。下面的函数 reverse 就地反转了整型 slice 中的元素，它适用于任意长度的整型 slice。

gopl.io/ch4/rev

```
// 就地反转一个整型 slice 中的元素
func reverse(s []int) {
    for i, j := 0, len(s)-1; i < j; i, j = i+1, j-1 {
        s[i], s[j] = s[j], s[i]
    }
}
```

这里，反转整个数组 a：

```
a := [...]int{0, 1, 2, 3, 4, 5}
reverse(a[:])
fmt.Println(a) // "[5 4 3 2 1 0]"
```

将一个 slice 左移 n 个元素的简单方法是连续调用 reverse 函数三次。第一次反转前 n 个元素，第二次反转剩下的元素，最后对整个 slice 再做一次反转（如果将元素右移 n 个元素，那么先做第三次调用）。

```
s := []int{0, 1, 2, 3, 4, 5}
// 向左移动两个元素
reverse(s[:2])
reverse(s[2:])
reverse(s)
fmt.Println(s) // "[2 3 4 5 0 1]"
```

注意初始化 slice s 的表达式和初始化数组 a 的表达式的区别。slice 字面量看上去和数组字面量很像，都是用逗号分隔并用花括号括起来的一个元素序列，但是 slice 没有指定长度。这种隐式区别的结果分别是创建有固定长度的数组和创建指向数组的 slice。和数组一样，slice 也按照顺序指定元素，也可以通过索引来指定元素，或者两者结合。

和数组不同的是，slice 无法做比较，因此不能用 == 来测试两个 slice 是否拥有相同的元素。标准库里面提供了高度优化的函数 bytes.Equal 来比较两个字节 slice（[]byte）。但是对于其他类型的 slice，我们必须自己写函数来比较。

```
func equal(x, y []string) bool {
    if len(x) != len(y) {
        return false
    }
    for i := range x {
        if x[i] != y[i] {
            return false
        }
    }
    return true
}
```

这种深度比较看上去很简单，并且运行的时候并不比字符串数组使用 == 做比较多耗费时间。你或许奇怪为什么 slice 比较不可以直接使用 == 操作符做比较。这里有两个原因。首先，和数组元素不同，slice 的元素是非直接的，有可能 slice 可以包含它自身。虽然有办法处理这种特殊的情况，但是没有一种方法是简单、高效、直观的。

其次，因为 slice 的元素不是直接的，所以如果底层数组元素改变，同一个 slice 在不同的时间会拥有不同的元素。由于散列表（例如 Go 的 map 类型）仅对元素的键做浅拷贝，这就要求散列表里面键在散列表的整个生命周期内必须保持不变。因为 slice 需要深度比较，所以就不能用 slice 作为 map 的键。对于引用类型，例如指针和通道，操作符 == 检查的是引用相等性，即它们是否指向相同的元素。如果有一个相似的 slice 相等性比较功能，它或许会比较有用，也能解决 slice 作为 map 键的问题，但是如果操作符 == 对 slice 和数组的行为不一致，会带来困扰。所以最安全的方法就是不允许直接比较 slice。

slice 唯一允许的比较操作是和 nil 做比较，例如：

```
if summer == nil { /* ... */ }
```

slice 类型的零值是 nil。值为 nil 的 slice 没有对应的底层数组。值为 nil 的 slice 长度和容量都是零，但是也有非 nil 的 slice 长度和容量是零，例如 []int{} 或 make([]int,3)[3:]。对于任何类型，如果它们的值可以是 nil，那么这个类型的 nil 值可以使用一种转换表达式，例如 []int(nil)。

```
var s []int    // len(s) == 0, s == nil
s = nil        // len(s) == 0, s == nil
s = []int(nil) // len(s) == 0, s == nil
s = []int{}    // len(s) == 0, s != nil
```

所以，如果想检查一个 slice 是否是空，那么使用 len(s) == 0，而不是 s == nil，因为 s != nil 的情况下，slice 也有可能是空。除了可以和 nil 做比较之外，值为 nil 的 slice 表现和其他长度为零的 slice 一样。例如，reverse 函数调用 reverse(nil) 也是安全的。除非文档上面写明了与此相反，否则无论值是否为 nil，Go 的函数都应该以相同的方式对待所有长度为零的 slice。

内置函数 make 可以创建一个具有指定元素类型、长度和容量的 slice。其中容量参数可以省略，在这种情况下，slice 的长度和容量相等。

```
make([]T, len)
make([]T, len, cap) // 和 make([]T, cap)[:len] 功能相同
```

深入研究下，其实 make 创建了一个无名数组并返回了它的一个 slice；这个数组仅可以通过这个 slice 来访问。在上面的第一行代码中，所返回的 slice 引用了整个数组。在第二行代码中，slice 只引用了数组的前 len 个元素，但是它的容量是数组的长度，这为未来的 slice 元素留出空间。

4.2.1 append 函数

内置函数 append 用来将元素追加到 slice 的后面。

```
var runes []rune
for _, r := range "Hello, 世界" {
    runes = append(runes, r)
}
fmt.Printf("%q\n", runes) // "['H' 'e' 'l' 'l' 'o' ',' ' ' '世' '界']"
```

虽然最方便的用法是 `[]rune("Hello,世界")`，但是上面的循环演示了如何使用 append 来为一个 rune 类型的 slice 添加元素。

append 函数对理解 slice 的工作原理很重要，接下来看一个为 []int 数组 slice 定义的方法 appendInt：

gopl.io/ch4/append

```
func appendInt(x []int, y int) []int {
    var z []int
    zlen := len(x) + 1
    if zlen <= cap(x) {
        // slice 仍有增长空间，扩展 slice 内容
        z = x[:zlen]
    } else {
        // slice 已无空间，为它分配一个新的底层数组
        // 为了达到分摊线性复杂性，容量扩展一倍
        zcap := zlen
        if zcap < 2*len(x) {
            zcap = 2 * len(x)
        }
        z = make([]int, zlen, zcap)
        copy(z, x) // 内置 copy 函数
    }
    z[len(x)] = y
    return z
}
```

每一次 appendInt 调用都必须检查 slice 是否仍有足够容量来存储数组中的新元素。如果 slice 容量足够，那么它就会定义一个新的 slice（仍然引用原始底层数组），然后将新元素 y 复制到新的位置，并返回这个新的 slice。输入参数 slice x 和函数返回值 slice z 拥有相同的底层数组。

如果 slice 的容量不够容纳增长的元素，appendInt 函数必须创建一个拥有足够容量的新的底层数组来存储新元素，然后将元素从 slice x 复制到这个数组，再将新元素 y 追加到数组后面。返回值 slice z 将和输入参数 slice x 引用不同的底层数组。

使用循环语句来复制元素看上去直观一点，但是使用内置函数 copy 将更简单，copy 函数用来为两个拥有相同类型元素的 slice 复制元素。copy 函数的第一个参数是目标 slice，第二个参数是源 slice，copy 数将源 slice 中的元素复制到目标 slice 中，这个和一般的元素赋值有点像，比如 dest=src。不同的 slice 可能对应相同的底层数组，甚至可能存在元素重叠。copy 函数有返回值，它返回实际上复制的元素个数，这个值是两个 slice 长度的较小值。所以这里不存在由于元素复制而导致的索引越界问题。

出于效率的考虑，新创建的数组容量会比实际容纳 slice x 和 slice y 所需要的最小长度更大一点。在每次数组容量扩展时，通过扩展一倍的容量来减少内存分配的次数，这样也可以保证追加一个元素所消耗的是固定时间。下面的程序演示了这个效果：

```
func main() {
    var x, y []int
    for i := 0; i < 10; i++ {
        y = appendInt(x, i)
        fmt.Printf("%d  cap=%d\t%v\n", i, cap(y), y)
        x = y
    }
}
```

每次 slice 容量的改变都意味着一次底层数组重新分配和元素复制：

```
0  cap=1   [0]
1  cap=2   [0 1]
2  cap=4   [0 1 2]
3  cap=4   [0 1 2 3]
4  cap=8   [0 1 2 3 4]
5  cap=8   [0 1 2 3 4 5]
6  cap=8   [0 1 2 3 4 5 6]
7  cap=8   [0 1 2 3 4 5 6 7]
8  cap=16  [0 1 2 3 4 5 6 7 8]
9  cap=16  [0 1 2 3 4 5 6 7 8 9]
```

我们来仔细看一下当 i=3 时的情况。这个时候 slice x 拥有三个元素 [0 1 2]，但是容量是 4，这个时候 slice 最后还有一个空位置，所以调用 appendInt 追加元素 3 的时候，没有发生底层数组重新分配。调用的结果是 slice 的长度和容量都是 4，并且这个结果 slice 和 x 一样拥有相同的底层数组，如图 4-2 所示。

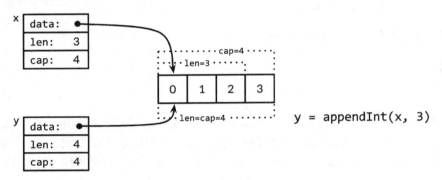

图 4-2　有容量元素的增长

在下一次循环中 i=4，这个时候原来的 slice 已经没有空间了，所以 appendInt 函数分配了一个长度为 8 的新数组。然后将 x 中的 4 个元素 [0 1 2 3] 都复制到新的数组中，最后再追加新元素 i。这样结果 slice 的长度就是 5，而容量是 8。多分配的三个位置就留给接下来的循环添加值使用，在接下来的三次循环中，就不需要再重新分配空间。所以 y 和 x 是不同数组的 slice。这个操作过程如图 4-3 所示。

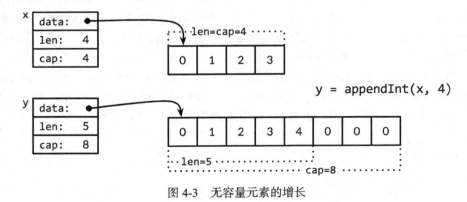

图 4-3　无容量元素的增长

内置的 append 函数使用了比这里的 appendInt 更复杂的增长策略。通常情况下，我们并不清楚一次 append 调用会不会导致一次新的内存分配，所以我们不能假设原始的 slice 和调用 append 后的结果 slice 指向同一个底层数组，也无法证明它们就指向不同的底层数组。同样，我们也无法假设旧 slice 上对元素的操作会或者不会影响新的 slice 元素。所以，通常我们将 append 的调用结果再次赋值给传入 append 函数的 slice：

```
runes = append(runes, r)
```

不仅仅是在调用 append 函数的情况下需要更新 slice 变量。另外，对于任何函数，只要有可能改变 slice 的长度或者容量，抑或是使得 slice 指向不同的底层数组，都需要更新 slice 变量。为了正确地使用 slice，必须记住，虽然底层数组的元素是间接引用的，但是 slice 的指针、长度和容量不是。要更新一个 slice 的指针，长度或容量必须使用如上所示的显式赋值。从这个角度看，slice 并不是纯引用类型，而是像下面这种聚合类型：

```
type IntSlice struct {
    ptr      *int
    len, cap int
}
```

appendInt 函数只能给 slice 添加一个元素，但是内置的 append 函数可以同时给 slice 添加多个元素，甚至添加另一个 slice 里的所有元素。

```
var x []int
x = append(x, 1)
x = append(x, 2, 3)
x = append(x, 4, 5, 6)
x = append(x, x...) // 追加 x 中的所有元素
fmt.Println(x)      // "[1 2 3 4 5 6 1 2 3 4 5 6]"
```

可以简单修改一下 appendInt 函数来匹配 append 的功能。函数 appendInt 参数声明中的省略号 "..." 表示该函数可以接受可变长度参数列表。上面例子中 append 函数的参数后面的省略号表示如何将一个 slice 转换为参数列表。5.7 节会详细解释这种机制。

```
func appendInt(x []int, y ...int) []int {
    var z []int
    zlen := len(x) + len(y)
    // ... 扩展 slice z 的长度至少到 zlen...
    copy(z[len(x):], y)
    return z
}
```

扩展 slice z 底层数组的逻辑和上面一样，所以就不重复了。

4.2.2 slice 就地修改

我们多看一些就地使用 slice 的例子，比如 rotate 和 reverse 这种可以就地修改 slice 元素的函数。下面的函数 nonempty 可以从给定的一个字符串列表中去除空字符串并返回一个新的 slice。

gopl.io/ch4/nonempty

```
// Nonempty 演示了 slice 的就地修改算法
package main

import "fmt"

// nonempty 返回一个新的 slice, slice 中的元素都是非空字符串
// 在函数的调用过程中，底层数组的元素发生了改变
```

```
func nonempty(strings []string) []string {
    i := 0
    for _, s := range strings {
        if s != "" {
            strings[i] = s
            i++
        }
    }
    return strings[:i]
}
```

这里有一点是输入的 slice 和输出的 slice 拥有相同的底层数组，这样就避免在函数内部重新分配一个数组。当然，这种情况下，底层数组的元素只是部分被修改，示例如下：

```
data := []string{"one", "", "three"}
fmt.Printf("%q\n", nonempty(data)) // `["one" "three"]`
fmt.Printf("%q\n", data)           // `["one" "three" "three"]`
```

因此，通常我们会这样来写：data = noempty(data)。

函数 nonempty 还可以利用 append 函数来写：

```
func nonempty2(strings []string) []string {
    out := strings[:0] // 引用原始 slice 的新的零长度的 slice
    for _, s := range strings {
        if s != "" {
            out = append(out, s)
        }
    }
    return out
}
```

无论使用哪种方式，重用底层数组的结果是每一个输入值的 slice 最多只有一个输出的结果 slice，很多从序列中过滤元素再组合结果的算法都是这样做的。这种精细的 slice 使用方式只是一个特例，并不是规则，但是偶尔这样做可以让实现更清晰、高效、有用。

slice 可以用来实现栈。给定一个空的 slice 元素 stack，可以使用 append 向 slice 尾部追加值：

```
stack = append(stack, v) // push v
```

栈的顶部是最后一个元素：

```
top := stack[len(stack)-1] // 栈顶
```

通过弹出最后一个元素来缩减栈：

```
stack = stack[:len(stack)-1] // pop
```

为了从 slice 的中间移除一个元素，并保留剩余元素的顺序，可以使用函数 copy 来将高位索引的元素向前移动来覆盖被移除元素所在位置：

```
func remove(slice []int, i int) []int {
    copy(slice[i:], slice[i+1:])
    return slice[:len(slice)-1]
}
func main() {
    s := []int{5, 6, 7, 8, 9}
    fmt.Println(remove(s, 2)) // "[5 6 8 9]"
}
```

如果不需要维持 slice 中剩余元素的顺序，可以简单地将 slice 的最后一个元素赋值给被移除元素所在的索引位置：

```
func remove(slice []int, i int) []int {
    slice[i] = slice[len(slice)-1]
    return slice[:len(slice)-1]
}
func main() {
    s := []int{5, 6, 7, 8, 9}
    fmt.Println(remove(s, 2)) // "[5 6 9 8]
}
```

练习 4.3：重写函数 reverse，使用数组指针作为参数而不是 slice。

练习 4.4：编写一个函数 rotate，实现一次遍历就可以完成元素旋转。

练习 4.5：编写一个就地处理函数，用于去除 []string slice 中相邻的重复字符串元素。

练习 4.6：编写一个就地处理函数，用于将一个 UTF-8 编码的字节 slice 中所有相邻的 Unicode 空白字符（查看 unicode.IsSpace）缩减为一个 ASCII 空白字符。

练习 4.7：修改函数 reverse，来翻转一个 UTF-8 编码的字符串中的字符元素，传入参数是该字符串对应的字节 slice 类型（[]byte）。你可以做到不需要重新分配内存就实现该功能吗？

4.3　map

散列表是设计精妙、用途广泛的数据结构之一。它是一个拥有键值对元素的无序集合。在这个集合中，键的值是唯一的，键对应的值可以通过键来获取、更新或移除。无论这个散列表有多大，这些操作基本上是通过常量时间的键比较就可以完成。

在 Go 语言中，map 是散列表的引用，map 的类型是 map[K]V，其中 K 和 V 是字典的键和值对应的数据类型。map 中所有的键都拥有相同的数据类型，同时所有的值也都拥有相同的数据类型，但是键的类型和值的类型不一定相同。键的类型 K，必须是可以通过操作符 == 来进行比较的数据类型，所以 map 可以检测某一个键是否已经存在。虽然浮点型是可以比较的，但是比较浮点型的相等性不是一个好主意，如第 3 章所述，尤其是在 NaN 可以是浮点型值的时候。当然，值类型 V 没有任何限制。

内置函数 make 可以用来创建一个 map：

```
ages := make(map[string]int) // 创建一个从 string 到 int 的 map
```

也可以使用 map 的字面量来新建一个带初始化键值对元素的字典：

```
ages := map[string]int{
    "alice":   31,
    "charlie": 34,
}
```

这个等价于：

```
ages := make(map[string]int)
ages["alice"] = 31
ages["charlie"] = 34
```

因此，新的空 map 的另外一种表达式是：map[string]int{}。

map 的元素访问也是通过下标的方式：

```
ages["alice"] = 32
fmt.Println(ages["alice"]) // "32"
```

可以使用内置函数 delete 来从字典中根据键移除一个元素：

```
delete(ages, "alice") // 移除元素 ages["alice"]
```

即使键不在 map 中，上面的操作也都是安全的。map 使用给定的键来查找元素，如果对应的元素不存在，就返回值类型的零值。例如，下面的代码同样可以工作，尽管 "bob" 还不是 map 的键，因为 ages["bob"] 的值是 0。

```
ages["bob"] = ages["bob"] + 1 // 生日快乐
```

快捷赋值方式（如 x+=y 和 x++）对 map 中的元素同样适用，所以上面的代码还可以写成：

```
ages["bob"] += 1
```

或者更简洁的：

```
ages["bob"]++
```

但是 map 元素不是一个变量，不可以获取它的地址，比如这样是不对的：

```
_ = &ages["bob"] // 编译错误，无法获取 map 元素的地址
```

我们无法获取 map 元素的地址的一个原因是 map 的增长可能会导致已有元素被重新散列到新的存储位置，这样就可能使得获取的地址无效。

可以使用 for 循环（结合 range 关键字）来遍历 map 中所有的键和对应的值，就像上面遍历 slice 一样。循环语句的连续迭代将会使得变量 name 和 age 被赋予 map 中的下一对键和值。

```
for name, age := range ages {
    fmt.Printf("%s\t%d\n", name, age)
}
```

map 中元素的迭代顺序是不固定的，不同的实现方法会使用不同的散列算法，得到不同的元素顺序。实践中，我们认为这种顺序是随机的，从一个元素开始到后一个元素，依次执行。这个是有意为之的，这样可以使得程序在不同的散列算法实现下变得健壮。如果需要按照某种顺序来遍历 map 中的元素，我们必须显式地来给键排序。例如，如果键是字符串类型，可以使用 sort 包中的 Strings 函数来进行键的排序，这是一种常见的模式：

```
import "sort"

var names []string
for name := range ages {
    names = append(names, name)
}
sort.Strings(names)
for _, name := range names {
    fmt.Printf("%s\t%d\n", name, ages[name])
}
```

因为我们一开始就知道 slice names 的长度，所以直接指定一个 slice 的长度会更加高效。下面的语句创建了一个初始元素为空但是容量足够容纳 ages map 中所有键的 slice：

```
names := make([]string, 0, len(ages))
```

在上面的第一个循环中，我们只需要 map ages 的所有键，所以我们忽略了循环中的第二个变量。在第二个循环中，我们只需要使用 slice names 中的元素值，所以我们使用空白标

识符 _ 来忽略第一个变量，即元素索引。

map 类型的零值是 nil，也就是说，没有引用任何散列表。

```
var ages map[string]int
fmt.Println(ages == nil)    // "true"
fmt.Println(len(ages) == 0) // "true"
```

大多数的 map 操作都可以安全地在 map 的零值 nil 上执行，包括查找元素，删除元素，获取 map 元素个数（len），执行 range 循环，因为这和空 map 的行为一致。但是向零值 map 中设置元素会导致错误：

```
ages["carol"] = 21 // 宕机：为零值 map 中的项赋值
```

设置元素之前，必须初始化 map。

通过下标的方式访问 map 中的元素总是会有值。如果键在 map 中，你将得到键对应的值；如果键不在 map 中，你将得到 map 值类型的零值，如同对于 ages["bob"] 的操作结果。很多情况下，这个没有问题，但是有时候你需要知道一个元素是否在 map 中。例如，如果元素类型是数值类型，你需要能够辨别一个不存在的元素或者恰好这个元素的值是 0，可以这样做：

```
age, ok := ages["bob"]
if !ok { /* "bob" 不是字典中的键, age == 0 */ }
```

通常这两条语句合并成一条语句，如下所示：

```
if age, ok := ages["bob"]; !ok { /* ... */ }
```

通过这种下标方式访问 map 中的元素输出两个值，第二个值是一个布尔值，用来报告该元素是否存在。这个布尔变量一般叫作 ok，尤其是它立即用在 if 条件判断中的时候。

和 slice 一样，map 不可比较，唯一合法的比较就是和 nil 做比较。为了判断两个 map 是否拥有相同的键和值，必须写一个循环：

```
func equal(x, y map[string]int) bool {
    if len(x) != len(y) {
        return false
    }
    for k, xv := range x {
        if yv, ok := y[k]; !ok || yv != xv {
            return false
        }
    }
    return true
}
```

注意我们如何使用 !ok 来区分"元素不存在"和"元素存在但值为零"的情况。如果我们简单地写成了 xv != y[k]，那么下面的调用将错误地报告两个 map 是相等的。

```
// 如果 equal 函数写法错误，结果为 True
equal(map[string]int{"A": 0}, map[string]int{"B": 42})
```

Go 没有提供集合类型，但是既然 map 的键都是唯一的，就可以用 map 来实现这个功能。为了模拟这个功能，程序 dedup 读取一系列的行，并且只输出每个不同行一次。这个是 1.3 节演示过的 dup 程序的变体。程序 dedup 使用 map 的键来存储这些已经出现过的行，来确保接下来出现的相同行不会输出。

gopl.io/ch4/dedup

```
func main() {
    seen := make(map[string]bool) // 字符串集合
    input := bufio.NewScanner(os.Stdin)
    for input.Scan() {
        line := input.Text()
        if !seen[line] {
            seen[line] = true
            fmt.Println(line)
        }
    }

    if err := input.Err(); err != nil {
        fmt.Fprintf(os.Stderr, "dedup: %v\n", err)
        os.Exit(1)
    }
}
```

Go 程序员通常把这种使用 map 的方式描述成字符串集合，但是请注意，并不是所有的 map[string]bool 都是简单的集合，有一些 map 的值会同时包含 true 和 false 的情况。

有时候，我们需要一个 map 并且需求它的键是 slice，但是因为 map 的键必须是可以比较的，所以这个功能无法直接实现。然而，我们可以分两步来做。首先，定义一个帮助函数 k 将每一个键都映射到字符串，当且仅当 x 和 y 相等的时候，我们才认为 k(x) == k(y)。然后，就可以创建一个 map，map 的键是字符串类型，在每个键元素被访问的时候，调用这个帮助函数。

下面的例子通过一个字符串列表使用一个 map 来记录 Add 函数被调用的次数。帮助函数使用 fmt.Sprintf 来将一个字符串 slice 转换为一个适合做 map 键的字符串，使用 %q 来格式化 slice 并记录每个字符串的边界。

```
var m = make(map[string]int)

func k(list []string) string { return fmt.Sprintf("%q", list) }

func Add(list []string)        { m[k(list)]++ }
func Count(list []string) int { return m[k(list)] }
```

同样的方法适用于任何不可直接比较的键类型，不仅仅局限于 slice。甚至有的时候，你不想让键通过 == 来比较相等性，而是自定义一种比较方法，例如字符串不区分大小写的比较。同样 k(x) 的类型不一定是字符串类型，任何能够得到想要的比较结果的可比较类型都可以，例如整数、数组或者结构体。

这里还有一个关于 map 的例子，一个统计输入中 Unicode 代码点出现次数的程序。虽然存在着大量可能的字符，但是在一篇文档中仅会有这个巨大字符集的一部分，所以很自然地使用 map 来追踪每个字符出现的次数。

gopl.io/ch4/charcount

```
// charcount 计算 Unicode 字符的个数
package main

import (
    "bufio"
    "fmt"
    "io"
    "os"
    "unicode"
    "unicode/utf8"
)
```

```go
func main() {
    counts := make(map[rune]int)     // Unicode 字符数量
    var utflen [utf8.UTFMax + 1]int  // UTF-8 编码的长度
    invalid := 0                     // 非法 UTF-8 字符数量

    in := bufio.NewReader(os.Stdin)
    for {
        r, n, err := in.ReadRune() // 返回 rune、nbytes、error
        if err == io.EOF {
            break
        }
        if err != nil {
            fmt.Fprintf(os.Stderr, "charcount: %v\n", err)
            os.Exit(1)
        }
        if r == unicode.ReplacementChar && n == 1 {
            invalid++
            continue
        }
        counts[r]++
        utflen[n]++
    }
    fmt.Printf("rune\tcount\n")
    for c, n := range counts {
        fmt.Printf("%q\t%d\n", c, n)
    }
    fmt.Print("\nlen\tcount\n")
    for i, n := range utflen {
        if i > 0 {
            fmt.Printf("%d\t%d\n", i, n)
        }
    }
    if invalid > 0 {
        fmt.Printf("\n%d invalid UTF-8 characters\n", invalid)
    }
}
```

函数 ReadRune 解码 UTF-8 编码，并返回三个值：解码的字符、UTF-8 编码中字节的长度和错误值。这里唯一可能出现的错误是文件结束（EOF）。如果输入的不是合法的 UTF-8 字符，那么返回的字符是 code.ReplacementChar 并且长度是 1。

charcount 程序还输出了 UTF-8 编码长度出现的次数，这个时候 map 不再是一个合适的数据类型，因为编码的长度是变化的，一个字符对应的字节长度可能值从 1 到 utf8.UTFMax（这里是 4）各不相同，所以这个时候使用数组使程序更加精简一点。

作为一个实验，我们对本书运行了一次 charcount 程序，虽然本书英文版内容大多数是英文，但是也确实包含一些非 ASCII 字符，这里是最多的 10 个非 ASCII 字符：

° 27 世 15 界 14 é 13 × 10 ≤ 5 × 5 国 4 ◊ 4 □ 3

这里是 UTF-8 编码长度的分布：

```
len count
1   765391
2   60
3   70
4   0
```

map 的值类型本身可以是复合数据类型，例如 map 或 slice。在下面的代码中，变量 graph 的键类型是 string 类型；值类型是 map 类型 map[string]bool，表示一个字符串集合。

因此，graph 建立了一个从字符串到字符串集合的映射。

gopl.io/ch4/graph

```go
var graph = make(map[string]map[string]bool)

func addEdge(from, to string) {
    edges := graph[from]
    if edges == nil {
        edges = make(map[string]bool)
        graph[from] = edges
    }
    edges[to] = true
}

func hasEdge(from, to string) bool {
    return graph[from][to]
}
```

函数 addEdge 演示了一种符合语言习惯的延迟初始化 map 的方法，当 map 中的每个键第一次出现的时候初始化。函数 hasEdge 演示了在 map 中值不存在的情况下，也可以直接使用。即使 from 和 to 都不存在，graph[from][to] 也始终可以给出一个有意义的值。

练习 4.8：修改 charcount 的代码来统计字母、数字和其他在 Unicode 分类中的字符数量，可以使用函数 unicode.IsLetter 等。

练习 4.9：编写一个程序 wordfreq 来汇总输入文本文件中每个单词出现的次数。在第一次调用 Scan 之前，需要使用 input.Split(bufio.ScanWords) 来将文本行按照单词分割而不是行分割。

4.4   结构体

结构体是将零个或者多个任意类型的命名变量组合在一起的聚合数据类型。每个变量都叫作结构体的成员。在数据处理领域，结构体使用的经典实例是员工信息记录，记录中有唯一 ID、姓名、地址、出生日期、职位、薪水、直属领导等信息。所有的这些员工信息成员都作为一个整体组合在一个结构体里面，可以复制一个结构体，将它传递给函数，作为函数的返回值，将结构体存储到数组中，等等。

下面的语句定义了一个叫 Employee 的结构体和一个结构体变量 dilbert：

```go
type Employee struct {
    ID        int
    Name      string
    Address   string
    DoB       time.Time
    Position  string
    Salary    int
    ManagerID int
}

var dilbert Employee
```

dilbert 的每一个成员都通过点号方式来访问，就像 dilbert.Name 和 dilbert.DoB 这样。由于 dilbert 是一个变量，它的所有成员都是变量，因此可以给结构体的成员赋值：

```go
dilbert.Salary -= 5000 // 写的代码太少了，降薪
```

或者获取成员变量的地址，然后通过指针来访问它：

```go
position := &dilbert.Position
*position = "Senior " + *position // 工作外包给 Elbonia，所以升职
```

点号同样可以用在结构体指针上:

```
var employeeOfTheMonth *Employee = &dilbert
employeeOfTheMonth.Position += " (proactive team player)"
```

后面一条语句等价于:

```
(*employeeOfTheMonth).Position += " (proactive team player)"
```

函数 EmployeeID 通过给定的参数 ID 来返回一个指向 Employee 结构体的指针。可以用点号来访问它的成员变量:

```
func EmployeeByID(id int) *Employee { /* ... */ }
```

```
fmt.Println(EmployeeByID(dilbert.ManagerID).Position) // 尖头发的老板⊖
```

```
id := dilbert.ID
EmployeeByID(id).Salary = 0 // 被开除了……不知道为什么
```

最后一条语句更新了函数 EmployeeID 返回的指针指向的结构体 Employee。如果函数 EmployeeID 的返回值类型变成了 Employee 而不是 *Employee,那么代码将无法通过编译,因为赋值表达式的左侧无法识别出一个变量。

结构体的成员变量通常一行写一个,变量的名称在类型的前面,但是相同类型的连续成员变量可以写在一行上,就像这里的 Name 和 Address:

```
type Employee struct {
    ID              int
    Name, Address   string
    DoB             time.Time
    Position        string
    Salary          int
    ManagerID       int
}
```

成员变量的顺序对于结构体同一性很重要。如果我们将也是字符串类型的 Position 和 Name、Address 组合在一起或者互换了 Name 和 Address 的顺序,那么我们就在定义一个不同的结构体类型。一般来讲,我们只组合相关的成员变量。

如果一个结构体的成员变量名称是首字母大写的,那么这个变量是可导出的,这个是 Go 最主要的访问控制机制。一个结构体可以同时包含可导出和不可导出的成员变量。

因为结构体类型一个成员变量占据一行,所以通常它的定义比较长。虽然可以在每次需要它的时候写出整个结构体类型定义,即匿名结构体类型,但是重复的工作会比较累,所以通常我们会定义命名结构体类型,比如 Employee。

命名结构体类型 S 不可以定义一个拥有相同结构体类型 S 的成员变量,也就是一个聚合类型不可以包含它自己(同样的限制对数组也适用)。但是 S 中可以定义一个 S 的指针类型,即 *S,这样我们就可以创建一些递归数据结构,比如链表和树。下面的代码给出了一个利用二叉树来实现插入排序的例子。

gopl.io/ch4/treesort

```
type tree struct {
    value       int
    left, right *tree
}
```

⊖ 尖头发的老板(pointy-haired boss)是"呆伯特"系列漫画中的老板形象,他缺乏一般的常识以及职位所要求的管理技能,爱说大话,且富有向现实挑战的精神。——编辑注

```
// 就地排序
func Sort(values []int) {
    var root *tree
    for _, v := range values {
        root = add(root, v)
    }
    appendValues(values[:0], root)
}

// appendValues 将元素按照顺序追加到 values 里面，然后返回结果 slice
func appendValues(values []int, t *tree) []int {
    if t != nil {
        values = appendValues(values, t.left)
        values = append(values, t.value)
        values = appendValues(values, t.right)
    }
    return values
}
func add(t *tree, value int) *tree {
    if t == nil {
        // 等价于返回 &tree{value: value}
        t = new(tree)
        t.value = value
        return t
    }
    if value < t.value {
        t.left = add(t.left, value)
    } else {
        t.right = add(t.right, value)
    }
    return t
}
```

结构体的零值由结构体成员的零值组成。通常情况下，我们希望零值是一个默认自然的、合理的值。例如，在 bytes.Buffer 中，结构体的初始值就是一个可以直接使用的空缓存。另外，第 9 章将讲到的 sync.Mutex 也是一个可以直接使用且未锁定状态的互斥锁。有时候，这种合理的初始值实现简单，但是有时候也需要类型的设计者花费时间来进行设计。

没有任何成员变量的结构体称为空结构体，写作 struct{}。它没有长度，也不携带任何信息，但是有的时候会很有用。有一些 Go 程序员用它来替代被当作集合使用的 map 中的布尔值，来强调只有键是有用的，但由于这种方式节约的内存很少并且语法复杂，所以一般尽量避免这样用。

```
seen := make(map[string]struct{}) // 字符串集合
// ...
if _, ok := seen[s]; !ok {
    seen[s] = struct{}{}
    // ...首次出现 s...
}
```

4.4.1 结构体字面量

结构体类型的值可以通过结构体字面量来设置，即通过设置结构体的成员变量来设置。

```
type Point struct{ X, Y int }

p := Point{1, 2}
```

有两种格式的结构体字面量。第一种格式如上，它要求按照正确的顺序，为每个成员变量指定一个值。这会给开发和阅读代码的人增加负担，因为他们必须记住每个成员变量的顺序，另外这也使得未来结构体成员变量扩充或者重新排列的时候代码维护性差。所以，这种格式一般用在定义结构体类型的包中或者一些有明显的成员变量顺序约定的小结构体中，比如 image.Point{x, y} 或者 color.RGBA{red, green, blue, alpha}。

我们用得更多的是第二种格式，通过指定部分或者全部成员变量的名称和值来初始化结构体变量，就像 1.4 节讲述的 Lissajous 程序那样：

```
anim := gif.GIF{LoopCount: nframes}
```

如果在这种初始化方式中某个成员变量没有指定，那么它的值就是该成员变量类型的零值。因为指定了成员变量的名字，所以它们的顺序是无所谓的。

这两种初始化方式不可以混合使用，另外也无法使用第一种初始化方式来绕过不可导出变量无法在其他包中使用的规则。

```
package p
type T struct{ a, b int } // a 和 b 都是不可导出的

package q
import "p"
var _ = p.T{a: 1, b: 2} // 编译错误，无法引用a、b
var _ = p.T{1, 2}       // 编译错误，无法引用a、b
```

虽然上面的最后一行代码没有显式地提到不可导出变量，但是它们被隐式地引用了，所以这也是不允许的。

结构体类型的值可以作为参数传递给函数或者作为函数的返回值。例如，下面的函数将 Point 缩放了一个比率：

```
func Scale(p Point, factor int) Point {
    return Point{p.X * factor, p.Y * factor}
}

fmt.Println(Scale(Point{1, 2}, 5)) // "{5 10}"
```

出于效率的考虑，大型的结构体通常都使用结构体指针的方式直接传递给函数或者从函数中返回。

```
func Bonus(e *Employee, percent int) int {
    return e.Salary * percent / 100
}
```

这种方式在函数需要修改结构体内容的时候也是必需的，在 Go 这种按值调用的语言中，调用的函数接收到的是实参的一个副本，并不是实参的引用。

```
func AwardAnnualRaise(e *Employee) {
    e.Salary = e.Salary * 105 / 100
}
```

由于通常结构体都通过指针的方式使用，因此可以使用一种简单的方式来创建、初始化一个 struct 类型的变量并获取它的地址：

```
pp := &Point{1, 2}
```

这个等价于：

```
pp := new(Point)
*pp = Point{1, 2}
```

但是 &Point{1,2} 这种方式可以直接使用在一个表达式中，例如函数调用。

4.4.2　结构体比较

如果结构体的所有成员变量都可以比较，那么这个结构体就是可比较的。两个结构体的比较可以使用 == 或者 !=。其中 == 操作符按照顺序比较两个结构体变量的成员变量，所以下面的两个输出语句是等价的：

```
type Point struct{ X, Y int }

p := Point{1, 2}
q := Point{2, 1}
fmt.Println(p.X == q.X && p.Y == q.Y) // "false"
fmt.Println(p == q)                   // "false"
```

和其他可比较的类型一样，可比较的结构体类型都可以作为 map 的键类型。

```
type address struct {
    hostname string
    port     int
}

hits := make(map[address]int)
hits[address{"golang.org", 443}]++
```

4.4.3　结构体嵌套和匿名成员

本节将讨论 Go 中不同寻常的结构体嵌套机制，这个机制可以让我们将一个命名结构体当作另一个结构体类型的匿名成员使用；并提供了一种方便的语法，使用简单的表达式（比如 x.f）就可以代表连续的成员（比如 x.d.e.f）。

想象一下 2D 绘图程序中会提供的关于形状的库，比如矩形、椭圆、星形和车轮形。这里定义了其中可能存在的两个类型：

```
type Circle struct {
    X, Y, Radius int
}

type Wheel struct {
    X, Y, Radius, Spokes int
}
```

Circle 类型定义了圆心的坐标 X 和 Y，另外还有一个半径 Radius。Wheel 类型拥有 Circle 类型的所有属性，另外还有一个 Spokes 属性，即车轮中条辐的数量。创建一个 Wheel 类型的对象：

```
var w Wheel
w.X = 8
w.Y = 8
w.Radius = 5
w.Spokes = 20
```

在需要支持的形状变多之后，我们将意识到它们之间的相似性和重复性。所以，很自然地，我们会重构相同的部分：

```
type Point struct {
    X, Y int
}
```

```
type Circle struct {
    Center Point
    Radius int
}

type Wheel struct {
    Circle Circle
    Spokes int
}
```

这个程序看上去变得更清晰了，但是访问 Wheel 的成员变麻烦了：

```
var w Wheel
w.Circle.Center.X = 8
w.Circle.Center.Y = 8
w.Circle.Radius = 5
w.Spokes = 20
```

Go 允许我们定义不带名称的结构体成员，只需要指定类型即可；这种结构体成员称做匿名成员。这个结构体成员的类型必须是一个命名类型或者指向命名类型的指针。下面的 Circle 和 Wheel 都拥有一个匿名成员。这里称 Point 被嵌套到 Circle 中，Circle 被嵌套到 Wheel 中。

```
type Circle struct {
    Point
    Radius int
}

type Wheel struct {
    Circle
    Spokes int
}
```

正因为有了这种结构体嵌套的功能，我们才能直接访问到我们需要的变量而不是指定一大串中间变量：

```
var w Wheel
w.X = 8          // 等价于 w.Circle.Point.X = 8
w.Y = 8          // 等价于 w.Circle.Point.Y = 8
w.Radius = 5     // 等价于 w.Circle.Radius = 5
w.Spokes = 20
```

上面注释里面的方式也是正确的，但是使用"匿名成员"的说法或许不合适。上面的结构体成员 Circle 和 Point 是有名字的，就是对应类型的名字，只是这些名字在点号访问变量时是可选的。当我们访问最终需要的变量的时候可以省略中间所有的匿名成员。

遗憾的是，结构体字面量并没有什么快捷方式来初始化结构体，所以下面的语句是无法通过编译的：

```
w = Wheel{8, 8, 5, 20}                      // 编译错误，未知成员变量
w = Wheel{X: 8, Y: 8, Radius: 5, Spokes: 20} // 编译错误，未知成员变量
```

结构体字面量必须遵循形状类型的定义，所以我们使用下面的两种方式来初始化，这两种方式是等价的：

gopl.io/ch4/embed
```
w = Wheel{Circle{Point{8, 8}, 5}, 20}
```

```
w = Wheel{
    Circle: Circle{
        Point:  Point{X: 8, Y: 8},
        Radius: 5,
    },
    Spokes: 20, // 注意，尾部的逗号是必需的（Radius 后面的逗号也一样）
}
fmt.Printf("%#v\n", w)
// 输出
// Wheel{Circle:Circle{Point:Point{X:8, Y:8}, Radius:5}, Spokes:20}

w.X = 42

fmt.Printf("%#v\n", w)
// 输出
// Wheel{Circle:Circle{Point:Point{X:42, Y:8}, Radius:5}, Spokes:20}
```

注意副词 # 如何使得 Printf 的格式化符号 %v 以类似 Go 语法的方式输出对象，这个方式里面包含了成员变量的名字。

因为"匿名成员"拥有隐式的名字，所以你不能在一个结构体里面定义两个相同类型的匿名成员，否则会引起冲突。由于匿名成员的名字是由它们的类型决定的，因此它们的可导出性也是由它们的类型决定的。在上面的例子中，Point 和 Circle 这两个匿名成员是可导出的。即使这两个结构体是不可导出的（point 和 circle），我们仍然可以使用快捷方式：

```
w.X = 8 // 等价于 w.circle.point.X = 8
```

但是注释中那种显式指定中间匿名成员的方式在声明 circle 和 point 的包之外是不允许的，因为它们是不可导出的。

到目前为止，我们所看到关于结构体嵌套的使用，仅仅是关于点号访问匿名成员内部变量的语法糖。后面我们将了解到匿名成员不一定是结构体类型，任何命名类型或者指向命名类型的指针都可以。不过话说回来，嵌套一个没有子成员的类型有什么用呢？

以快捷方式访问匿名成员的内部变量同样适用于访问匿名成员的内部方法。因此，外围的结构体类型获取的不仅是匿名成员的内部变量，还有相关的方法。这个机制就是从简单类型对象组合成复杂的复合类型的主要方式。在 Go 中，组合是面向对象编程方式的核心，这将在 6.3 节进一步讲述。

4.5 JSON

JavaScript 对象表示法（JSON）是一种发送和接收格式化信息的标准。JSON 不是唯一的标准，XML（见 7.14 节）、ASN.1 和 Google 的 Protocol Buffer 都是相似的标准，各自有适用的场景。但是因为 JSON 的简单、可读性强并且支持广泛，所以使用得最多。

Go 通过标准库 encoding/json、encoding.xml、encoding/asn1 和其他的库对这些格式的编码和解码提供了非常好的支持，这些库都拥有相同的 API。本节对使用最多的 encoding/json 做一个简要的描述。

JSON 是 JavaScript 值的 Unicode 编码，这些值包括字符串、数字、布尔值、数组和对象。JSON 是基本数据类型和复合数据类型的一种高效的、可读性强的表示方法。第 3 章讲解了基础数据类型，本章讲解了复合数据类型——数组、slice、结构体和 map。

JSON 最基本的类型是数字（以十进制或者科学计数法表示）、布尔值（true 或 false）和字符串。字符串是用双引号括起来的 Unicode 代码点的序列，使用反斜杠作为转义字符，通过和 Go 类似的方式访问成员。当然，JSON 里面的 \uhhh 数字转义得到的是 UTF-16 编码，而不是 Go 里面的字符。

这些基础类型可以通过 JSON 的数组和对象进行组合。JSON 的数组是一个有序的元素序列，每个元素之间用逗号分隔，两边使用方括号括起来。JSON 的数组用来编码 Go 里面的数组和 slice。JSON 的对象是一个从字符串到值的映射，写成 `name:value` 对的序列，每个元素之间用逗号分隔，两边使用花括号括起来。JSON 的对象用来编码 Go 里面的 map（键为字符串类型）和结构体。例如：

```
boolean          true
number           -273.15
string           "She said \"Hello, 世界\""
array            ["gold", "silver", "bronze"]
object           {"year": 1980,
                  "event": "archery",
                  "medals": ["gold", "silver", "bronze"]}
```

想象一个程序需要收集电影的观看次数并提供推荐。这个程序的 `Movie` 类型和典型的元素列表都在下面提供了。（结构体中成员 `Year` 和 `Color` 后面的字符串字面量是成员的标签，稍后会讲解它。）

gopl.io/ch4/movie

```go
type Movie struct {
    Title  string
    Year   int  `json:"released"`
    Color  bool `json:"color,omitempty"`
    Actors []string
}

var movies = []Movie{
    {Title: "Casablanca", Year: 1942, Color: false,
        Actors: []string{"Humphrey Bogart", "Ingrid Bergman"}},
    {Title: "Cool Hand Luke", Year: 1967, Color: true,
        Actors: []string{"Paul Newman"}},
    {Title: "Bullitt", Year: 1968, Color: true,
        Actors: []string{"Steve McQueen", "Jacqueline Bisset"}},
    // ...
}
```

这种类型的数据结构体最适合 JSON，无论是从 Go 对象转为 JSON 还是从 JSON 转换为 Go 对象都很容易。把 Go 的数据结构（比如 `movies`）转换为 JSON 称为 marshal。marshal 是通过 `json.Marshal` 来实现的：

```go
data, err := json.Marshal(movies)
if err != nil {
    log.Fatalf("JSON marshaling failed: %s", err)
}
fmt.Printf("%s\n", data)
```

`Marshal` 生成了一个字节 slice，其中包含一个不带有任何多余空白字符的很长的字符串。把生成的结果折叠一下放在这里：

```
[{"Title":"Casablanca","released":1942,"Actors":["Humphrey Bogart","Ingr
id Bergman"]},{"Title":"Cool Hand Luke","released":1967,"color":true,"Ac
tors":["Paul Newman"]},{"Title":"Bullitt","released":1968,"color":true,"
Actors":["Steve McQueen","Jacqueline Bisset"]}]
```

这种紧凑的表示方法包含了所有的信息但是难以阅读。为了方便阅读，有一个 `json.`

`MarshalIndent` 的变体可以输出整齐格式化过的结果。这个函数有两个参数，一个是定义每行输出的前缀字符串，另外一个是定义缩进的字符串。

```
data, err := json.MarshalIndent(movies, "", "    ")
if err != nil {
    log.Fatalf("JSON marshaling failed: %s", err)
}
fmt.Printf("%s\n", data)
```

上面的代码输出：

```
[
    {
        "Title": "Casablanca",
        "released": 1942,
        "Actors": [
            "Humphrey Bogart",
            "Ingrid Bergman"
        ]
    },
    {
        "Title": "Cool Hand Luke",
        "released": 1967,
        "color": true,
        "Actors": [
            "Paul Newman"
        ]
    },
    {
        "Title": "Bullitt",
        "released": 1968,
        "color": true,
        "Actors": [
            "Steve McQueen",
            "Jacqueline Bisset"
        ]
    }
]
```

marshal 使用 Go 结构体成员的名称作为 JSON 对象里面字段的名称（通过反射的方式，这将在 12.6 节中介绍）。只有可导出的成员可以转换为 JSON 字段，这就是为什么我们将 Go 结构体里面的所有成员都定义为首字母大写的。

你或许注意到了，上面的结构体成员 Year 对应地转换为 released，另外 Color 转换为 color。这个是通过成员标签定义（field tag）实现的。成员标签定义是结构体成员在编译期间关联的一些元信息：

```
Year  int  `json:"released"`
Color bool `json:"color,omitempty"`
```

成员标签定义可以是任意字符串，但是按照习惯，是由一串由空格分开的标签键值对 key:"value" 组成的；因为标签的值使用双引号括起来，所以一般标签都是原生的字符串字面量。键 json 控制包 encoding/json 的行为，同样其他的 encoding/... 包也遵循这个规则。标签值的第一部分指定了 Go 结构体成员对应 JSON 中字段的名字。成员的标签通常这样使用，比如 total_count 对应 Go 里面的 TotalCount。Color 的标签还有一个额外的选项，omitempty，它表示如果这个成员的值是零值或者为空，则不输出这个成员到 JSON 中。所以，对于《Casablanca》这部黑白电影，就没有输出成员 Color 到 JSON 中。

marshal 的逆操作将 JSON 字符串解码为 Go 数据结构，这个过程叫作 unmarshal，这个是由 json.Unmarshal 实现的。下面的代码将电影的 JSON 数据转换到结构体 slice 中，这个结构体唯一的成员就是 Title。通过合理地定义 Go 的数据结构，我们可以选择将哪部分 JSON 数据解码到结构体对象中，哪些数据可以丢弃。当函数 Unmarshal 调用完成后，它将填充结构体 slice 中 Title 的值，JSON 中其他的字段就丢弃了。

```go
var titles []struct{ Title string }
if err := json.Unmarshal(data, &titles); err != nil {
    log.Fatalf("JSON unmarshaling failed: %s", err)
}
fmt.Println(titles) // "[{Casablanca} {Cool Hand Luke} {Bullitt}]"
```

很多的 Web 服务都提供 JSON 接口，通过发送 HTTP 请求来获取想要得到的 JSON 信息。我们通过查询 GitHub 提供的 issue 跟踪接口来演示一下。首先，要定义需要的类型和常量：

gopl.io/ch4/github

```go
// 包 github 提供了 GitHub issue 跟踪接口的 Go API
// 详细查看 https://developer.github.com/v3/search/#search-issues.
package github

import "time"

const IssuesURL = "https://api.github.com/search/issues"

type IssuesSearchResult struct {
    TotalCount int `json:"total_count"`
    Items      []*Issue
}

type Issue struct {
    Number    int
    HTMLURL   string `json:"html_url"`
    Title     string
    State     string
    User      *User
    CreatedAt time.Time `json:"created_at"`
    Body      string    // Markdown 格式
}

type User struct {
    Login   string
    HTMLURL string `json:"html_url"`
}
```

和前面一样，即使对应的 JSON 字段的名称不是首字母大写，结构体的成员名称也必须首字母大写。由于在 unmarshal 阶段，JSON 字段的名称关联到 Go 结构体成员的名称是忽略大小写的，因此这里只需要在 JSON 中有下划线而 Go 里面没有下划线的时候使用一下成员标签定义。同样，这里选择性地对 JSON 中的字段进行解码，因为相对于这里演示的内容，GitHub 的查询回复返回相当多的信息。

函数 SearchIssues 发送 HTTP 请求并将回复解析为 JSON。由于用户的查询请求参数中可能存在一些字符，这些字符在 URL 中是特殊字符，比如 ? 或者 &，因此使用 url.QueryEscape 函数来确保它们拥有正确的含义。

gopl.io/ch4/github

```go
package github
```

```
import (
    "encoding/json"
    "fmt"
    "net/http"
    "net/url"
    "strings"
)

// SearchIssues 函数查询 GitHub 的 issue 跟踪接口
func SearchIssues(terms []string) (*IssuesSearchResult, error) {
    q := url.QueryEscape(strings.Join(terms, " "))
    resp, err := http.Get(IssuesURL + "?q=" + q)
    if err != nil {
        return nil, err
    }

    // 我们必须在所有的可能分支上面关闭 resp.Body
    // 第 5 章将讲述 defer ，它可以让代码简单一点
    if resp.StatusCode != http.StatusOK {
        resp.Body.Close()
        return nil, fmt.Errorf("search query failed: %s", resp.Status)
    }

    var result IssuesSearchResult
    if err := json.NewDecoder(resp.Body).Decode(&result); err != nil {
        resp.Body.Close()
        return nil, err
    }
    resp.Body.Close()
    return &result, nil
}
```

前面的例子使用了 json.Unmarshal 来将整个字节 slice 解码为单个 JSON 实体。这里变化一下，使用流式解码器（即 json.Decoder），可以利用它来依次从字节流里面解码出多个 JSON 实体，我们现在还用不到这个功能。你或许猜到了，也有一个叫作 json.Encoder 的流式编码器。

调用 Decode 方法来填充变量 result。有各种方法来将结果格式化得好看一点。最简单的就是使用下面介绍的关于 issues 命令的方法，使用固定宽度的表格，下一节将讨论一个基于模板的复杂一点的方法。

gopl.io/ch4/issues

```
// 将符合搜索条件的 issue 输出为一个表格
package main

import (
    "fmt"
    "log"
    "os"

    "gopl.io/ch4/github"
)

func main() {
    result, err := github.SearchIssues(os.Args[1:])
    if err != nil {
        log.Fatal(err)
    }
    fmt.Printf("%d issues:\n", result.TotalCount)
    for _, item := range result.Items {
        fmt.Printf("#%-5d %9.9s %.55s\n",
            item.Number, item.User.Login, item.Title)
    }
}
```

命令行参数指定搜索的条件，该命令搜索 Go 项目的 issue 跟踪接口，查找关于 JSON 编码的 Open 状态的 bug 列表。

```
$ go build gopl.io/ch4/issues
$ ./issues repo:golang/go is:open json decoder
13 issues:
#5680     eaigner encoding/json: set key converter on en/decoder
#6050  gopherbot encoding/json: provide tokenizer
#8658  gopherbot encoding/json: use bufio
#8462  kortschak encoding/json: UnmarshalText confuses json.Unmarshal
#5901        rsc encoding/json: allow override type marshaling
#9812  klauspost encoding/json: string tag not symmetric
#7872  extempora encoding/json: Encoder internally buffers full output
#9650    cespare encoding/json: Decoding gives errPhase when unmarshalin
#6716  gopherbot encoding/json: include field name in unmarshal error me
#6901  lukescott encoding/json, encoding/xml: option to treat unknown fi
#6384    joeshaw encoding/json: encode precise floating point integers u
#6647    btracey x/tools/cmd/godoc: display type kind of each named type
#4237  gjemiller encoding/base64: URLEncoding padding is optional
```

GitHub 的 Web 服务接口（https://developer.github.com/v3/）有很多的功能，这里就不再赘述了。

练习 4.10：修改 issues 实例，按照时间来输出结果，比如一个月以内，一年以内或者超过一年。

练习 4.11：开发一个工具来让用户可以通过命令行创建、读取、更新或者关闭 GitHub 的 issues，当需要额外输入的时候，调用他们喜欢的文本编辑器。

练习 4.12：流行的 Web 漫画 *xkcd* 有一个 JSON 接口。例如，调用 https://xkcd.com/571/info.0.json 输出漫画 571 的详细描述，这个是很多人最喜欢的之一。下载每一个 URL 并且构建一个离线索引。编写一个工具 xkcd 来使用这个索引，可以通过命令行指定的搜索条件来查找并输出符合条件的每个漫画的 URL 和剧本。

练习 4.13：基于 JSON 开发的 Web 服务，开放电影数据库让你可以在 https://omdbapi.com/ 上通过名字来搜索电影并下载海报图片。开发一个 poster 工具以通过命令行指定的电影名称来下载海报。

4.6 文本和 HTML 模板

上面的例子仅仅给出了最简单的格式化，这种情况下，Printf 函数足够用了。但是有的情况下格式化会比这个复杂得多，并且要求格式和代码彻底分离。这个可以通过 text/template 包和 html/template 包里面的方法来实现，这两个包提供了一种机制，可以将程序变量的值代入到文本或者 HTML 模板中。

模板是一个字符串或者文件，它包含一个或者多个两边用双大括号包围的单元——{{...}}，这称为操作。大多数的字符串是直接输出的，但是操作可以引发其他的行为。每个操作在模板语言里面都对应一个表达式，提供的简单但强大的功能包括：输出值，选择结构体成员，调用函数和方法，描述控制逻辑（比如 if-else 语句和 range 循环），实例化其他的模板等。一个简单的字符串模板如下所示：

gopl.io/ch4/issuesreport
```
const templ = `{{.TotalCount}} issues:
{{range .Items}}-------------------------------------
Number: {{.Number}}
User:   {{.User.Login}}
```

```
Title:    {{.Title | printf "%.64s"}}
Age:      {{.CreatedAt | daysAgo}} days
{{end}}`
```

模板首先输出符合条件的 issue 数量，然后分别输出每个 issue 的序号、用户、标题和距离创建时间已过去的天数。在这个操作里面，有一个表示当前值的标记，用点号（.）表示。点号最开始的时候表示模板里面的参数，在这个例子中即是 github.IssuesSearchResult。操作 {{.TotalCount}} 代表 TotalCount 成员的值，直接输出。{{range.Items}} 和 {{end}} 操作创建一个循环，所以它们内部的值会展开很多次，这个时候点号（.）表示 Items 里面连续的元素。

在操作中，符号 | 会将前一个操作的结果当做下一个操作的输入，和 UNIX 的 shell 管道类似。在 Title 的例子中，第二个操作就是 printf 函数，在所有的模板中，就是内置函数 fmt.Sprintf 的同义词。对于 Age 来说，第二个操作是 daysAgo，这个函数使用 time.Since 将 CreatedAt 转换为已过去的时间。

```go
func daysAgo(t time.Time) int {
    return int(time.Since(t).Hours() / 24)
}
```

注意，CreatedAt 的类型是 time.Time 而不是 string 类型。同样地，一个类型可以定义方法来控制自己的字符串格式化方式（见 2.5 节），另外也可以定义方法来控制自身 JSON 序列化和反序列化的方式。time.Time 的 JSON 序列化值就是该类型标准的字符串表示方法。

通过模板输出结果需要两个步骤。首先，需要解析模板并转换为内部的表示方法，然后在指定的输入上面执行。解析模板只需要执行一次。下面的代码创建并解析上面定义的文本模板 templ。注意方法的链式调用：template.New 创建并返回一个新的模板，Funcs 添加 daysAgo 到模板内部可以访问的函数列表中，然后返回这个模板对象；最后调用 Parse 方法。

```go
report, err := template.New("report").
    Funcs(template.FuncMap{"daysAgo": daysAgo}).
    Parse(templ)
if err != nil {
    log.Fatal(err)
}
```

由于模板通常是在编译期间就固定下来的，因此无法解析模板将是程序中的一个严重的 bug。帮助函数 template.Must 提供了一种便捷的错误处理方式，它接受一个模板和错误作为参数，检查错误是否为 nil（如果不是 nil，则宕机），然后返回这个模板。5.9 节将讲述这个方法。

一旦创建了模板，添加了内部可调用的函数 daysAgo，然后解析，再检查，就可以使用 github.IssuesSearchResult 作为数据源，使用 os.Stdout 作为输出目标执行这个模板：

```go
var report = template.Must(template.New("issuelist").
    Funcs(template.FuncMap{"daysAgo": daysAgo}).
    Parse(templ))

func main() {
    result, err := github.SearchIssues(os.Args[1:])
    if err != nil {
        log.Fatal(err)
    }
    if err := report.Execute(os.Stdout, result); err != nil {
        log.Fatal(err)
    }
}
```

这个程序输出一个纯文本，如下所示：

```
$ go build gopl.io/ch4/issuesreport
$ ./issuesreport repo:golang/go is:open json decoder
13 issues:
----------------------------------------
Number: 5680
User:     eaigner
Title:    encoding/json: set key converter on en/decoder
Age:      750 days
----------------------------------------
Number: 6050
User:     gopherbot
Title:    encoding/json: provide tokenizer
Age:      695 days
----------------------------------------
...
```

我们再来看 html/template 包。它使用和 text/template 包里面一样的 API 和表达式语句，并且额外地对出现在 HTML、JavaScript、CSS 和 URL 中的字符串进行自动转义。这些功能可以避免生成的 HTML 引发长久以来都会有的安全问题，比如注入攻击，对方利用 issue 的标题来包含不安全的代码，在模板中如果没有合理地进行转义，会让它们能够控制整个页面。

下面的模板将 issue 输出为 HTML 的表格，注意导入不同的包：

gopl.io/ch4/issueshtml
```
import "html/template"

var issueList = template.Must(template.New("issuelist").Parse(`
<h1>{{.TotalCount}} issues</h1>
<table>
<tr style='text-align: left'>
  <th>#</th>
  <th>State</th>
  <th>User</th>
  <th>Title</th>
</tr>
{{range .Items}}
<tr>
  <td><a href='{{.HTMLURL}}'>{{.Number}}</a></td>
  <td>{{.State}}</td>
  <td><a href='{{.User.HTMLURL}}'>{{.User.Login}}</a></td>
  <td><a href='{{.HTMLURL}}'>{{.Title}}</a></td>
</tr>
{{end}}
</table>
`))
```

下面的命令对查询的结果执行新的模板，这些结果和上面的稍有不同：

```
$ go build gopl.io/ch4/issueshtml
$ ./issueshtml repo:golang/go commenter:gopherbot json encoder >issues.html
```

图 4-4 显示了生成的 HTML 表格在 Web 浏览器中的样子。链接指向 GitHub 上面对应的页面。

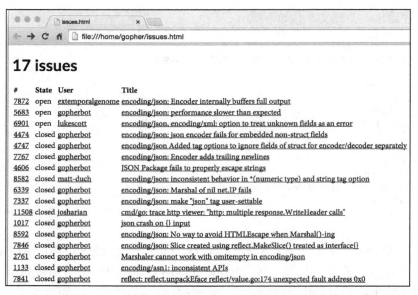

图 4-4　将获取的 Go 项目的 issue 列表的 JSON 数据以 HTML 表格显示

　　上图中 issue 的 HTML 信息显示没有问题，但我们可以通过在 issue 标题中包含 HTML 的元字符（比如 & 和 <）来看一下效果。我们选择了两个 issue 来做演示：

```
$ ./issueshtml repo:golang/go 3133 10535 >issues2.html
```

　　图 4-5 显示了查询的结果。注意，`html/template` 包自动将 HTML 元字符转义，这样标题才能显示正常。如果我们错误地使用了 `text/template` 包，那么字符串 "`&lt;`" 将会被当做小于号 '`<`'，而字符串 "`<link>`" 将变成一个 `link` 元素，这将改变 HTML 的文档结构，甚至有可能产生安全问题。

　　我们可以通过使用命名的字符串类型 `template.HTML` 类型而不是字符串类型避免模板自动转义受信任的 HTML 数据。同样的命名类型适用于受信任的 JavaScript、CSS 和 URL。下面的程序演示了相同数据在不同类型下的效果，A 是字符串类型而 B 是 `template.HTML` 类型。

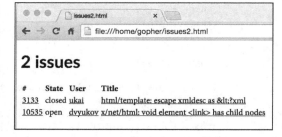

图 4-5　issue 标题中的 HTML 元字符正确地显示

gopl.io/ch4/autoescape

```go
func main() {
    const templ = `<p>A: {{.A}}</p><p>B: {{.B}}</p>`
    t := template.Must(template.New("escape").Parse(templ))
    var data struct {
        A string        // 不受信任的纯文本
        B template.HTML // 受信任的 HTML
    }
    data.A = "<b>Hello!</b>"
    data.B = "<b>Hello!</b>"
    if err := t.Execute(os.Stdout, data); err != nil {
        log.Fatal(err)
    }
}
```

图 4-6 演示了这个模板在浏览器中的输出，我们可以看出来 A 转义了而 B 没有。

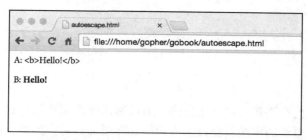

图 4-6　字符串值被 HTML 转义了，但是 template.HTML 值没有

这里仅仅演示了模板系统最基本的功能。如果你希望获取更多的信息，可以查询相关包的文档。

```
$ go doc text/template
$ go doc html/template
```

练习 4.14：创建一个 Web 服务器，可以通过查询 GitHub 并缓存信息，然后可以浏览 bug 列表、里程碑信息以及参与用户的信息。

函　　数

函数包含连续的执行语句，可以在代码中通过调用函数来执行它们。函数能够将一个复杂的工作切分成多个更小的模块，使得多人协作变得更加容易。另外，函数对它的使用者隐藏了实现细节。这几方面的特性使函数成为多数编程语言的重要特性之一。

我们之前已经见过许多函数，现在让我们更彻底地探究一下函数。本章的运行示例是一个网络爬虫，它是 Web 搜索引擎的组件之一，负责抓取网页并分析页面包含的链接，将链接指向的页面也抓取下来，循环往复。利用网络爬虫的实现，我们可以更充分地了解到 Go 语言的递归、匿名函数、错误处理等方面的函数特性。

5.1　函数声明

每个函数声明都包含一个名字、一个形参列表、一个可选的返回列表以及函数体：

```go
func name(parameter-list) (result-list) {
    body
}
```

形参列表指定了一组变量的参数名和参数类型，这些局部变量都由调用者提供的实参传递而来。返回列表则指定了函数返回值的类型。当函数返回一个未命名的返回值或者没有返回值的时候，返回列表的圆括号可以省略。如果一个函数既省略返回列表也没有任何返回值，那么设计这个函数的目的是调用函数之后所带来的附加效果。在下面的 hypot 函数中：

```go
func hypot(x, y float64) float64 {
    return math.Sqrt(x*x + y*y)
}
fmt.Println(hypot(3, 4)) // "5"
```

x 和 y 是函数声明中的形参，3 和 4 是调用函数时的实参，并且函数返回一个类型为 float64 的值。

返回值也可以像形参一样命名。这个时候，每一个命名的返回值会声明为一个局部变量，并根据变量类型初始化为相应的 0 值。

当函数存在返回列表时，必须显式地以 return 语句结束，除非函数明确不会走完整个执行流程，比如在函数中抛出宕机异常或者函数体内存在一个没有 break 退出条件的无限 for 循环。

在 hypot 函数中使用到一种简写，如果几个形参或者返回值的类型相同，那么类型只需要写一次。以下两个声明是完全相同的：

```go
func f(i, j, k int, s, t string)                 { /* ... */ }
func f(i int, j int, k int, s string, t string) { /* ... */ }
```

下面使用 4 种方式声明一个带有两个形参和一个返回值的函数，所有变量都是 int 类型。空白标识符用来强调这个形参在函数中未使用。

```
func add(x int, y int) int   { return x + y }
func sub(x, y int) (z int)    { z = x - y; return }
func first(x int, _ int) int  { return x }
func zero(int, int) int      { return 0 }

fmt.Printf("%T\n", add)   // "func(int, int) int"
fmt.Printf("%T\n", sub)   // "func(int, int) int"
fmt.Printf("%T\n", first) // "func(int, int) int"
fmt.Printf("%T\n", zero)  // "func(int, int) int"
```

函数的类型称作*函数签名*。当两个函数拥有相同的形参列表和返回列表时，认为这两个函数的类型或签名是相同的。而形参和返回值的名字不会影响到函数类型，采用简写同样也不会影响到函数的类型。

每一次调用函数都需要提供实参来对应函数的每一个形参，包括参数的调用顺序也必须一致。Go 语言没有默认参数值的概念也不能指定实参名，所以除了用于文档说明之外，形参和返回值的命名不会对调用方有任何影响。

形参变量都是函数的局部变量，初始值由调用者提供的实参传递。函数形参以及命名返回值同属于函数最外层作用域的局部变量。

实参是按值传递的，所以函数接收到的是每个实参的副本；修改函数的形参变量并不会影响到调用者提供的实参。然而，如果提供的实参包含引用类型，比如指针、slice、map、函数或者通道，那么当函数使用形参变量时就有可能会间接地修改实参变量。

你可能偶尔会看到有些函数的声明没有函数体，那说明这个函数使用除了 Go 以外的语言实现。这样的声明定义了该函数的签名。

```
package math

func Sin(x float64) float64 // 使用汇编语言实现
```

5.2　递归

函数可以*递归*调用，这意味着函数可以直接或间接地调用自己。递归是一种实用的技术，可以处理许多带有递归特性的数据结构。在 4.4 节使用递归实现了对一棵树进行插入排序。本节再一次使用递归处理 HTML 文件。

下面的代码示例使用了一个非标准的包 golang.org/x/net/html，它提供了解析 HTML 的功能。golang.org/x/… 下的仓库（比如网络、国际化语言处理、移动平台、图片处理、加密功能以及开发者工具）都由 Go 团队负责设计和维护。这些包并不属于标准库，原因是它们还在开发当中，或者很少被 Go 程序员使用。

我们需要的 golang.org/x/net/html API 如下面的代码所示。函数 html.Parse 读入一段字节序列，解析它们，然后返回 HTML 文档树的根节点 html.Node。HTML 有多种节点，比如文本、注释等。但这里我们只关心表单的元素节点 `<name key='value'>`。

golang.org/x/net/html

```
package html

type Node struct {
    Type                   NodeType
    Data                   string
    Attr                   []Attribute
    FirstChild, NextSibling *Node
}
```

```
type NodeType int32

const (
    ErrorNode NodeType = iota
    TextNode
    DocumentNode
    ElementNode
    CommentNode
    DoctypeNode
)
type Attribute struct {
    Key, Val string
}
func Parse(r io.Reader) (*Node, error)
```

主函数从标准输入中读入 HTML，使用递归的 visit 函数获取 HTML 文本的超链接，并且把所有的超链接输出。

gopl.io/ch5/findlinks1

```
// Findlinks1 输出从标准输入中读入的 HTML 文档中的所有链接
package main

import (
    "fmt"
    "os"

    "golang.org/x/net/html"
)

func main() {
    doc, err := html.Parse(os.Stdin)
    if err != nil {
        fmt.Fprintf(os.Stderr, "findlinks1: %v\n", err)
        os.Exit(1)
    }
    for _, link := range visit(nil, doc) {
        fmt.Println(link)
    }
}
```

visit 函数遍历 HTML 树上的所有节点，从 HTML 锚元素 <a href='…'> 中得到 href 属性的内容，将获取到的链接内容添加到字符串 slice，最后返回这个 slice：

```
// visit 函数会将 n 节点中的每个链接添加到结果中
func visit(links []string, n *html.Node) []string {
    if n.Type == html.ElementNode && n.Data == "a" {
        for _, a := range n.Attr {
            if a.Key == "href" {
                links = append(links, a.Val)
            }
        }
    }
    for c := n.FirstChild; c != nil; c = c.NextSibling {
        links = visit(links, c)
    }
    return links
}
```

要对树中的任意节点 n 进行递归，visit 递归地调用自己去访问节点 n 的所有子节点，并且将访问过的节点保存在 FirstChild 链表中。

　　我们在 Go 的主页运行 findlinks，使用管道将本书 1.5 节完成的 fetch 程序的输出定向到 findlinks。稍稍修改输出，使之更加简洁。

```
$ go build gopl.io/ch1/fetch
$ go build gopl.io/ch5/findlinks1
$ ./fetch https://golang.org | ./findlinks1
#
/doc/
/pkg/
/help/
/blog/
http://play.golang.org/
//tour.golang.org/
https://golang.org/dl/
//blog.golang.org/
/LICENSE
/doc/tos.html
http://www.google.com/intl/en/policies/privacy/
```

　　可以注意到会获取到各种不同形式的超链接。之后我们将看到如何解析这些地址，并将链接都转换为基于 https://golang.org 的 URL 绝对路径。

　　下一个程序使用递归遍历所有 HTML 文本中的节点树，并输出树的结构。当递归遇到每个元素时，它都会将元素标签压入栈，然后输出栈。

gopl.io/ch5/outline

```
func main() {
    doc, err := html.Parse(os.Stdin)
    if err != nil {
        fmt.Fprintf(os.Stderr, "outline: %v\n", err)
        os.Exit(1)
    }
    outline(nil, doc)
}
func outline(stack []string, n *html.Node) {
    if n.Type == html.ElementNode {
        stack = append(stack, n.Data) // 把标签压入栈
        fmt.Println(stack)
    }
    for c := n.FirstChild; c != nil; c = c.NextSibling {
        outline(stack, c)
    }
}
```

　　注意一个细节：尽管 outline 会将元素压栈但并不会出栈。当 outline 递归调用自己时，被调用的函数会接收到栈的副本。尽管被调用者可能会对 slice 进行元素的添加、修改甚至创建新数组的操作，但它并不会修改调用者原来传递的元素，所以当被调函数返回时，调用者的栈依旧保持原样。

　　以下是 https://golang.org 页面的 outline：

```
$ go build gopl.io/ch5/outline
$ ./fetch https://golang.org | ./outline
[html]
[html head]
[html head meta]
[html head title]
[html head link]
```

```
[html body]
[html body div]
[html body div]
[html body div div]
[html body div div form]
[html body div div form div]
[html body div div form div a]
...
```

通过 outline 可以发现,大多数的 HTML 文档都只会经过几层递归处理,但即使是一些需要复杂递归处理的文档也能够轻松应对。

许多编程语言使用固定长度的函数调用栈;大小在 64KB 到 2MB 之间。递归的深度会受限于固定长度的栈大小,所以当进行深度递归调用时必须谨防栈溢出。固定长度的栈甚至会造成一定的安全隐患。相比固定长的栈,Go 语言的实现使用了可变长度的栈,栈的大小会随着使用而增长,可达到 1GB 左右的上限。这使得我们可以安全地使用递归而不用担心溢出问题。

练习 5.1: 改变 findlinks 程序,使用递归调用 visit(而不是循环)遍历 n.FirstChild 链表。

练习 5.2: 写一个函数,用于统计 HTML 文档树内所有的元素个数,如 p、div、span 等。

练习 5.3: 写一个函数,用于输出 HTML 文档树中所有文本节点的内容。但不包括 <script> 或 <style> 元素,因为这些内容在 Web 浏览器中是不可见的。

练习 5.4: 扩展 visit 函数,使之能够获得到其他种类的链接地址,比如图片、脚本或样式表的链接。

5.3 多返回值

一个函数能够返回不止一个结果。我们之前已经见过标准包内的许多函数返回两个值,一个期望得到的计算结果与一个错误值,或者一个表示函数调用是否正确的布尔值。下面来看看怎样写一个这样的函数。

下面程序中的 findLinks 函数有一个小的变化,它将自己发送 HTTP 请求,因此不再需要运行 fetch 函数。因为 HTTP 请求和解析操作可能会失败,所以 findLinks 声明了两个结果:一个是发现的链接列表,另一个是错误。另外,HTML 的解析一般能够修正错误的输入以及构造一个存在错误节点的文档,所以 Parse 很少失败;通常情况下,出错都是由基本的 I/O 错误引起的。

gopl.io/ch5/findlinks2

```go
func main() {
    for _, url := range os.Args[1:] {
        links, err := findLinks(url)
        if err != nil {
            fmt.Fprintf(os.Stderr, "findlinks2: %v\n", err)
            continue
        }
        for _, link := range links {
            fmt.Println(link)
        }
    }
}
```

```
// findLinks发起一个HTTP的GET请求，解析返回的HTML页面，并返回所有链接
func findLinks(url string) ([]string, error) {
    resp, err := http.Get(url)
    if err != nil {
        return nil, err
    }
    if resp.StatusCode != http.StatusOK {
        resp.Body.Close()
        return nil, fmt.Errorf("getting %s: %s", url, resp.Status)
    }
    doc, err := html.Parse(resp.Body)
    resp.Body.Close()
    if err != nil {
        return nil, fmt.Errorf("parsing %s as HTML: %v", url, err)
    }
    return visit(nil, doc), nil
}
```

findLinks 函数有 4 个返回语句，每一个语句返回一对值。前 3 个返回语句将函数从 http 和 html 包中获得的错误信息传递给调用者。第一个返回语句中，错误直接返回；第二个返回语句和第三个返回语句则使用 fmt.Errorf（参考 7.8 节）格式化处理过的附加上下文信息。如果 findLinks 调用成功，最后一个返回语句将返回链接的 slice，且 error 为空。

我们必须保证 resp.Body 正确关闭使得网络资源正常释放。即使在发生错误的情况下也必须释放资源。Go 语言的垃圾回收机制将回收未使用的内存，但不能指望它会释放未使用的操作系统资源，比如打开的文件以及网络连接。必须显式地关闭它们。

调用一个涉及多值计算的函数会返回一组值。如果调用者要使用这些返回值，则必须显式地将返回值赋给变量。

```
links, err := findLinks(url)
```

忽略其中一个返回值可以将它赋给一个空标识符。

```
links, _ := findLinks(url) // 忽略的错误
```

返回一个多值结果可以是调用另一个多值返回的函数，就像下面的函数，这个函数的行为和 findLinks 类似，只是多了一个记录参数的动作。

```
func findLinksLog(url string) ([]string, error) {
    log.Printf("findLinks %s", url)
    return findLinks(url)
}
```

一个多值调用可以作为单独的实参传递给拥有多个形参的函数中。尽管很少在生产环境使用，但是这个特性有的时候可以方便调试，它使得我们仅仅使用一条语句就可以输出所有的结果。下面两个输出语句的效果是一致的。

```
log.Println(findLinks(url))

links, err := findLinks(url)
log.Println(links, err)
```

良好的名称可以使得返回值更加有意义。尤其在一个函数返回多个结果且类型相同时，名字的选择更加重要，比如：

```
func Size(rect image.Rectangle) (width, height int)
func Split(path string) (dir, file string)
func HourMinSec(t time.Time) (hour, minute, second int)
```

但不必始终为每个返回值单独命名。比如，习惯上，最后的一个布尔返回值表示成功与否，一个 error 结果通常都不需要特别说明。

一个函数如果有命名的返回值，可以省略 return 语句的操作数，这称为裸返回。

```
// CountWordsAndImages 发送一个 HTTP GET 请求，并且获取文档的
// 字数与图片数量
func CountWordsAndImages(url string) (words, images int, err error) {
    resp, err := http.Get(url)
    if err != nil {
        return
    }
    doc, err := html.Parse(resp.Body)
    resp.Body.Close()
    if err != nil {
        err = fmt.Errorf("parsing HTML: %s", err)
        return
    }
    words, images = countWordsAndImages(doc)
    return
}
func countWordsAndImages(n *html.Node) (words, images int) { /* ... */ }
```

裸返回是将每个命名返回结果按照顺序返回的快捷方法，所以在上面的函数中，每个 return 语句都等同于：

```
return words, images, err
```

像在这个函数中存在许多返回语句且有多个返回结果，裸返回可以消除重复代码，但是并不能使代码更加易于理解。比如，对于这种方式，在第一眼看来，不能直观地看出前两个返回等同于 return 0, 0, err（因为结果变量 words 和 images 初始化值为 0）而且最后一个 return 等同于 return words, images, nil。鉴于这个原因，应保守使用裸返回。

练习 5.5：实现函数 countWordsAndImages（参照练习 4.9 中的单词分隔）。

练习 5.6：修改 gopl.io/ch3/surface（参考 3.2 节）中的函数 corner，以使用命名的结果以及裸返回语句。

5.4 错误

有一些函数总是成功返回的。比如，strings.Contains 和 strconv.FormatBool 对所有可能的参数变量都有定义好的返回结果，不会调用失败——尽管还有灾难性的和不可预知的场景，像内存耗尽，这类错误的表现和起因相差甚远而且恢复的希望也很渺茫。

其他的函数只要符合其前置条件就能够成功返回。比如 time.Date 函数始终会利用年、月等构成 time.Time，但是如果最后一个参数（表示时区）为 nil 则会导致宕机。这个宕机标志着这是一个明显的 bug，应该避免这样调用代码。

对于许多其他函数，即使在高质量的代码中，也不能保证一定能够成功返回，因为有些因素并不受程序设计者的掌控。比如任何操作 I/O 的函数都一定会面对可能的错误，只有没有经验的程序员会认为一个简单的读或写不会失败。事实上，这些地方是我们最需要关注的，很多可靠的操作都可能会毫无征兆地发生错误。

因此错误处理是包的 API 设计或者应用程序用户接口的重要部分，发生错误只是许多预料行为中的一种而已。这就是 Go 语言处理错误的方法。

如果当函数调用发生错误时返回一个附加的结果作为错误值，习惯上将错误值作为最后一个结果返回。如果错误只有一种情况，结果通常设置为布尔类型，就像下面这个查询缓存值的例子里面，往往都返回成功，只有不存在对应的键值的时候返回错误：

```
value, ok := cache.Lookup(key)
if !ok {
    // ...cache[key] 不存在...
}
```

更多时候，尤其对于 I/O 操作，错误的原因可能多种多样，而调用者则需要一些详细的信息。在这种情况下，错误的结果类型往往是 error。

error 是内置的接口类型。第 7 章将通过介绍错误处理揭示更多关于 error 类型的深层含义。目前我们已经了解到，一个错误可能是空值或者非空值，空值意味着成功而非空值意味着失败，且非空的错误类型有一个错误消息字符串，可以通过调用它的 Error 方法或者通过调用 fmt.Println(err) 或 fmt.Printf("%v",err) 直接输出错误消息：

一般当一个函数返回一个非空错误时，它其他的结果都是未定义的而且应该忽略。然而，有一些函数在调用出错的情况下会返回部分有用的结果。比如，如果在读取一个文件的时候发生错误，调用 Read 函数后返回能够成功读取的字节数与相对应的错误值。正确的行为通常是在调用者处理错误前先处理这些不完整的返回结果。因此在文档中清晰地说明返回值的意义是很重要的。

与许多其他语言不同，Go 语言通过使用普通的值而非异常来报告错误。尽管 Go 语言有异常机制，这将在 5.9 节进行介绍，但是 Go 语言的异常只是针对程序 bug 导致的预料外的错误，而不能作为常规的错误处理方法出现在程序中。

这样做的原因是异常会陷入带有错误消息的控制流去处理它，通常会导致预期外的结果：错误会以难以理解的栈跟踪信息报告给最终用户，这些信息大都是关于程序结构方面的而不是简单明了的错误消息。

相比之下，Go 程序使用通常的控制流机制（比如 if 和 return 语句）应对错误。这种方式在错误处理逻辑方面要求更加小心谨慎，但这恰恰是设计的要点。

5.4.1　错误处理策略

当一个函数调用返回一个错误时，调用者应当负责检查错误并采取合适的处理应对。根据情形，将有许多可能的处理场景。接下来我们看 5 个例子。

首先也最常见的情形是将错误传递下去，使得在子例程中发生的错误变为主调例程的错误。5.3 节讨论过 findLinks 函数的示例。如果调用 http.Get 失败，findLinks 不做任何操作立即向调用者返回这个 HTTP 错误。

```
resp, err := http.Get(url)
if err != nil {
    return nil, err
}
```

对比之下，如果调用 html.Parse 失败，findLinks 将不会直接返回 HTML 解析的错误，因为它缺失两个关键信息：解析器的出错信息与被解析文档的 URL。在这种情况下，findLinks 构建一个新的错误消息，其中包含我们需要的所有相关信息和解析的错误信息：

```
doc, err := html.Parse(resp.Body)
resp.Body.Close()
```

```
if err != nil {
    return nil, fmt.Errorf("parsing %s as HTML: %v", url, err)
}
```

`fmt.Errorf` 使用 `fmt.Sprintf` 函数格式化一条错误消息并且返回一个新的错误值。我们为原始的错误消息不断地添加额外的上下文信息来建立一个可读的错误描述。当错误最终被程序的 `main` 函数处理时，它应当能够提供一个从最根本问题到总体故障的清晰因果链，这让我想到 NASA 的事故调查有这样一个例子：

genesis: crashed: no parachute: G-switch failed: bad relay orientation

因为错误消息频繁地串联起来，所以消息字符串首字母不应该大写而且应该避免换行。错误结果可能会很长，但能够使用 grep 这样的工具找到我们需要的信息。

设计一个错误消息的时候应当慎重，确保每一条消息的描述都是有意义的，包含充足的相关信息，并且保持一致性，不论被同一个函数还是同一个包下面的一组函数返回时，这样的错误都可以保持统一的形式和错误处理方式。

比如，os 包保证每一个文件操作（比如 `os.Open` 或针对打开的文件的 `Read`、`Write` 或 `Close` 方法）返回的错误不仅包括错误的信息（没有权限、路径不存在等）还包含文件的名字，因此调用者在构造错误消息的时候不需要再包含这些信息。

一般地，`f(x)` 调用只负责报告函数的行为为 `f` 和参数值 `x`，因为它们和错误的上下文相关。调用者负责添加进一步的信息，但是 `f(x)` 本身并不会，就像上面函数中 URL 和 `html.Parse` 的关系。

我们接下来看一下第二种错误处理策略。对于不固定或者不可预测的错误，在短暂的间隔后对操作进行重试是合乎情理的，超出一定的重试次数和限定的时间后再报错退出。

gopl.io/ch5/wait
```
// WaitForServer 尝试连接URL对应的服务器
// 在一分钟内使用指数退避策略进行重试
// 所有的尝试失败后返回错误
func WaitForServer(url string) error {
    const timeout = 1 * time.Minute
    deadline := time.Now().Add(timeout)
    for tries := 0; time.Now().Before(deadline); tries++ {
        _, err := http.Head(url)
        if err == nil {
            return nil // 成功
        }
        log.Printf("server not responding (%s); retrying...", err)
        time.Sleep(time.Second << uint(tries)) // 指数退避策略
    }
    return fmt.Errorf("server %s failed to respond after %s", url, timeout)
}
```

第三，如果依旧不能顺利进行下去，调用者能够输出错误然后优雅地停止程序，但一般这样的处理应该留给主程序部分。通常库函数应当将错误传递给调用者，除非这个错误表示一个内部一致性错误，这意味着库内部存在 bug。

```
// (In function main.)
if err := WaitForServer(url); err != nil {
    fmt.Fprintf(os.Stderr, "Site is down: %v\n", err)
    os.Exit(1)
}
```

一个更加方便的方法是通过调用 log.Fatalf 实现相同的效果。就和所有的日志函数一样，它默认会将时间和日期作为前缀添加到错误消息前。

```
if err := WaitForServer(url); err != nil {
    log.Fatalf("Site is down: %v\n", err)
}
```

默认的格式有助于长期运行的服务器，而对于交互式的命令行工具则意义不大：

```
2006/01/02 15:04:05 Site is down: no such domain: bad.gopl.io
```

一种更吸引人的输出方式是自己定义命令的名称作为 log 包的前缀，并且将日期和时间略去。

```
log.SetPrefix("wait: ")
log.SetFlags(0)
```

第四，在一些错误情况下，只记录下错误信息然后程序继续运行。同样地，可以选择使用 log 包来增加日志的常用前缀：

```
if err := Ping(); err != nil {
    log.Printf("ping failed: %v; networking disabled", err)
}
```

并且直接输出到标准错误流：

```
if err := Ping(); err != nil {
    fmt.Fprintf(os.Stderr, "ping failed: %v; networking disabled\n", err)
}
```

（所有 log 函数都会为缺少换行符的日志补充一个换行符。）

第五，在某些罕见的情况下我们可以直接安全地忽略掉整个日志：

```
dir, err := ioutil.TempDir("", "scratch")
if err != nil {
    return fmt.Errorf("failed to create temp dir: %v", err)
}

// ...使用临时目录...

os.RemoveAll(dir) //忽略错误，$TMPDIR 会被周期性删除
```

调用 os.RemoveAll 可能会失败，但程序忽略了这个错误，原因是操作系统会周期性地清理临时目录。在这个例子中，我们有意地抛弃了错误，但程序的逻辑看上去就和我们忘记去处理了一样。要习惯考虑到每一个函数调用可能发生的出错情况，当你有意地忽略一个错误的时候，清楚地注释一下你的意图。

Go 语言的错误处理有特定的规律。进行错误检查之后，检测到失败的情况往往都在成功之前。如果检测到的失败导致函数返回，成功的逻辑一般不会放在 else 块中而是在外层的作用域中。函数会有一种通常的形式，就是在开头有一连串的检查用来返回错误，之后跟着实际的函数体一直到最后。

5.4.2　文件结束标识

通常，最终用户会对函数返回的多种错误感兴趣而不是中间涉及的程序逻辑。偶尔，一个程序必须针对不同各种类的错误采取不同的措施。考虑如果要从一个文件中读取 n 个字节的数据。如果 n 是文件本身的长度，任何错误都代表操作失败。另一方面，如果调用者反复

地尝试读取固定大小的块直到文件耗尽，调用者必须把读取到文件尾的情况区别于遇到其他错误的操作。为此，io 包保证任何由文件结束引起的读取错误，始终都将会得到一个与众不同的错误——io.EOF，它的定义如下：

```
package io

import "errors"

//当没有更多输入时，将会返回EOF
var EOF = errors.New("EOF")
```

调用者可以使用一个简单的比较操作来检测这种情况，在下面的循环中，不断从标准输入中读取字符。（4.3 节的 charcount 程序提供了一个更完整的示例。）

```
in := bufio.NewReader(os.Stdin)
for {
    r, _, err := in.ReadRune()
    if err == io.EOF {
        break // 结束读取
    }
    if err != nil {
        return fmt.Errorf("read failed: %v", err)
    }
    // ...使用 r...
}
```

除了反映这个实际情况外，因为文件结束的条件没有其他信息，所以 io.EOF 有一条固定的错误消息 "EOF"。对于其他错误，我们可能需要同时得到错误相关的本质原因和数量信息，因此一个固定的错误值并不能满足我们的需求。7.11 节将会呈现一个更加系统的方式以区分某个错误值。

5.5　函数变量

函数在 Go 语言中是头等重要的值：就像其他值，函数变量也有类型，而且它们可以赋给变量或者传递或者从其他函数中返回。函数变量可以像其他函数一样调用。比如：

```
func square(n int) int     { return n * n }
func negative(n int) int   { return -n }
func product(m, n int) int { return m * n }

f := square
fmt.Println(f(3)) // "9"

f = negative
fmt.Println(f(3))      // "-3"
fmt.Printf("%T\n", f) // "func(int) int"

f = product //编译错误：不能把类型 func(int, int) int 赋给 func(int) int
```

函数类型的零值是 nil（空值），调用一个空的函数变量将导致宕机。

```
var f func(int) int
f(3) // 宕机：调用空函数
```

函数变量可以和空值相比较：

```
var f func(int) int
if f != nil {
    f(3)
}
```

但它们本身不可比较，所以不可以互相进行比较或者作为键值出现在 map 中。

函数变量使得函数不仅将数据进行参数化，还将函数的行为当作参数进行传递。标准库中蕴含着大量的例子。比如，strings.Map 对字符串中的每一个字符使用一个函数，将结果连接起来变成另一个字符串。

```go
func add1(r rune) rune { return r + 1 }

fmt.Println(strings.Map(add1, "HAL-9000")) // "IBM.:111"
fmt.Println(strings.Map(add1, "VMS"))      // "WNT"

fmt.Println(strings.Map(add1, "Admix"))    // "Benjy"
```

5.2 节中的 findLinks 函数使用了一个辅助函数 visit，它访问 HTML 文档中所有的节点而后对每一个节点进行操作。使用函数变量，可以使得我们将每个节点的操作逻辑从遍历树形结构的逻辑中分开。下面通过不同的操作重用该遍历逻辑。

gopl.io/ch5/outline2

```go
// forEachNode 调用 pre(x) 和 post(x) 遍历以n为根的树中的每个节点x
// 两个函数是可选的
// pre 在子节点被访问前（前序）调用
// post 在访问后（后序）调用
func forEachNode(n *html.Node, pre, post func(n *html.Node)) {
    if pre != nil {
        pre(n)
    }

    for c := n.FirstChild; c != nil; c = c.NextSibling {
        forEachNode(c, pre, post)
    }

    if post != nil {
        post(n)
    }
}
```

这里 forEachNode 函数接受两个函数作为参数，一个在本节点所有子节点都被访问前调用，另一个则在之后。这样的代码组织给调用者提供了很多的灵活性。比如，函数 startElement 和 endElement 输出 HTML 元素的起始和结束标签，如 …：

```go
var depth int
func startElement(n *html.Node) {
    if n.Type == html.ElementNode {
        fmt.Printf("%*s<%s>\n", depth*2, "", n.Data)
        depth++
    }
}
func endElement(n *html.Node) {
    if n.Type == html.ElementNode {
        depth--
        fmt.Printf("%*s</%s>\n", depth*2, "", n.Data)
    }
}
```

这两个函数巧妙地利用 fmt.Printf 来缩进输出。%*s 中的 * 号输出带有可变数量空格的字符串。输出的宽度和字符串则由参数 depth*2 和 "" 提供。

如果对 HTML 文档调用 forEachNode 函数，比如：

```go
forEachNode(doc, startElement, endElement)
```

可以使之前的 outline 函数得到一个更加直观的输出。

```
$ go build gopl.io/ch5/outline2
$ ./outline2 http://gopl.io
<html>
  <head>
    <meta>
    </meta>
    <title>
    </title>
    <style>
    </style>
  </head>
  <body>
    <table>
      <tbody>
        <tr>
          <td>
            <a>
              <img>
              </img>
...
```

练习 5.7：开发 startElement 和 endElelment 函数并应用到一个通用的 HTML 输出代码中。输出注释节点、文本节点和所有元素属性（<a href='…'>）。当一个元素没有子节点时，使用简短的形式，比如 <img/> 而不是 <img></img>。写一个测试程序保证输出可以正确解析（参考第 11 章）。

练习 5.8：修改 forEachNode 使得 pre 和 post 函数返回一个布尔型的结果来确定遍历是否继续下去。使用它写一个函数 ElementByID，该函数使用下面的函数签名并且找到第一个符合 id 属性的 HTML 元素。函数在找到符合条件的元素时应该尽快停止遍历。

```
func ElementByID(doc *html.Node, id string) *html.Node
```

练习 5.9：写一个函数 expand(s string, f func(string)string)string，该函数替换参数 s 中每一个子字符串 "$foo" 为 f("foo") 的返回值。

5.6 匿名函数

命名函数只能在包级别的作用域进行声明，但我们能够使用函数字面量在任何表达式内指定函数变量。函数字面量就像函数声明，但在 func 关键字后面没有函数的名称。它是一个表达式，它的值称作匿名函数。

函数字面量在我们需要使用的时候才定义。就像下面这个例子，之前的函数调用 strings.Map 可以写成：

```
strings.Map(func(r rune) rune { return r + 1 }, "HAL-9000")
```

更重要的是，以这种方式定义的函数能够获取到整个词法环境，因此里层的函数可以使用外层函数中的变量，如下面这个示例所示：

gopl.io/ch5/squares
```
// squares 函数返回一个函数，后者包含下一次要用到的平方数
// the next square number each time it is called.
```

```go
func squares() func() int {
    var x int
    return func() int {
        x++
        return x * x
    }
}
func main() {
    f := squares()
    fmt.Println(f()) // "1"
    fmt.Println(f()) // "4"
    fmt.Println(f()) // "9"
    fmt.Println(f()) // "16"
}
```

函数 squares 返回了另一个函数，类型是 func() int。调用 squares 创建了一个局部变量 x 而且返回了一个匿名函数，每次调用 squares 都会递增 x 的值然后返回 x 的平方。第二次调用 squares 函数将创建第二个变量 x，然后返回一个递增 x 值的新匿名函数。

这个求平方的示例演示了函数变量不仅是一段代码还可以拥有状态。里层的匿名函数能够获取和更新外层 squares 函数的局部变量。这些隐藏的变量引用就是我们把函数归类为引用类型而且函数变量无法进行比较的原因。函数变量类似于使用闭包方法实现的变量，Go 程序员通常把函数变量称为闭包。

我们再一次看到这个例子里面变量的生命周期不是由它的作用域所决定的：变量 x 在 main 函数中返回 squares 函数后依旧存在（虽然 x 在这个时候是隐藏在函数变量 f 中的）。

在下面这个与学术课程相关的匿名函数例程中，考虑学习计算机科学课程的顺序，需要计算出学习每一门课程的先决条件。先决课程在下面的 prereqs 表中已经给出，其中给出了学习每一门课程必须提前完成的课程列表关系。

gopl.io/ch5/toposort
```go
// 反映了所有课程和先决课程的关系
var prereqs = map[string][]string{
    "algorithms": {"data structures"},
    "calculus":   {"linear algebra"},

    "compilers": {
        "data structures",
        "formal languages",
        "computer organization",
    },

    "data structures":       {"discrete math"},
    "databases":             {"data structures"},
    "discrete math":         {"intro to programming"},
    "formal languages":      {"discrete math"},
    "networks":              {"operating systems"},
    "operating systems":     {"data structures", "computer organization"},
    "programming languages": {"data structures", "computer organization"},
}
```

这样的问题是我们所熟知的拓扑排序。概念上，先决条件的内容构成一张有向图，每一个节点代表每一门课程，每一条边代表一门课程所依赖另一门课程的关系。图是无环的：没有节点可以通过图上的路径回到它自己。我们可以使用深度优先的搜索算法计算得到合法的学习路径，如以下代码所示：

```go
func main() {
    for i, course := range topoSort(prereqs) {
        fmt.Printf("%d:\t%s\n", i+1, course)
    }
}

func topoSort(m map[string][]string) []string {
    var order []string
    seen := make(map[string]bool)
    var visitAll func(items []string)
    visitAll = func(items []string) {
        for _, item := range items {
            if !seen[item] {
                seen[item] = true
                visitAll(m[item])
                order = append(order, item)
            }
        }
    }
    var keys []string
    for key := range m {
        keys = append(keys, key)
    }
    sort.Strings(keys)
    visitAll(keys)
    return order
}
```

当一个匿名函数需要进行递归，在这个例子中，必须先声明一个变量然后将匿名函数赋给这个变量。如果将两个步骤合并成一个声明，函数字面量将不能存在于 visitAll 变量的作用域中，这样也就不能递归地调用自己了。

```go
visitAll := func(items []string) {
    // ...
    visitAll(m[item]) // compile error: undefined: visitAll
    // ...
}
```

下面是拓扑排序的程序输出。它是确定的结果，得到令人满意的结果并不容易。在这里，prereqs 的值都是 slice 而不是 map，所以它们的迭代顺序是确定的并且我们在调用最初的 visitAll 之前将 prereqs 的键值进行了排序。

```
1:      intro to programming
2:      discrete math
3:      data structures
4:      algorithms
5:      linear algebra
6:      calculus
7:      formal languages
8:      computer organization
9:      compilers
10:     databases
11:     operating systems
12:     networks
13:     programming languages
```

回到 findLinks 例子。由于在第 8 章还需要用到它，因此我们将解析链接的函数 links.Extract 移动到它自己的包中。我们将原本的 visit 函数替换为匿名函数，并直接放到存放链接的 slice 之后，然后用 forEachNode 处理递归。因为 Extract 函数只需要 pre 函数，所以把 post 部分的参数填 nil。

gopl.io/ch5/links

```go
// link 包提供了解析链接的函数
package links

import (
    "fmt"
    "net/http"

    "golang.org/x/net/html"
)

// Extract 函数向给定URL发起 HTTP GET 请求
// 解析HTML并返回HTML文档中存在的链接
func Extract(url string) ([]string, error) {
    resp, err := http.Get(url)
    if err != nil {
        return nil, err
    }
    if resp.StatusCode != http.StatusOK {
        resp.Body.Close()
        return nil, fmt.Errorf("getting %s: %s", url, resp.Status)
    }

    doc, err := html.Parse(resp.Body)
    resp.Body.Close()
    if err != nil {
        return nil, fmt.Errorf("parsing %s as HTML: %v", url, err)
    }

    var links []string
    visitNode := func(n *html.Node) {
        if n.Type == html.ElementNode && n.Data == "a" {
            for _, a := range n.Attr {
                if a.Key != "href" {
                    continue
                }
                link, err := resp.Request.URL.Parse(a.Val)
                if err != nil {
                    continue // 忽略不合法的 URL
                }
                links = append(links, link.String())
            }
        }
    }
    forEachNode(doc, visitNode, nil)
    return links, nil
}
```

在这个版本里，我们并不是直接把 href 原封不动地添加到存放链接的 slice 中，而是将它解析成基于当前文档的相对路径 resp.Request.URL。结果的链接是绝对路径的形式，非常适用于调用函数 http.Get。

网页爬虫的核心是解决图的遍历。拓扑排序的示例展示了深度优先遍历；对于网络爬虫，我们使用广度优先遍历。第 8 章将探索并发遍历。

下面的示例函数展示了广度优先遍历的精髓。调用者提供一个初始列表 worklist，它包含要访问的项和一个函数变量 f 用来处理每一个项。每一个项用字符串来识别。函数 f 将返回一个新的项列表，其中包含需要新添加到 worklist 中的项。breadthFirst 函数将在所有节点项都被访问后返回。它需要维护一个字符串集合用来保证每个节点只访问一次。

gopl.io/ch5/findlinks3

```
// breadthFirst 对每个worklist元素调用f
// 并将返回的内容添加到worklist中, 对每一个元素, 最多调用一次f
// f is called at most once for each item.
func breadthFirst(f func(item string) []string, worklist []string) {
    seen := make(map[string]bool)
    for len(worklist) > 0 {
        items := worklist
        worklist = nil
        for _, item := range items {
            if !seen[item] {
                seen[item] = true
                worklist = append(worklist, f(item)...)
            }
        }
    }
}
```

就像第 4 章介绍过的, 参数"`f(item)...`"将会把 f 返回的列表中的所有项添加到 worklist 中。

在爬虫里, 项节点都是 URL。我们提供 crawl 函数给 breadthFirst 以输出 URL, 解析链接然后将它们返回, 标记为已访问。

```
func crawl(url string) []string {
    fmt.Println(url)
    list, err := links.Extract(url)
    if err != nil {
        log.Print(err)
    }
    return list
}
```

为了让爬虫开始工作, 我们使用命令行参数指定开始的 URL。

```
func main() {
    // 开始广度遍历
    // 从命令行参数开始
    breadthFirst(crawl, os.Args[1:])
}
```

我们从 `https://golang.org` 开始爬网页。这里是一些输出的链接:

```
$ go build gopl.io/ch5/findlinks3
$ ./findlinks3 https://golang.org
https://golang.org/
https://golang.org/doc/
https://golang.org/pkg/
https://golang.org/project/
https://code.google.com/p/go-tour/
https://golang.org/doc/code.html
https://www.youtube.com/watch?v=XCsL89YtqCs
http://research.swtch.com/gotour
https://vimeo.com/53221560
...
```

整个过程将在所有可到达的网页被访问到或者内存耗尽时结束。

练习 5.10 : 重写 topoSort 以使用 map 代替 slice 并去掉开头的排序。结果不是唯一的, 验证这个结果是合法的拓扑排序。

练习 5.11：现在有"线性代数"（linear algebra）这门课程，它的先决课程是微积分（calculus）。扩展 topoSort 以函数输出结果。

练习 5.12：5.5 节（gopl.io/ch5/outline2）的 startElement 和 endElement 函数共享一个全局变量 depth。把它们变为匿名函数以共享 outline 函数的一个局部变量。

练习 5.13：修改 crawl 函数保存找到的页面，根据需要创建目录。不要保存不同域名下的页面。比如，如果本来的页面来自 golang.org，那么就把它们保存下来但是不要保存 vimeo.com 下的页面。

练习 5.14：使用广度优先遍历搜索一个不同的拓扑结构。比如，你可以借鉴拓扑排序的例子（有向图）里的课程依赖关系，计算机文件系统的分层结构（树形结构），或者从当前城市的官方网站上下载公共汽车或者地铁线路图（无向图）。

警告：捕获迭代变量

在这一节，我们将看到 Go 语言的词法作用域规则的陷阱，有时会得到令你吃惊的结果。我们强烈建议你先理解这个问题再进行下一节的阅读，因为即使是有经验的程序员也会掉入这些陷阱。

假设一个程序必须创建一系列的目录之后又会删除它们。可以使用一个包含函数变量的 slice 进行清理操作。（这个示例中省略了所有的错误处理逻辑。）

```go
var rmdirs []func()
for _, d := range tempDirs() {
    dir := d                 // 注意，这一行是必需的
    os.MkdirAll(dir, 0755) // 也创建父目录
    rmdirs = append(rmdirs, func() {
        os.RemoveAll(dir)
    })
}

// ...这里做一些处理...

for _, rmdir := range rmdirs {
    rmdir() //清理
}
```

你可能会奇怪，为什么在循环体内将循环变量赋给一个新的局部变量 dir，而不是在下面这个略有错误的变体中直接使用循环变量 dir。

```go
var rmdirs []func()
for _, dir := range tempDirs() {
    os.MkdirAll(dir, 0755)
    rmdirs = append(rmdirs, func() {
        os.RemoveAll(dir) // 不正确
    })
}
```

这个原因是循环变量的作用域的规则限制。在上面的程序中，dir 在 for 循环引进的一个块作用域内进行声明。在循环里创建的所有函数变量共享相同的变量—— 一个可访问的存储位置，而不是固定的值。dir 变量的值在不断地迭代中更新，因此当调用清理函数时，dir 变量已经被每一次的 for 循环更新多次。因此，dir 变量的实际取值是最后一次迭代时的值并且所有的 os.RemoveAll 调用最终都试图删除同一个目录。

我们经常引入一个内部变量来解决这个问题，就像 dir 变量是一个和外部变量同名的变

量，只不过是一个副本，这看起来有些奇怪却是一个关键性的声明：

```
for _, dir := range tempDirs() {
    dir := dir // 声明内部 dir, 并以外部 dir 初始化
    // ...
}
```

这样的隐患不仅仅存在于使用 range 的 for 循环里。在下面的循环中也面临由于无意间捕获的索引变量 i 而导致的同样问题。

```
var rmdirs []func()
dirs := tempDirs()
for i := 0; i < len(dirs); i++ {
    os.MkdirAll(dirs[i], 0755) // OK
    rmdirs = append(rmdirs, func() {
        os.RemoveAll(dirs[i]) // 不正确
    })
}
```

在 go 语句（参考第 8 章）和 defer 语句（稍后会看到）的使用当中，迭代变量捕获的问题是最频繁的，这是因为这两个逻辑都会推迟函数的执行时机，直到循环结束。但是这个问题并不是由 go 或者 defer 语句造成的。

5.7 变长函数

变长函数被调用的时候可以有可变的参数个数。最令人熟知的例子就是 fmt.Printf 与其变种。Printf 需要在开头提供一个固定的参数，后续便可以接受任意数目的参数。

在参数列表最后的类型名称之前使用省略号 "…" 表示声明一个变长函数，调用这个函数的时候可以传递该类型任意数目的参数。

gopl.io/ch5/sum
```
func sum(vals ...int) int {
    total := 0
    for _, val := range vals {
        total += val
    }
    return total
}
```

上面这个 sum 函数返回零个或者多个 int 参数。在函数体内，vals 是一个 int 类型的 slice。调用 sum 的时候任何数量的参数都将提供给 vals 参数。

```
fmt.Println(sum())          // "0"
fmt.Println(sum(3))         // "3"
fmt.Println(sum(1, 2, 3, 4)) // "10"
```

调用者显式地申请一个数组，将实参复制给这个数组，并把一个数组 slice 传递给函数。上面的最后一个调用和下面的调用的作用是一样的，它展示了当实参已经存在于一个 slice 中的时候如何调用一个变长函数：在最后一个参数后面放一个省略号。

```
values := []int{1, 2, 3, 4}
fmt.Println(sum(values...)) // "10"
```

尽管 ...int 参数就像函数体内的 slice，但变长函数的类型和一个带有普通 slice 参数的函数的类型不相同。

```
func f(...int) {}
func g([]int)  {}
```

```
fmt.Printf("%T\n", f) // "func(...int)"
fmt.Printf("%T\n", g) // "func([]int)"
```

变长函数通常用于格式化字符串。下面的 errorf 函数构建一条格式化的错误消息，在消息的开头带有行号。函数的后缀 f 是广泛使用的命名习惯，用于可变长 Printf 风格的字符串格式化输出函数。

```
func errorf(linenum int, format string, args ...interface{}) {
    fmt.Fprintf(os.Stderr, "Line %d: ", linenum)
    fmt.Fprintf(os.Stderr, format, args...)
    fmt.Fprintln(os.Stderr)
}

linenum, name := 12, "count"
errorf(linenum, "undefined: %s", name) // "Line 12: undefined: count"
```

interface{} 类型意味着这个函数的最后一个参数可以接受任何值，第 7 章将解释它的用法。

练习 5.15： 模仿 sum 写两个变长函数 max 和 min。当不带任何参数调用这些函数时应该怎么应对？编写类似函数的变种，要求至少需要一个参数。

练习 5.16： 写一个变长版本的 strings.Join 函数。

练习 5.17： 写一个变长函数 ElementsByTagname，已知一个 HTML 节点树和零个或多个名字，返回所有符合给出名字的元素。下面有两个示例调用：

```
func ElementsByTagName(doc *html.Node, name ...string) []*html.Node

images := ElementsByTagName(doc, "img")
headings := ElementsByTagName(doc, "h1", "h2", "h3", "h4")
```

5.8 延迟函数调用

findLinks 示例使用 http.Get 的输出作为 html.Parse 的输入。如果请求的 URL 是 HTML 那么它一定会正常工作，但是许多页面包含图片、文字和其他文件格式。如果让 HTML 解析器去解析这类文件可能会发生意料外的状况。

下面的程序获取一个 HTML 文档然后输出它的标题。title 函数检测从服务器端回的 Content-Type 头部，如果文档不是 HTML 则返回错误。

gopl.io/ch5/title1
```
func title(url string) error {
    resp, err := http.Get(url)
    if err != nil {
        return err
    }

    // 检查 Content-Type 是 HTML (如 "text/html; charset=utf-8")
    ct := resp.Header.Get("Content-Type")
    if ct != "text/html" && !strings.HasPrefix(ct, "text/html;") {
        resp.Body.Close()
        return fmt.Errorf("%s has type %s, not text/html", url, ct)
    }

    doc, err := html.Parse(resp.Body)
    resp.Body.Close()
    if err != nil {
        return fmt.Errorf("parsing %s as HTML: %v", url, err)
    }
```

```
    doc, err := html.Parse(resp.Body)
    resp.Body.Close()
    if err != nil {
        return fmt.Errorf("parsing %s as HTML: %v", url, err)
    }

    visitNode := func(n *html.Node) {
        if n.Type == html.ElementNode && n.Data == "title" &&
            n.FirstChild != nil {
            fmt.Println(n.FirstChild.Data)
        }
    }
    forEachNode(doc, visitNode, nil)
    return nil
}
```

下面是稍稍编辑后的命令行会话示例：

```
$ go build gopl.io/ch5/title1
$ ./title1 http://gopl.io
The Go Programming Language
$ ./title1 https://golang.org/doc/effective_go.html
Effective Go - The Go Programming Language
$ ./title1 https://golang.org/doc/gopher/frontpage.png
title: https://golang.org/doc/gopher/frontpage.png
    has type image/png, not text/html
```

观察重复的 resp.Body.Close() 调用，它保证 title 函数在任何执行路径下都会关闭网络连接，包括发生错误的情况。随着函数变得越来越复杂，并且需要处理更多的错误情况，这样一种重复的清理动作会造成之后的维护问题。我们看看 Go 语言的 defer 机制怎样让这些工作变得更简单。

语法上，一个 defer 语句就是一个普通的函数或方法调用，在调用之前加上关键字 defer。函数和参数表达式会在语句执行时求值，但是无论是正常情况下，执行 return 语句或函数执行完毕，还是不正常的情况下，比如发生宕机，实际的调用推迟到包含 defer 语句的函数结束后才执行。defer 语句没有限制使用次数；执行的时候以调用 defer 语句顺序的倒序进行。

defer 语句经常使用于成对的操作，比如打开和关闭，连接和断开，加锁和解锁，即使是再复杂的控制流，资源在任何情况下都能够正确释放。正确使用 defer 语句的地方是在成功获得资源之后。在下面的 title 函数，一个推迟的调用替换了先前的 resp.Body.Close() 调用：

gopl.io/ch5/title2
```
func title(url string) error {
    resp, err := http.Get(url)
    if err != nil {
        return err
    }
    defer resp.Body.Close()

    ct := resp.Header.Get("Content-Type")
    if ct != "text/html" && !strings.HasPrefix(ct, "text/html;") {
        return fmt.Errorf("%s has type %s, not text/html", url, ct)
    }

    doc, err := html.Parse(resp.Body)
    if err != nil {
        return fmt.Errorf("parsing %s as HTML: %v", url, err)
    }
```

```
    // ...输出文档的标题元素...
    return nil
}
```

同样的方法可以使用在其他资源（包括网络连接）上，比如关闭一个打开的文件：

io/ioutil
```
package ioutil

func ReadFile(filename string) ([]byte, error) {
    f, err := os.Open(filename)
    if err != nil {
        return nil, err
    }
    defer f.Close()
    return ReadAll(f)
}
```

或者解锁一个互斥锁（参考 9.2 节）：

```
var mu sync.Mutex
var m = make(map[string]int)
func lookup(key string) int {
    mu.Lock()
    defer mu.Unlock()
    return m[key]
}
```

defer 语句也可以用来调试一个复杂的函数，即在函数的"入口"和"出口"处设置调试行为。下面的 bigSlowOperation 函数在开头调用 trace 函数，在函数刚进入的时候执行输出，然后返回一个函数变量，当其被调用的时候执行退出函数的操作。以这种方式推迟返回函数的调用，我们可以使用一个语句在函数入口和所有出口添加处理，甚至可以传递一些有用的值，比如每个操作的开始时间。但别忘了 defer 语句末尾的圆括号，否则入口的操作会在函数退出时执行而出口的操作永远不会调用！

gopl.io/ch5/trace
```
func bigSlowOperation() {
    defer trace("bigSlowOperation")() // 别忘记这对圆括号
    // ...这里是一些处理...
    time.Sleep(10 * time.Second) // 通过休眠仿真慢操作
}

func trace(msg string) func() {
    start := time.Now()
    log.Printf("enter %s", msg)
    return func() { log.Printf("exit %s (%s)", msg, time.Since(start)) }
}
```

每次调用 bigSlowOperation，它会记录进入函数入口和出口的时间与两者之间的时间差。（我们使用 time.Sleep 来模拟一个长时间的操作。）

```
$ go build gopl.io/ch5/trace
$ ./trace
2015/11/18 09:53:26 enter bigSlowOperation
2015/11/18 09:53:36 exit bigSlowOperation (10.000589217s)
```

延迟执行的函数在 return 语句之后执行，并且可以更新函数的结果变量。因为匿名函数可以得到其外层函数作用域内的变量（包括命名的结果），所以延迟执行的匿名函数可以观察到函数的返回结果。

考虑下面的函数 double:

```go
func double(x int) int {
    return x + x
}
```

通过命名结果变量和增加 defer 语句，我们能够在每次调用函数的时候输出它的参数和结果。

```go
func double(x int) (result int) {
    defer func() { fmt.Printf("double(%d) = %d\n", x, result) }()
    return x + x
}

_ = double(4)
// 输出:
// "double(4) = 8"
```

这个技巧的使用相比之前的 double 函数来说有些过了，但对于有很多返回语句的函数来说很有帮助。

延迟执行的匿名函数能够改变外层函数返回给调用者的结果:

```go
func triple(x int) (result int) {
    defer func() { result += x }()
    return double(x)
}

fmt.Println(triple(4)) // "12"
```

因为延迟的函数不到函数的最后一刻是不会执行的。要注意循环里 defer 语句的使用。下面的这段代码就可能会用尽所有的文件描述符，这是因为处理完成后却没有文件关闭。

```go
for _, filename := range filenames {
    f, err := os.Open(filename)
    if err != nil {
        return err
    }
    defer f.Close() // 注意: 可能会用尽文件描述符
    // ...处理文件 f...
}
```

一种解决的方式是将循环体（包括 defer 语句）放到另一个函数里，每此循环迭代都会调用文件关闭函数。

```go
for _, filename := range filenames {
    if err := doFile(filename); err != nil {
        return err
    }
}

func doFile(filename string) error {
    f, err := os.Open(filename)
    if err != nil {
        return err
    }
    defer f.Close()
    // ...处理文件 f...
}
```

下面这个例子是改进过的 fetch 程序（参见 1.5 节），将 HTTP 的响应写到本地文件中而

不是直接显示在标准输出中。它使用 path.Base 函数获得 URL 路径最后的一个组成部分作为
文件名。

gopl.io/ch5/fetch

```go
// Fetch 下载 URL 并返回本地文件的名字和长度
func fetch(url string) (filename string, n int64, err error) {
    resp, err := http.Get(url)
    if err != nil {
        return "", 0, err
    }
    defer resp.Body.Close()

    local := path.Base(resp.Request.URL.Path)
    if local == "/" {
        local = "index.html"
    }
    f, err := os.Create(local)
    if err != nil {
        return "", 0, err
    }
    n, err = io.Copy(f, resp.Body)
    // 关闭文件，并保留错误消息
    if closeErr := f.Close(); err == nil {
        err = closeErr
    }
    return local, n, err
}
```

现在应该熟悉延迟调用的 resp.Body.Close 了。在这个例程中，如果试图使用延迟调用
f.Close 去关闭一个本地文件就会有些问题，因为 os.Create 打开了一个文件对其进行写入、
创建。在许多文件系统中，尤其是 NFS，写错误往往不是立即返回而是推迟到文件关闭的
时候。如果无法检查关闭操作的结果，就会导致一系列的数据丢失。然而，如果 io.Copy 和
f.Close 同时失败，我们更加倾向于报告 io.Copy 的错误，因为它发生在前，更有可能告诉我
们失败的原因是什么。

练习 5.18：不改变原本的行为，重写 fetch 函数以使用 defer 语句关闭打开的可写的文件。

5.9　宕机

Go 语言的类型系统会捕获许多编译时错误，但有些其他的错误（比如数组越界访问或
者解引用空指针）都需要在运行时进行检查。当 Go 语言运行时检测到这些错误，它就会发
生宕机。

一个典型的宕机发生时，正常的程序执行会终止，goroutine 中的所有延迟函数会执行，
然后程序会异常退出并留下一条日志消息。日志消息包括宕机的值，这往往代表某种错误
消息，每一个 goroutine 都会在宕机的时候显示一个函数调用的栈跟踪消息。通常可以借助
这条日志消息来诊断问题的原因而不需要再一次运行该程序，因此报告一个发生宕机的程序
bug 时，总是会加上这条消息。

并不是所有宕机都是在运行时发生的。可以直接调用内置的宕机函数；内置的宕机函数
可以接受任何值作为参数。如果碰到"不可能发生"的状况，宕机是最好的处理方式，比如
语句执行到逻辑上不可能到达的地方时：

```
switch s := suit(drawCard()); s {
case "Spades":   // ...
case "Hearts":   // ...
case "Diamonds": // ...
case "Clubs":    // ...
default:
    panic(fmt.Sprintf("invalid suit %q", s)) // 宕机了吗
}
```

设置函数的断言是一个良好的习惯，但是这也会带来多余的检查。除非你能够提供有效的错误消息或者能够很快地检测出错误，否则在运行时检测断言条件就毫无意义。

```
func Reset(x *Buffer) {
    if x == nil {
        panic("x is nil") // 没必要
    }
    x.elements = nil
}
```

尽管 Go 语言的宕机机制和其他语言的异常很相似，但宕机的使用场景不尽相同。由于宕机会引起程序异常退出，因此只有在发生严重的错误时才会使用宕机，比如遇到与预想的逻辑不一致的代码；用心的程序员会将所有可能会发生异常退出的情况考虑在内以证实 bug 的存在。强健的代码会优雅地处理"预期的"错误，比如错误的输入、配置或者 I/O 失败等；这时最好能够使用错误值来加以区分。

考虑函数 regexp.Compile，它编译了一个高效的正则表达式。如果调用时给的模式参数不合法则会报错，但是检查这个错误本身没有必要且相当烦琐，因为调用者知道这个特定的调用是不会失败的。在此情况下，使用宕机来处理这种不可能发生的错误是比较合理的。

由于大部分的正则表达式是字面量，因此 regexp 包提供了一个包装函数 regexp.MustCompile 进行这个检查：

```
package regexp
func Compile(expr string) (*Regexp, error) { /* ... */ }
func MustCompile(expr string) *Regexp {
    re, err := Compile(expr)
    if err != nil {
        panic(err)
    }
    return re
}
```

包装函数使得初始化一个包级别的正则表达式变量（带有一个编译的正则表达式）变得更加方便，如下所示：

```
var httpSchemeRE = regexp.MustCompile(`^https?:`) // "http:"或"https:"
```

当然，MustCompile 不应该接收到不正确的值。前缀 Must 是这类函数一个通用的命名习惯，比如 4.6 节介绍的 template.Must。

当宕机发生时，所有的延迟函数以倒序执行，从栈最上面的函数开始一直返回至 main 函数，如下面的程序所示：

gopl.io/ch5/defer1
```
func main() {
    f(3)
}
```

```
func f(x int) {
    fmt.Printf("f(%d)\n", x+0/x) // panics if x ==0则发生宕机
    defer fmt.Printf("defer %d\n", x)
    f(x - 1)
}
```

运行的时候，程序会输出下面的内容到标准输出。

```
f(3)
f(2)
f(1)
defer 1
defer 2
defer 3
```

当调用 f(0) 的时候会发生宕机，会执行三个延迟的 fmt.Printf 调用。之后，运行时终止了这个程序，输出宕机消息与一个栈转储信息到标准错误流（输出内容有省略）。

```
panic: runtime error: integer divide by zero
main.f(0)
        src/gopl.io/ch5/defer1/defer.go:14
main.f(1)
        src/gopl.io/ch5/defer1/defer.go:16
main.f(2)
        src/gopl.io/ch5/defer1/defer.go:16
main.f(3)
        src/gopl.io/ch5/defer1/defer.go:16
main.main()
        src/gopl.io/ch5/defer1/defer.go:10
```

之后会看到，函数是可以从宕机状态恢复至正常运行状态而不让程序退出。

runtime 包提供了转储栈的方法使程序员可以诊断错误。下面代码在 main 函数中延迟 printStack 的执行：

gopl.io/ch5/defer2

```
func main() {
    defer printStack()
    f(3)
}
func printStack() {
    var buf [4096]byte
    n := runtime.Stack(buf[:], false)
    os.Stdout.Write(buf[:n])
}
```

下面的额外信息（同样经过简化处理）输出到标准输出中：

```
goroutine 1 [running]:
main.printStack()
    src/gopl.io/ch5/defer2/defer.go:20
main.f(0)
    src/gopl.io/ch5/defer2/defer.go:27
main.f(1)
    src/gopl.io/ch5/defer2/defer.go:29
main.f(2)
    src/gopl.io/ch5/defer2/defer.go:29
main.f(3)
    src/gopl.io/ch5/defer2/defer.go:29
main.main()
    src/gopl.io/ch5/defer2/defer.go:15
```

熟悉其他语言的异常机制的读者可能会对 runtime.Stack 能够输出函数栈信息感到吃惊，因为栈应该已经不存在了。但事实上，Go 语言的宕机机制让延迟执行的函数在栈清理之前调用。

5.10 恢复

退出程序通常是正确处理宕机的方式，但也有例外。在一定情况下是可以进行恢复的，至少有时候可以在退出前理清当前混乱的情况。比如，当 Web 服务器遇到一个未知错误时，可以先关闭所有连接，这总比让客户端阻塞在那里要好，而在开发过程中，也可以向客户端汇报当前遇到的错误。

如果内置的 recover 函数在延迟函数的内部调用，而且这个包含 defer 语句的函数发生宕机，recover 会终止当前的宕机状态并且返回宕机的值。函数不会从之前宕机的地方继续运行而是正常返回。如果 recover 在其他任何情况下运行则它没有任何效果且返回 nil。

为了说明这一点，假设我们开发一种语言的解析器。即使它看起来运行正常，但考虑到工作的复杂性，还是会存在只在特殊情况下发生的 bug。我们在这时会更喜欢将本该宕机的错误看作一个解析错误，不要立即终止运行，而是将一些有用的附加消息提供给用户来报告这个 bug。

```go
func Parse(input string) (s *Syntax, err error) {
    defer func() {
        if p := recover(); p != nil {
            err = fmt.Errorf("internal error: %v", p)
        }
    }()
    // ...解析器...
}
```

Parse 函数中的延迟函数会从宕机状态恢复，并使用宕机值组成一条错误消息；理想的写法是使用 runtime.Stack 将整个调用栈包含进来。延迟函数则将错误赋给 err 结果变量，从而返回给调用者。

对于宕机采用无差别的恢复措施是不可靠的，因为宕机后包内变量的状态往往没有清晰的定义和解释。可能是对某个关键数据结构的更新错误，文件或网络连接打开而未关闭，或者获得了锁却没有释放。长此以往，把异常退出变为简单地输出一条日志会使真正的 bug 难于发现。

从同一个包内发生的宕机进行恢复有助于简化处理复杂和未知的错误，但一般的原则是，你不应该尝试去恢复从另一个包内发生的宕机。公共的 API 应当直接报告错误。同样，你也不应该恢复一个宕机，而这段代码却不是由你来维护的，比如调用者提供的回调函数，因为你不清楚这样做是否安全。

举个例子，net/http 包提供一个 Web 服务器，后者能够把请求分配给用户定义的处理函数。与其让这些处理函数中的宕机使得整个进程退出，不如让服务器调用 recover，输出栈跟踪信息，然后继续工作。但是这样使用会有一定的风险，比如导致资源泄露或使失败的处理函数处于未定义的状态从而导致其他问题。

出于上面的原因，最安全的做法还是要选择性地使用 recover。换句话说，在宕机过后需要进行恢复的情况本来就不多。可以通过使用一个明确的、非导出类型作为宕机值，之后检测 recover 的返回值是否是这个类型（后面会看到这个例子）。如果是这个类型，可以像普通的 error 那样处理宕机；如果不是，使用同一个参数调用 panic 以继续触发宕机。

下面的例子是 title 程序的变体，如果 HTML 文档包含多个 <title> 元素则会报错。如果这样，程序会通过调用 panic 并传递一个特殊的类型 bailout 作为参数退出递归。

gopl.io/ch5/title3

```
// soleTitle 返回文档中第一个非空标题元素
// 如果没有标题则返回错误
func soleTitle(doc *html.Node) (title string, err error) {
    type bailout struct{}

    defer func() {
        switch p := recover(); p {
        case nil:
            // 没有宕机
        case bailout{}:
            // "预期的"宕机
            err = fmt.Errorf("multiple title elements")
        default:
            panic(p) // 未预期的宕机；继续宕机过程
        }
    }()

    // 如果发现多余一个非空标题，退出递归
    forEachNode(doc, func(n *html.Node) {
        if n.Type == html.ElementNode && n.Data == "title" &&
            n.FirstChild != nil {
            if title != "" {
                panic(bailout{}) // 多个标题元素
            }
            title = n.FirstChild.Data
        }
    }, nil)
    if title == "" {
        return "", fmt.Errorf("no title element")
    }
    return title, nil
}
```

延迟的处理函数调用 recover，检查宕机值，如果该值是 bailout{} 则返回一个普通的错误。所有其他非空的值则说明是预料外的宕机，这时处理函数使用这个值作为参数调用 panic，忽略 recover 的作用并且继续之前的宕机状态（这个示例虽然违反了宕机不处理"预期"错误的建议，但是它简洁地展现了这种机制）。

有些情况下是没有恢复动作的。比如，内存耗尽使得 Go 运行时发生严重错误而直接终止进程。

练习 5.19：使用 panic 和 recover 写一个函数，它没有 return 语句，但是能够返回一个非零的值。

方　　法

从 20 世纪 90 年代初开始，面向对象编程（OOP）的编程思想就已经在工业领域和教学领域占据了主导位置，而且几乎所有广泛应用的编程语言都支持了这种思想。Go 语言也不例外。

尽管没有统一的面向对象编程的定义，对我们来说，对象就是简单的一个值或者变量，并且拥有其方法，而方法是某种特定类型的函数。面向对象编程就是使用方法来描述每个数据结构的属性和操作，于是，使用者不需要了解对象本身的实现。

在之前的章节，我们了解了标准库中方法的常规使用方法，比如 time.Duration 类型的 Seconds 方法。

```
const day = 24 * time.Hour
fmt.Println(day.Seconds()) // "86400"
```

而且 2.5 节定义了我们自己的一个方法，为 Celsius 类型定义了 String 方法：

```
func (c Celsius) String() string { return fmt.Sprintf("%g°C", c) }
```

在这一章中，首先我们要学习如何基于面向对象编程思想，从而更有效地定义和使用方法。我们也会讲到两个关键的原则：封装和组合。

6.1　方法声明

方法的声明和普通函数的声明类似，只是在函数名字前面多了一个参数。这个参数把这个方法绑定到这个参数对应的类型上。

让我们现在尝试在一个与平面几何相关的包中写第一个方法：

gopl.io/ch6/geometry
```
package geometry

import "math"

type Point struct{ X, Y float64 }

// 普通的函数
func Distance(p, q Point) float64 {
    return math.Hypot(q.X-p.X, q.Y-p.Y)
}

// Point类型的方法
func (p Point) Distance(q Point) float64 {
    return math.Hypot(q.X-p.X, q.Y-p.Y)
}
```

附加的参数 p 称为方法的接收者，它源自早先的面向对象语言，用来描述主调方法就像向对象发送消息。

Go 语言中，接收者不使用特殊名（比如 this 或者 self）；而是我们自己选择接收者名字，就像其他的参数变量一样。由于接收者会频繁地使用，因此最好能够选择简短且在整个方法中名称始终保持一致的名字。最常用的方法就是取类型名称的首字母，就像 Point 中的 p。

　　调用方法的时候，接收者在方法名的前面。这样就和声明保持一致。

```
p := Point{1, 2}
q := Point{4, 6}
fmt.Println(Distance(p, q)) // "5", 函数调用
fmt.Println(p.Distance(q))  // "5", 方法调用
```

　　上面两个 Distance 函数声明没有冲突。第一个声明一个包级别的函数（称为 geometry.Distance）。第二个声明一个类型 Point 的方法，因此它的名字是 Point.Distance。

　　表达式 p.Distance 称作选择子（selector），因为它为接收者 p 选择合适的 Distance 方法。选择子也用于选择结构类型中的某些字段值，就像 p.X 中的字段值。由于方法和字段来自于同一个命名空间，因此在 Point 结构类型中声明一个叫作 X 的方法会与字段 X 冲突，编译器会报错。

　　因为每一个类型有它自己的命名空间，所以我们能够在其他不同的类型中使用名字 Distance 作为方法名。定义一个 Path 类型表示一条线段，同样也使用 Distance 作为方法名。

```
// Path 是连接多个点的直线段
type Path []Point
// Distance 方法返回路径的长度
func (path Path) Distance() float64 {
    sum := 0.0
    for i := range path {
        if i > 0 {
            sum += path[i-1].Distance(path[i])
        }
    }
    return sum
}
```

　　Path 是一个命名的 slice 类型，而非 Point 这样的结构体类型，但我们依旧可以给它定义方法。Go 和许多其他面向对象的语言不同，它可以将方法绑定到任何类型上。可以很方便地为简单的类型（如数字、字符串、slice、map，甚至函数等）定义附加的行为。同一个包下的任何类型都可以声明方法，只要它的类型既不是指针类型也不是接口类型。

　　这两个 Distance 方法拥有不同的类型。它们彼此无关，尽管 Path.Distance 在内部使用 Point.Distance 来计算线段相邻点之间的距离。

　　调用这个新的方法计算右边三角形的周长。

```
perim := Path{
    {1, 1},
    {5, 1},
    {5, 4},
    {1, 1},
}
fmt.Println(perim.Distance()) // "12"
```

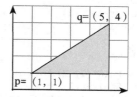

　　上面两个 Distance 方法调用中，编译器会通过方法名和接收者的类型决定调用哪一个函数。在第一个示例中，path[i-1] 是 Point 类型，因此调用 Point.Distance；在第二个示例，perim 是 Path 类型，因此调用 Path.Distance。

　　类型拥有的所有方法名都必须是唯一的，但不同的类型可以使用相同的方法名，比如 Point 和 Path 类型的 Distance 方法；也没有必要使用附加的字段来修饰方法名（比如，PathDistance）以示区别。这里我们可以看到使用方法的第一个好处：命名可以比函数更简

短。在包的外部进行调用的时候，方法能够使用更加简短的名字且省略包的名字：

```
import "gopl.io/ch6/geometry"

perim := geometry.Path{{1, 1}, {5, 1}, {5, 4}, {1, 1}}
fmt.Println(geometry.PathDistance(perim)) // "12", 独立函数
fmt.Println(perim.Distance())             // "12", geometry.Path的方法
```

6.2 指针接收者的方法

由于主调函数会复制每一个实参变量，如果函数需要更新一个变量，或者如果一个实参太大而我们希望避免复制整个实参，因此我们必须使用指针来传递变量的地址。这也同样适用于更新接收者：我们将它绑定到指针类型，比如 *Point。

```
func (p *Point) ScaleBy(factor float64) {
    p.X *= factor
    p.Y *= factor
}
```

这个方法的名字是 (*Point).ScaleBy。圆括号是必需的；没有圆括号，表达式会被解析为 *(Point.ScaleBy)。

在真实的程序中，习惯上遵循如果 Point 的任何一个方法使用指针接收者，那么所有的 Point 方法都应该使用指针接收者，即使有些方法并不一定需要。我们在 Point 中打破了这个习惯只为了方便展示方法的不同使用方法。

命名类型（Point）与指向它们的指针（*Point）是唯一可以出现在接收者声明处的类型。而且，为防止混淆，不允许本身是指针的类型进行方法声明：

```
type P *int
func (P) f() { /* ... */ } // 编译错误：非法的接收者类型
```

通过提供 *Point 能够调用 (*Point).ScaleBy 方法，比如：

```
r := &Point{1, 2}
r.ScaleBy(2)
fmt.Println(*r) // "{2, 4}"
```

或者：

```
p := Point{1, 2}
pptr := &p
pptr.ScaleBy(2)
fmt.Println(p) // "{2, 4}"
```

或者：

```
p := Point{1, 2}
(&p).ScaleBy(2)
fmt.Println(p) // "{2, 4}"
```

但是最后两个用法虽然看上去比较别扭，但也是合法的。如果接收者 p 是 Point 类型的变量，但方法要求一个 *Point 接收者，我们可以使用简写：

```
p.ScaleBy(2)
```

实际上编译器会对变量进行 &p 的隐式转换。只有变量才允许这么做，包括结构体字段，像 p.X 和数组或者 slice 的元素，比如 perim[0]。不能够对一个不能取地址的 Point 接收者参数调用 *Point 方法，因为无法获取临时变量的地址。

```
Point{1, 2}.ScaleBy(2) // 编译错误: 不能获得 Point 类型字面量的地址
```

但是如果实参接收者是 *Point 类型, 以 Point.Distance 的方式调用 Point 类型的方法是合法的, 因为我们有办法从地址中获取 Point 的值; 只要解引用指向接收者的指针值即可。编译器自动插入一个隐式的 * 操作符。下面两个函数的调用效果是一样的:

```
pptr.Distance(q)
(*pptr).Distance(q)
```

让我们总结一下这些例子, 因为经常容易弄错。在合法的方法调用表达式中, 只有符合下面三种形式的语句才能够成立。

实参接收者和形参接收者是同一个类型, 比如都是 T 类型或都是 *T 类型:

```
Point{1, 2}.Distance(q) //  Point
pptr.ScaleBy(2)         // *Point
```

或者实参接收者是 T 类型的变量而形参接收者是 *T 类型。编译器会隐式地获取变量的地址。

```
p.ScaleBy(2) // 隐式转换为(&p)
```

或者实参接收者是 *T 类型而形参接收者是 T 类型。编译器会隐式地解引用接收者, 获得实际的取值。

```
pptr.Distance(q) // 隐式转换为(*pptr)
```

如果所有类型 T 方法的接收者是 T 自己(而非 *T), 那么复制它的实例是安全的; 调用方法的时候都必须进行一次复制。比如, time.Duration 的值在作为实参传递到函数的时候就会复制。但是任何方法的接收者是指针的情况下, 应该避免复制 T 的实例, 因为这么做可能会破坏内部原本的数据。比如, 复制 bytes.Buffer 实例只会得到相当于原来 bytes 数组的一个别名(见 2.3.2 节)。随后的方法调用会产生不可预期的结果。

nil 是一个合法的接收者

就像一些函数允许 nil 指针作为实参, 方法的接收者也一样, 尤其是当 nil 是类型中有意义的零值(如 map 和 slice 类型)时, 更是如此。在这个简单的整型数链表中, nil 代表空链表:

```
// IntList是整型链表
// *IntList的类型nil代表空列表
type IntList struct {
    Value int
    Tail  *IntList
}

// Sum返回列表元素的总和
func (list *IntList) Sum() int {
    if list == nil {
        return 0
    }
    return list.Value + list.Tail.Sum()
}
```

当定义一个类型允许 nil 作为接收者时, 应当在文档注释中显式地标明, 如上面的例子所示。

这是 net/url 包中 Values 类型的部分定义:

net/url
```
package url

// Values 映射字符串到字符串列表
type Values map[string][]string

// Get 返回第一个具有给定 key 的值
// 如不存在, 则返回空字符串
func (v Values) Get(key string) string {
    if vs := v[key]; len(vs) > 0 {
        return vs[0]
    }
    return ""
}

// Add 添加一个键值到对应 key 列表中.
func (v Values) Add(key, value string) {
    v[key] = append(v[key], value)
}
```

它的实现是 map 类型但也提供了一系列方法来简化 map 的操作, 它的值是字符串 slice, 即一个多重 map。使用者可以使用它固有的操作方式(make、slice 字面量、m[key], 等方式), 或者使用它的方法, 或同时使用:

gopl.io/ch6/urlvalues
```
m := url.Values{"lang": {"en"}} // 直接构造
m.Add("item", "1")
m.Add("item", "2")

fmt.Println(m.Get("lang")) // "en"
fmt.Println(m.Get("q"))    // ""
fmt.Println(m.Get("item")) // "1"        (第一个值)
fmt.Println(m["item"])     // "[1 2]"    (直接访问map)

m = nil
fmt.Println(m.Get("item")) // ""
m.Add("item", "3")         // 宕机: 赋值给空的map类型
```

在最后一个 Get 调用中, nil 接收者充当一个空 map。它可以等同地写成 Values(nil).Get("item"), 但是 nil.Get("item") 不能通过编译, 因为 nil 的类型没有确定。相比之下, 最后的 Add 方法会发生宕机因为它尝试更新一个空的 map。

因为 url.Values 是 map 类型而且 map 间接地指向它的键 / 值对, 所以 url.Values.Add 对 map 中元素的任何更新和删除操作对调用者都是可见的。然而, 和普通函数一样, 方法对引用本身做的任何改变, 比如设置 url.Values 为 nil 或者使它指向一个不同的 map 数据结构, 都不会在调用者身上产生作用。

6.3 通过结构体内嵌组成类型

考虑 ColoredPoint 类型:

gopl.io/ch6/coloredpoint
```
import "image/color"

type Point struct{ X, Y float64 }
```

```
type ColoredPoint struct {
    Point
    Color color.RGBA
}
```

我们只是想定义一个有三个字段的结构体 ColoredPoint，但实际上我们内嵌了一个 Point 类型以提供字段 X 和 Y。在 4.4.3 节已经看到，内嵌使我们更简便地定义了 ColoredPoint 类型，它包含 Point 类型的所有字段以及其他更多的自有字段。如果需要，可以直接使用 ColoredPoint 内所有的字段而不需要提到 Point 类型：

```
var cp ColoredPoint
cp.X = 1
fmt.Println(cp.Point.X) // "1"
cp.Point.Y = 2
fmt.Println(cp.Y) // "2"
```

同理，这也适用于 Point 类型的方法。我们能够通过类型为 ColoredPoint 的接收者调用内嵌类型 Point 的方法，即使在 ColoredPoint 类型没有声明过这个方法的情况下：

```
red := color.RGBA{255, 0, 0, 255}
blue := color.RGBA{0, 0, 255, 255}
var p = ColoredPoint{Point{1, 1}, red}
var q = ColoredPoint{Point{5, 4}, blue}
fmt.Println(p.Distance(q.Point)) // "5"
p.ScaleBy(2)
q.ScaleBy(2)
fmt.Println(p.Distance(q.Point)) // "10"
```

Point 的方法都被纳入到 ColoredPoint 类型中。以这种方式，内嵌允许构成复杂的类型，该类型由许多字段构成，每个字段提供一些方法。

熟悉基于类的面向对象编程语言的读者可能认为 Point 类型就是 ColoredPoint 类型的基类，而 ColoredPoint 则作为子类或派生类，或将这两个之间的关系翻译为 ColoredPoint 就是 Point 的其中一种表现。但这是个误解。注意上面调用 Distance 的地方。Distance 有一个形参 Point，q 不是 Point，因此虽然 q 有一个内嵌的 Point 字段，但是必须显式地使用它。尝试直接传递 q 作为参数会报错：

p.Distance(q) // 编译错误：不能将 q (ColoredPoint) 转换为 Point 类型

ColoredPoint 并不是 Point，但是它包含一个 Point，并且它有两个另外的方法 Distance 和 ScaleBy 来自 Point。如果考虑具体实现，实际上，内嵌的字段会告诉编译器生成额外的包装方法来调用 Point 声明的方法，这相当于以下代码：

```
func (p ColoredPoint) Distance(q Point) float64 {
    return p.Point.Distance(q)
}
func (p *ColoredPoint) ScaleBy(factor float64) {
    p.Point.ScaleBy(factor)
}
```

当 Point.Distance 在上面的第一个包调方法内调用的时候，接收者的值是 p.Point 而不是 p，而且这个方法是不能访问 ColoredPoint（其中内嵌了 Point）类型的。

匿名字段类型可以是个指向命名类型的指针，这个时候，字段和方法间接地来自于所指向的对象。这可以让我们共享通用的结构以及使对象之间的关系更加动态、多样化。下面的

ColoredPoint 声明内嵌了 *Point：

```
type ColoredPoint struct {
    *Point
    Color color.RGBA
}

p := ColoredPoint{&Point{1, 1}, red}
q := ColoredPoint{&Point{5, 4}, blue}
fmt.Println(p.Distance(*q.Point)) // "5"
q.Point = p.Point                  // p 和 q 共享同一个 Point
p.ScaleBy(2)
fmt.Println(*p.Point, *q.Point) // "{2 2} {2 2}"
```

结构体类型可以拥有多个匿名字段。声明 ColoredPoint：

```
type ColoredPoint struct {
    Point
    color.RGBA
}
```

那么这个类型的值可以拥有 Point 所有的方法和 RGBA 所有的方法，以及任何其他直接在 ColoredPoint 类型中声明的方法。当编译器处理选择子（比如 p.ScaleBy）的时候，首先，它先查找到直接声明的方法 ScaleBy，之后再从来自 ColoredPoint 的内嵌字段的方法中进行查找，再之后从 Point 和 RGBA 中内嵌字段的方法中进行查找，以此类推。当同一个查找级别中有同名方法时，编译器会报告选择子不明确的错误。

方法只能在命名的类型（比如 Point）和指向它们的指针（*Point）中声明，但内嵌帮助我们能够在未命名的结构体类型中声明方法。

下面是个很好的示例。这个例子展示了简单的缓存实现，其中使用了两个包级别的变量——互斥锁（9.2 节）和 map，互斥锁将会保护 map 的数据。

```
var (
    mu sync.Mutex // 保护 mapping
    mapping = make(map[string]string)
)

func Lookup(key string) string {
    mu.Lock()
    v := mapping[key]
    mu.Unlock()
    return v
}
```

下面这个版本的功能和上面完全相同，但是将两个相关变量放到了一个包级别的变量 cache 中：

```
var cache = struct {
    sync.Mutex
    mapping map[string]string
} {
    mapping: make(map[string]string),
}

func Lookup(key string) string {
    cache.Lock()
    v := cache.mapping[key]
    cache.Unlock()
    return v
}
```

新的变量名更加贴切，而且 sync.Mutex 是内嵌的，它的 Lock 和 Unlock 方法也包含进了结构体中，允许我们直接使用 cache 变量本身进行加锁。

6.4　方法变量与表达式

通常我们都在相同的表达式里使用和调用方法，就像在 p.Distance() 中，但是把两个操作分开也是可以的。选择子 p.Distance 可以赋予一个方法变量，它是一个函数，把方法（ Point.Distance ）绑定到一个接收者 p 上。函数只需要提供实参而不需要提供接收者就能够调用。

```
p := Point{1, 2}
q := Point{4, 6}

distanceFromP := p.Distance          // 方法变量
fmt.Println(distanceFromP(q))        // "5"
var origin Point                     // {0, 0}
fmt.Println(distanceFromP(origin))   // "2.23606797749979", √5

scaleP := p.ScaleBy // 方法变量
scaleP(2)            // p 变成 (2, 4)
scaleP(3)            //     然后是 (6, 12)
scaleP(10)           //     然后是 (60, 120)
```

如果包内的 API 调用一个函数值，并且使用者期望这个函数的行为是调用一个特定接收者的方法，方法变量就非常有用。比如，函数 time.AfterFunc 会在指定的延迟后调用一个函数值。这个程序使用 time.AfterFunc 在 10s 后启动火箭 r：

```
type Rocket struct { /* ... */ }
func (r *Rocket) Launch() { /* ... */ }

r := new(Rocket)
time.AfterFunc(10 * time.Second, func() { r.Launch() })
```

如果使用方法变量则可以更简洁：

```
time.AfterFunc(10 * time.Second, r.Launch)
```

与方法变量相关的是方法表达式。和调用一个普通的函数不同，在调用方法的时候必须提供接收者，并且按照选择子的语法进行调用。而方法表达式写成 T.f 或者 (*T).f，其中 T 是类型，是一种函数变量，把原来方法的接收者替换成函数的第一个形参，因此它可以像平常的函数一样调用。

```
p := Point{1, 2}
q := Point{4, 6}

distance := Point.Distance    // 方法表达式
fmt.Println(distance(p, q))   // "5"
fmt.Printf("%T\n", distance)  // "func(Point, Point) float64"

scale := (*Point).ScaleBy
scale(&p, 2)
fmt.Println(p)                // "{2 4}"
fmt.Printf("%T\n", scale)     // "func(*Point, float64)"
```

如果你需要用一个值来代表多个方法中的一个，而方法都属于同一个类型，方法变量可以帮助你调用这个值所对应的方法来处理不同的接收者。在下面这个例子中，变量 op 代表加法或减法，二者都属于 Point 类型的方法。Path.TranslateBy 调用了它计算路径上的每一个点：

```
type Point struct{ X, Y float64 }

func (p Point) Add(q Point) Point { return Point{p.X + q.X, p.Y + q.Y} }
func (p Point) Sub(q Point) Point { return Point{p.X - q.X, p.Y - q.Y} }

type Path []Point

func (path Path) TranslateBy(offset Point, add bool) {
    var op func(p, q Point) Point
    if add {
        op = Point.Add
    } else {
        op = Point.Sub
    }
    for i := range path {
        // 调用 path[i].Add(offset) 或者是 path[i].Sub(offset)
        path[i] = op(path[i], offset)
    }
}
```

6.5　示例：位向量

Go 语言的集合通常使用 `map[T]bool` 来实现，其中 T 是元素类型。使用 map 的集合扩展性良好，但是对于一些特定问题，一个专门设计过的集合性能会更优。比如，在数据流分析领域，集合元素都是小的非负整型，集合拥有许多元素，而且集合的操作多数是求并集和交集，位向量是个理想的数据结构。

位向量使用一个无符号整型值的 slice，每一位代表集合中的一个元素。如果设置第 i 位的元素，则认为集合包含 i。下面的程序演示了一个含有三个方法的简单位向量类型。

gopl.io/ch6/intset

```
// IntSet是一个包含非负整数的集合
// 零值代表空的集合
type IntSet struct {
    words []uint64
}

// Has方法的返回值表示是否存在非负数x
func (s *IntSet) Has(x int) bool {
    word, bit := x/64, uint(x%64)
    return word < len(s.words) && s.words[word]&(1<<bit) != 0
}

// Add添加非负数x到集合中
func (s *IntSet) Add(x int) {
    word, bit := x/64, uint(x%64)
    for word >= len(s.words) {
        s.words = append(s.words, 0)
    }
    s.words[word] |= 1 << bit
}

// UnionWith将会对s和t做并集并将结果存在s中
func (s *IntSet) UnionWith(t *IntSet) {
    for i, tword := range t.words {
        if i < len(s.words) {
            s.words[i] |= tword
        } else {
            s.words = append(s.words, tword)
        }
    }
}
```

由于每一个字拥有 64 位，因此为了定位 x 位的位置，我们使用商数 x/64 作为字的索引，而 x%64 记作该字内位的索引。UnionWith 操作使用按位"或"操作符 | 来计算一次 64 个元素求并集的结果。（在练习 6.5 中会再来看 64 位字的选择。）

这个实现缺少许多需要的特性，有些会在练习中列出来，但是有一个特性不得不在这里提到：以字符串输出 IntSet 的方法。添加一个 String 方法，就像在 2.5 节里的 Celsius 类型那样。

```go
// String方法以字符串"{1 2 3}"的形式返回集中
func (s *IntSet) String() string {
    var buf bytes.Buffer
    buf.WriteByte('{')
    for i, word := range s.words {
        if word == 0 {
            continue
        }
        for j := 0; j < 64; j++ {
            if word&(1<<uint(j)) != 0 {
                if buf.Len() > len("{") {
                    buf.WriteByte(' ')
                }
                fmt.Fprintf(&buf, "%d", 64*i+j)
            }
        }
    }
    buf.WriteByte('}')
    return buf.String()
}
```

注意，上面的 String 方法和 3.5.4 节的 intsToString 相似；在 String 方法中 bytes.Buffer 经常以这样的方式用到。fmt 包把具有 String 方法的类型进行特殊处理，于是，即使是复杂类型也可以按照友好的方式显示出来。fmt 默认调用 String 方法而不是原生的值。这个机制需要依靠接口和类型断言，第 7 章将介绍它们。

现在，可以演示 IntSet 了：

```go
var x, y IntSet
x.Add(1)
x.Add(144)
x.Add(9)
fmt.Println(x.String()) // "{1 9 144}"

y.Add(9)
y.Add(42)
fmt.Println(y.String()) // "{9 42}"

x.UnionWith(&y)
fmt.Println(x.String()) // "{1 9 42 144}"

fmt.Println(x.Has(9), x.Has(123)) // "true false"
```

提醒一句：我们为指针类型 *IntSet 声明了 String 和 Has 方法并非出于需要，而是为了和其他两个方法保持一致，另外两个方法需要指针接收者，因为它们需要对 s.words 进行赋值。所以，IntSet 的值并不含有 String 方法，使用它可能会产生意料外的结果：

```go
fmt.Println(&x)         // "{1 9 42 144}"
fmt.Println(x.String()) // "{1 9 42 144}"
fmt.Println(x)          // "{[4398046511618 0 65536]}"
```

第一个示例中，输出了 *IntSet 指针，它有一个 String 方法。第二个示例中，基于

IntSet 值调用 String()；编译器会帮我们隐式地插入 & 操作符，我们得到指针后就可以获取到 String 方法了。但在第三个示例中，因为 IntSet 值本身并没有 String 方法，所以 fmt. Println 直接输出结构体。因此，记得加上 & 操作符很重要。那么给 IntSet（而不是 *IntSet）加上 String 方法应该是个不错的主意，但这还是需要根据实际情况来看。

练习 6.1：实现这些附加的方法：

```
func (*IntSet) Len() int        // 返回元素个数
func (*IntSet) Remove(x int)    // 从集合去除元素 x
func (*IntSet) Clear()          // 删除所有元素
func (*IntSet) Copy() *IntSet   // 返回集合的副本
```

练习 6.2：定义一个变长方法 (*IntSet).AddAll(…int)，它允许接受一串整型值作为参数，比如 s.AddAll(1,2,3)。

练习 6.3：(*IntSet).UnionWith 计算了两个集合的并集，使用 | 操作符对每个字进行按位 "或" 操作。实现交集、差集和对称差运算。（两个集合的对称差包含只在某个集合中存在的元素。）

练习 6.4：添加方法 Elems 返回包含集合元素的 slice，这适合在 range 循环中使用。

练习 6.5：IntSet 使用的每个字的类型都是 uint64，但是 64 位的计算在 32 位平台上的效率不高。改写程序以使用 uint 类型，这是适应平台的无符号整型。除以 64 的操作可以使用一个常量来代表 32 位或 64 位。你或许可以使用一个讨巧的表达式 32<<(^uint(0)>>63) 来表示除数。

6.6　封装

如果变量或者方法是不能通过对象访问到的，这称作封装的变量或者方法。封装（有时候称作数据隐藏）是面向对象编程中重要的一方面。

Go 语言只有一种方式控制命名的可见性：定义的时候，首字母大写的标识符是可以从包中导出的，而首字母没有大写的则不导出。同样的机制也同样作用于结构体内的字段和类型中的方法。结论就是，要封装一个对象，必须使用结构体。

这就是为什么上一节里 IntSet 类型被声明为结构体但是它只有单个字段：

```
type IntSet struct {
    words []uint64
}
```

可以重新定义 IntSet 为一个 slice 类型，如下所示，当然，必须把方法中出现的 s.words 替换为 *s。

```
type IntSet []uint64
```

尽管这个版本的 IntSet 和之前的基本等同，但是它将能够允许其他包内的使用方读取和改变这个 slice。换句话说，表达式 *s 可以在其他包内使用，s.words 只能在定义 IntSet 的包内使用。

另一个结论就是在 Go 语言中封装的单元是包而不是类型。无论是在函数内的代码还是方法内的代码，结构体类型内的字段对于同一个包中的所有代码都是可见的。

封装提供了三个优点。第一，因为使用方不能直接修改对象的变量，所以不需要更多的语句用来检查变量的值。

第二，隐藏实现细节可以防止使用方依赖的属性发生改变，使得设计者可以更加灵活地改变 API 的实现而不破坏兼容性。

作为一个例子，考虑 bytes.Buffer 类型。它用来堆积非常小的字符串，因此为了优化性能，实现上会预留一部分额外的空间避免频繁申请内存。由于 Buffer 是结构体类型，因此这块空间使用额外的一个字段 [64]byte，且命名不是首字母大写。因为这个字段没有导出，bytes 包之外的 Buffer 使用者除了能感觉到性能的提升之外，不会关心其中的实现。Buffer 和它的 Grow 方法如下面的例子所示：

```
type Buffer struct {
    buf     []byte
    initial [64]byte
    /* ... */
}

// Grow 方法按需扩展缓冲区的大小
// 保证 n 个字节的空间
func (b *Buffer) Grow(n int) {
    if b.buf == nil {
        b.buf = b.initial[:0] // 最初使用预分配的空间
    }
    if len(b.buf)+n > cap(b.buf) {
        buf := make([]byte, b.Len(), 2*cap(b.buf) + n)
        copy(buf, b.buf)
        b.buf = buf
    }
}
```

第三个重要的好处，就是防止使用者肆意地改变对象内的变量。因为对象的变量只能被同一个包内的函数修改，所以包的作者能够保证所有的函数都可以维护对象内部的资源。比如，下面的 Counter 类型允许使用者递增计数或者重置计数器，但是不能够随意地设置当前计数器的值：

```
type Counter struct { n int }

func (c *Counter) N() int      { return c.n }
func (c *Counter) Increment() { c.n++ }
func (c *Counter) Reset()      { c.n = 0 }
```

仅仅用来获得或者修改内部变量的函数称为 getter 和 setter，就像 log 包里的 Logger 类型。然而，命名 getter 方法的时候，通常将 Get 前缀省略。这个简洁的命名习惯也同样适用在其他冗余的前缀上，比如 Fetch、Find 和 Lookup。

```
package log

type Logger struct {
    flags  int
    prefix string
    // ...
}
func (l *Logger) Flags() int
func (l *Logger) SetFlags(flag int)
func (l *Logger) Prefix() string
func (l *Logger) SetPrefix(prefix string)
```

Go 语言也允许导出的字段。当然，一旦导出就必须要面对 API 的兼容问题，因此最初的决定需要慎重，要考虑到之后维护的复杂程度，将来发生变化的可能性，以及变化对原本代码质量的影响等。

封装并不总是必需的。time.Duration 对外暴露 int64 的整型数用于获得微秒，这使我们能够对其进行通常的数学运算和比较操作，甚至定义常数：

```
const day = 24 * time.Hour
fmt.Println(day.Seconds()) // "86400"
```

另一个例子可以比较 IntSet 和本章开头的 geometry.Path 类型。Path 定义为一个 slice 类型，允许它的使用者使用 slice 字面量的语法来构成实例，比如使用 range 循环遍历 Path 所有的点等，而 IntSet 则不允许这些操作。

有个明显的对比：geometry.Path 从本质上讲就只是连续的点，以后也不会添加新的字段，因此 geometry 包将 Path 的 slice 类型暴露出来是合理的做法。与它不同的是，IntSet 只是看上去像 []uint64 的 slice。但它实际上完全可以是 []uint 或其他复杂的集合类型，而且另外用来记录集合中元素数量的字段充当了重要的作用。基于上述原因，IntSet 不对外透明也合情合理。

在这一章中，我们学习了如何在命名类型中定义方法，以及如何调用它们。尽管方法是面向对象编程的关键，但这一章只讲述了其中的一部分内容。下一章会继续介绍接口相关的内容来完成这方面的学习。

接　口

接口类型是对其他类型行为的概括与抽象。通过使用接口，我们可以写出更加灵活和通用的函数，这些函数不用绑定在一个特定的类型实现上。

很多面向对象的语言都有接口这个概念，Go 语言的接口的独特之处在于它是隐式实现。换句话说，对于一个具体的类型，无须声明它实现了哪些接口，只要提供接口所必需的方法即可。这种设计让你无须改变已有类型的实现，就可以为这些类型创建新的接口，对于那些不能修改包的类型，这一点特别有用。

本章首先会介绍接口类型的基本机制类型价值。然后会讨论标准库中的几种重要接口。因为在很多 Go 程序中，相对于新创建的接口，标准库中的接口使用得并不少。最后，我们还要了解一下类型断言（见 7.10 节）以及类型分支（见 7.13 节），以及它们如何实现另一种类型的通用化。

7.1　接口即约定

之前介绍的类型都是具体类型。具体类型指定了它所含数据的精确布局，还暴露了基于这个精确布局的内部操作。比如对于数值有算术操作，对于 slice 类型我们有索引、append、range 等操作。具体类型还会通过其方法来提供额外的能力。总之，如果你知道了一个具体类型的数据，那么你就精确地知道了它是什么以及它能干什么。

Go 语言中还有另外一种类型称为接口类型。接口是一种抽象类型，它并没有暴露所含数据的布局或者内部结构，当然也没有那些数据的基本操作，它所提供的仅仅是一些方法而已。如果你拿到一个接口类型的值，你无从知道它是什么，你能知道的仅仅是它能做什么，或者更精确地讲，仅仅是它提供了哪些方法。

本书通篇使用两个类似的函数实现字符串的格式化：fmt.Printf 和 fmt.Sprintf。前者把结果发到标准输出（标准输出其实是一个文件），后者把结果以 string 类型返回。格式化是两个函数中最复杂的部分，如果仅仅因为两个函数在输出方式上的轻微差异，就需要把格式化部分在两个函数中重复一遍，那么就太糟糕了。幸运的是，通过接口机制可以解决这个问题。其实，两个函数都封装了第三个函数 fmt.Fprintf，而这个函数对结果实际输出到哪里毫不关心：

```
package fmt
func Fprintf(w io.Writer, format string, args ...interface{}) (int, error)
func Printf(format string, args ...interface{}) (int, error) {
    return Fprintf(os.Stdout, format, args...)
}
func Sprintf(format string, args ...interface{}) string {
    var buf bytes.Buffer
    Fprintf(&buf, format, args...)
    return buf.String()
}
```

Fpringf 的前缀 F 指文件，表示格式化的输出会写入第一个实参所指代的文件。对于 Printf，第一个实参就是 os.Stdout，它属于 *os.File 类型。对于 Sprintf，尽管第一个实参不是文件，但它模拟了一个文件：&buf 就是一个指向内存缓冲区的指针，与文件类似，这个缓冲区也可以写入多个字节。

其实 Fprintf 的第一个形参也不是文件类型，而是 io.Writer 接口类型，其声明如下：

```
package io

// Writer 接口封装了基础的写入方法
type Writer interface {
    // Write 从 p 向底层数据流写入 len(p) 个字节的数据
    // 返回实际写入的字节数 (0 <= n <= len(p))
    // 如果没有写完，那么会返回遇到的错误
    // 在 Write 返回 n < len(p) 时，err 必须为非 nil
    // Write 不允许修改 p 的数据，即使是临时修改
    //
    // 实现时不允许残留 p 的引用
    Write(p []byte) (n int, err error)
}
```

io.Writer 接口定义了 Fprintf 和调用者之间的约定。一方面，这个约定要求调用者提供的具体类型（比如 *os.File 或者 *bytes.Buffer）包含一个与其签名和行为一致的 Write 方法。另一方面，这个约定保证了 Fprintf 能使用任何满足 io.Writer 接口的参数。Fprintf 只需要能调用参数的 Write 函数，无须假设它写入的是一个文件还是一段内存。

因为 fmt.Fprintf 仅依赖于 io.Writer 接口所约定的方法，对参数的具体类型没有要求，所以我们可以用任何满足 io.Writer 接口的具体类型作为 fmt.Fprintf 的第一个实参。这种可以把一种类型替换为满足同一接口的另一种类型的特性称为可取代性（substitutability），这也是面向对象语言的典型特征。

让我们创建一个新类型来测试这个特性。如下所示的 *ByteCounter 类型的 Write 方法仅仅统计传入数据的字节数，然后就不管那些数据了。（下面的代码中出现的类型转换是为了让 len(p) 和 *c 满足 += 操作。）

gopl.io/ch7/bytecounter

```
type ByteCounter int

func (c *ByteCounter) Write(p []byte) (int, error) {
    *c += ByteCounter(len(p)) // 转换 int 为 ByteCounter 类型
    return len(p), nil
}
```

因为 *ByteCounter 满足 io.Writer 接口的约定，所以可以在 Fprintf 中使用它，Fprintf 察觉不到这种类型差异，ByteCounter 也能正确地累积格式化后结果的长度。

```
var c ByteCounter
c.Write([]byte("hello"))
fmt.Println(c) // "5", = len("hello")

c = 0 // 重置计数器
var name = "Dolly"
fmt.Fprintf(&c, "hello, %s", name)
fmt.Println(c) // "12", = len("hello, Dolly")
```

除之 io.Writer 之外，fmt 包还有另一个重要的接口。Fprintf 和 Fprintln 提供了一个让类型控制如何输出自己的机制。在 2.5 节中，给 Celsius 类型定义了一个 String 方法，这样可以输出 "100℃" 这样的结果。在 6.5 节中，也给 *IntSet 类型加了一个 String 方法，这样可

以输出类似 "{1 2 3}" 的传统集合表示形式。定义一个 String 方法就可以让类型满足这个广泛使用的接口 fmt.Stringer：

```
package fmt

// 在字符串格式化时如果需要一个字符串
// 那么就调用这个方法来把当前值转化为字符串
// Print 这种不带格式化参数的输出方式也是调用这个方法
type Stringer interface {
    String() string
}
```

7.10 节会解释 fmt 包如何发现哪些值满足这个接口。

练习 7.1：使用类似 ByteCounter 的想法，实现单词和行的计数器。实现时考虑使用 bufio.ScanWords。

练习 7.2：实现一个满足如下签名的 CountingWriter 函数，输入一个 io.Writer，输出一个封装了输入值的新 Writer，以及一个指向 int64 的指针，该指针对应的值是新的 Writer 写入的字节数。

```
func CountingWriter(w io.Writer) (io.Writer, *int64)
```

练习 7.3：为 gopl.io/ch4/treesort 中的 *tree 类型（见 4.4 节）写一个 String 方法，用于展示其中的值序列。

7.2　接口类型

一个接口类型定义了一套方法，如果一个具体类型要实现该接口，那么必须实现接口类型定义中的所有方法。

io.Writer 是一个广泛使用的接口，它负责所有可以写入字节的类型的抽象，包括文件、内存缓冲区、网络连接、HTTP 客户端、打包器（archiver）、散列器（hasher）等。io 包还定义了很多有用的接口。Reader 就抽象了所有可以读取字节的类型，Closer 抽象了所有可以关闭的类型，比如文件或者网络连接。（现在你大概已经注意到 Go 语言的单方法接口的命名约定了。）

```
package io

type Reader interface {
    Read(p []byte) (n int, err error)
}

type Closer interface {
    Close() error
}
```

另外，我们还可以发现通过组合已有接口得到的新接口，比如下面两个例子：

```
type ReadWriter interface {
    Reader
    Writer
}

type ReadWriteCloser interface {
    Reader
    Writer
    Closer
}
```

如上的语法称为嵌入式接口，与嵌入式结构类似，让我们可以直接使用一个接口，而不用逐一写出这个接口所包含的方法。如下所示，尽管不够简洁，但是可以不用嵌入式来声明 io.ReadWriter：

```
type ReadWriter interface {
    Read(p []byte) (n int, err error)
    Write(p []byte) (n int, err error)
}
```

也可以混合使用两种方式：

```
type ReadWriter interface {
    Read(p []byte) (n int, err error)
    Writer
}
```

三种声明的效果都是一致的。方法定义的顺序也是无意义的，真正有意义的只有接口的方法集合。

练习 7.4： strings.NewReader 函数输入一个字符串，返回一个从字符串读取数据且满足 io.Reader 接口（也满足其他接口）的值。请自己实现该函数，并且通过它来让 HTML 分析器（参考 5.2 节）支持以字符串作为输入。

练习 7.5： io 包中的 LimitReader 函数接受 io.Reader r 和字节数 n，返回一个 Reader，该返回值从 r 读取数据，但在读取 n 字节后报告文件结束。请实现该函数。

```
func LimitReader(r io.Reader, n int64) io.Reader
```

7.3 实现接口

如果一个类型实现了一个接口要求的所有方法，那么这个类型实现了这个接口。比如 *os.File 类型实现了 io.Reader、Writer、Closer 和 ReaderWriter 接口。*bytes.Buffer 实现了 Reader、Writer 和 ReaderWriter，但没有实现 Closer，因为它没有 Close 方法。为了简化表述，Go 程序员通常说一个具体类型"是一个"（is-a）特定的接口类型，这其实代表着该具体类型实现了该接口。比如，*bytes.Buffer 是一个 io.Writer；*os.File 是一个 io.ReaderWriter。

接口的赋值规则（参考 2.4.2 节）很简单，仅当一个表达式实现了一个接口时，这个表达式才可以赋给该接口。所以：

```
var w io.Writer
w = os.Stdout           // OK: *os.File有Write方法
w = new(bytes.Buffer)   // OK: *bytes.Buffer有Write方法
w = time.Second         // 编译错误: time.Duration缺少Write方法

var rwc io.ReadWriteCloser
rwc = os.Stdout           // OK: *os.File有Read、Write、Close方法
rwc = new(bytes.Buffer) // 编译错误: *bytes.Buffer缺少Close方法
```

当右侧表达式也是一个接口时，该规则也有效：

```
w = rwc                 // OK: io.ReadWriteCloser有Write方法
rwc = w                 // 编译错误: io.Writer 缺少Close方法
```

因为 ReadWriter 和 ReadWriterCloser 接口包含了 Writer 的所有方法，所以任何实现了 ReadWriter 或 ReadWriterCloser 类型的方法都必然实现了 Writer。

在进一步讨论之前，我们先解释一下一个类型有某一个方法的具体含义。6.2 节曾提到，

对每一个具体类型 T，部分方法的接收者就是 T，而其他方法的接收者则是 *T 指针。同时我们对类型 T 的变量直接调用 *T 的方法也可以是合法的，只要改变量是可变的，编译器隐式地帮你完成了取地址的操作。但这仅仅是一个语法糖，类型 T 的方法没有对应的指针 *T 多，所以实现的接口也可能比对应的指针少。

比如，6.5 节提到的 IntSet 类型的 String 方法，需要一个指针接收者，所以我们无法从一个无地址的 IntSet 值上调用该方法：

```
type IntSet struct { /* ... */ }
func (*IntSet) String() string

var _ = IntSet{}.String() // 编译错误: String 方法需要*IntSet 接收者
```

但可以从一个 IntSet 变量上调用该方法：

```
var s IntSet
var _ = s.String() // OK: s 是一个变量, &s有 String 方法
```

因为只有 *IntSet 有 String 方法，所以也只有 *IntSet 实现了 fmt.Stringer 接口：

```
var _ fmt.Stringer = &s // OK
var _ fmt.Stringer = s  // 编译错误: IntSet缺少String 方法
```

在 12.8 节，有一个程序可以输出一个任意值的方法，godoc-annalysis=type 工具（见 10.7.4 节）也可以显示每个类型的方法，以及接口和具体类型的关系。

正如信封封装了信件，接口也封装了所对应的类型和数据，只有通过接口暴露的方法才可以调用，类型的其他方法则无法通过接口来调用：

```
os.Stdout.Write([]byte("hello")) // OK: *os.File 有 Write 方法
os.Stdout.Close()                // OK: *os.File 有 Close 方法

var w io.Writer
w = os.Stdout
w.Write([]byte("hello")) // OK: io.Writer 有 Write 方法
w.Close()                // 编译错误: io.Writer 缺少 Close 方法
```

一个拥有更多方法的接口，比如 io.ReadWriter，与 io.Reader 相比，给了我们它所指向数据的更多信息，当然也给实现这个接口提出更高的门槛。那么对于接口类型 interface{}，它完全不包含任何方法，通过这个接口能得到对应具体类型的什么信息呢？

确实什么信息也得不到。看起来这个接口没有任何用途，但实际上称为空接口类型的 interface{} 是不可缺少的。正因为空接口类型对其实现类型没有任何要求，所以我们可以把任何值赋给空接口类型。

```
var any interface{}
any = true
any = 12.34
any = "hello"
any = map[string]int{"one": 1}
any = new(bytes.Buffer)
```

其实在本书的第一个示例中就用了空接口类型，靠它才可以让 fmt.Println、errorf（参考 5.7 节）这类的函数能够接受任意类型的参数。

当然，即使我们创建了一个指向布尔值、浮点数、字符串、map、指针或者其他类型的 interface{} 接口，也无法直接使用其中的值，毕竟这个接口不包含任何方法。我们需要一个方法从空接口中还原出实际值，在 7.10 节中我们可以看到如何用类型断言来实现该功能。

判定是否实现接口只需要比较具体类型和接口类型的方法，所以没有必要在具体类型的

定义中声明这种关系。也就是说，偶尔在注释中标注也不坏，但对于程序来讲，这种关系声明不是必需的。如下声明在编译器就断言了 *byte.Buffer 类型的一个值必然实现了 io.Writer：

```
// *bytes.Buffer 必须实现 io.Writer
var w io.Writer = new(bytes.Buffer)
```

我们甚至不需要创建一个新的变量，因为 *bytes.Buffer 的任意值都实现了这个接口，甚至 nil，在我们用 (*bytes.Buffer)(nil) 来强制类型转换后，也实现了这个接口。当然，既然我们不想引用 w，那么我们可以把它替换为空白标识符。基于这两点，修改后的代码可以节省不少变量：

```
// *bytes.Buffer 必须实现 io.Writer
var _ io.Writer = (*bytes.Buffer)(nil)
```

非空的接口类型（比如 io.Writer）通常由一个指针类型来实现，特别是当接口类型的一个或多个方法暗示会修改接收者的情形（比如 Write 方法）。一个指向结构的指针才是最常见的方法接收者。

指针类型肯定不是实现接口的唯一类型，即使是那些包含了会改变接收者方法的接口类型，也可以由 Go 的其他引用类型来实现。我们已经见过 slice 类型的方法（geometry.Path，参考 6.1 节），以及 map 类型的方法（url.Values，参考 6.2.1 节），稍后我们还可以看到函数类型的方法（http.HandlerFunc，参考 7.7 节）。基础类型也可以实现方法，比如我们会在 7.4 节见到的 time.Duration 类型实现了 fmt.Stringer。

一个具体类型可以实现很多不相关的接口。比如一个程序管理或者销售数字文化商品，比如音乐、电影和图书。那么它可能定义了如下具体类型：

```
Album
Book
Movie
Magazine
Podcast
TVEpisode
Track
```

我们可以把感兴趣的每一种抽象都用一种接口类型来表示。一些属性是所有商品都具备的，比如标题、创建日期以及创建者列表（作者或者艺术家）。

```
type Artifact interface {
    Title() string
    Creators() []string
    Created() time.Time
}
```

其他属性则局限于特定类型的商品。比如字数这个属性只与书和杂志相关，而屏幕分辨率则只与电影和电视剧相关。

```
type Text interface {
    Pages() int
    Words() int
    PageSize() int
}
type Audio interface {
    Stream() (io.ReadCloser, error)
    RunningTime() time.Duration
    Format() string // 比如 "MP3"、"WAV"
}
```

```
type Video interface {
    Stream() (io.ReadCloser, error)
    RunningTime() time.Duration
    Format() string // 比如 "MP4"、"WMV"
    Resolution() (x, y int)
}
```

这些接口只是一种把具体类型分组并暴露它们共性的方式，未来我们也可以发现其他的分组方式。比如，如果我们要把 Audio 和 Video 按照同样的方式来处理，就可以定义一个 Streamer 接口来呈现它们的共性，而不用修改现有的类型定义。

```
type Streamer interface {
    Stream() (io.ReadCloser, error)
    RunningTime() time.Duration
    Format() string
}
```

从具体类型出发、提取其共性而得出的每一种分组方式都可以表示为一种接口类型。与基于类的语言（它们显式地声明了一个类型实现的所有接口）不同的是，在 Go 语言里我们可以在需要时才定义新的抽象和分组，并且不用修改原有类型的定义。当需要使用另一个作者写的包里的具体类型时，这一点特别有用。当然，还需要这些具体类型在底层是真正有共性的。

7.4　使用 flag.Value 来解析参数

在本节中，我们将看到如何使用另外一个标准接口 flag.Value 来帮助我们定义命令行标志。考虑如下一个程序，它实现了睡眠指定时间的功能。

gopl.io/ch7/sleep
```
var period = flag.Duration("period", 1*time.Second, "sleep period")

func main() {
    flag.Parse()
    fmt.Printf("Sleeping for %v...", *period)
    time.Sleep(*period)
    fmt.Println()
}
```

在程序进入睡眠前输出了睡眠时长。fmt 包调用了 time.Duration 的 String 方法，可以按照一个用户友好的方式来输出，而不是输出一个以纳秒为单位的数字。

```
$ go build gopl.io/ch7/sleep
$ ./sleep
Sleeping for 1s...
```

默认的睡眠时间是 1s，但可以用 -period 命令行标志来控制。flag.Duration 函数创建了一个 time.Duration 类型的标志变量，并且允许用户用一种友好的方式来指定时长，比如可以用 String 方法对应的记录方法。这种对称的设计提供了一个良好的用户接口。

```
$ ./sleep -period 50ms
Sleeping for 50ms...
$ ./sleep -period 2m30s
Sleeping for 2m30s...
$ ./sleep -period 1.5h
Sleeping for 1h30m0s...
$ ./sleep -period "1 day"
invalid value "1 day" for flag -period: time: invalid duration 1 day
```

因为时间长度类的命令行标志广泛应用，所以这个功能内置到了 flag 包。支持自定义类型其实也不难，只须定义一个满足 flag.Value 接口的类型，其定义如下所示：

```
package flag

// Value 接口代表了存储在标志内的值
type Value interface {
    String() string
    Set(string) error
}
```

String 方法用于格式化标志对应的值，可用于输出命令行帮助消息。由于有了该方法，因此每个 flag.Value 其实也是 fmt.Stringer。Set 方法解析了传入的字符串参数并更新标志值。可以认为 Set 方法是 String 方法的逆操作，两个方法使用同样的记法规格是一个很好的实践。

下面定义了 celsiusFlag 类型来允许在参数中使用摄氏温度或华氏温度。注意，celsiusFlag 内嵌了一个 Celsius 类型（参考 2.5 节），所以已经有 String 方法了。为了满足flag.Value 接口，只须再定义一个 Set 方法：

gopl.io/ch7/tempconv
```
// *celsiusFlag 满足 flag.Value 接口
type celsiusFlag struct{ Celsius }

func (f *celsiusFlag) Set(s string) error {
    var unit string
    var value float64
    fmt.Sscanf(s, "%f%s", &value, &unit) // 无须检查错误
    switch unit {
    case "C", "°C":
        f.Celsius = Celsius(value)
        return nil
    case "F", "°F":
        f.Celsius = FToC(Fahrenheit(value))
        return nil
    }
    return fmt.Errorf("invalid temperature %q", s)
}
```

fmt.Sscanf 函数用于从输入 s 解析一个浮点值（value）和一个字符串（unit）。尽管通常都必须检查 Sscanf 的错误结果，但在这种情况下我们无须检查。因为如果出现错误，那么接下来的跳转条件没有一个会满足。

如下 CelsuisFlag 函数封装了上面的逻辑。这个函数返回了一个 Celsius 指针，它指向嵌入在 celsuisFlag 变量 f 中的一个字段。Celsuis 字段在标志处理过程中会发生变化（经由 Set 方法）。调用 Var 方法可以把这个标志加入到程序的命令行标记集合中，即全局变量 flag.CommandLine。如果一个程序有非常复杂的命令行接口，那么单个全局变量 flag.CommandLine就不够用了，需要有多个类似的变量来支撑。调用 Var 方法时会把 *celsuisFlag 实参赋给 flag.Value 形参，编译器会在此时检查 *celsuisFlag 类型是否有 flag.Value 所必需的方法。

```
// CelsiusFlag 根据给定的 name、默认值和使用方法
// 定义了一个 Celsius标志，返回了标志值的指针
// 标志必须包含一个数值和一个单位，比如："100C"
```

```
func CelsiusFlag(name string, value Celsius, usage string) *Celsius {
    f := celsiusFlag{value}
    flag.CommandLine.Var(&f, name, usage)
    return &f.Celsius
}
```

现在可以在程序中使用这个新标志了：

gopl.io/ch7/tempflag
```
var temp = tempconv.CelsiusFlag("temp", 20.0, "the temperature")

func main() {
    flag.Parse()
    fmt.Println(*temp)
}
```

接下来是一些典型的使用方法：

```
$ go build gopl.io/ch7/tempflag
$ ./tempflag
20°C
$ ./tempflag -temp -18C
-18°C
$ ./tempflag -temp 212°F
100°C
$ ./tempflag -temp 273.15K
invalid value "273.15K" for flag -temp: invalid temperature "273.15K"
Usage of ./tempflag:
  -temp value
        the temperature (default 20°C)
$ ./tempflag -help
Usage of ./tempflag:
  -temp value
        the temperature (default 20°C)
```

练习 7.6：在 tempflag 中支持热力学温度。

练习 7.7：请解释为什么默认值 20.0 没写 °C，而帮助消息中却包含 °C。

7.5　接口值

从概念上来讲，一个接口类型的值（简称接口值）其实有两个部分：一个具体类型和该类型的一个值。二者称为接口的*动态类型*和*动态值*。

对于像 Go 这样的静态类型语言，类型仅仅是一个编译时的概念，所以类型不是一个值。在我们的概念模型中，用*类型描述符*来提供每个类型的具体信息，比如它的名字和方法。对于一个接口值，类型部分就用对应的类型描述符来表述。

如下四个语句中，变量 w 有三个不同的值（最初和最后是同一个值）：

```
var w io.Writer
w = os.Stdout
w = new(bytes.Buffer)
w = nil
```

接下来让我们详细地查看一下在每个语句之后 w 的值和相关的动态行为。第一个语句声明了 w：

```
var w io.Writer
```

在 Go 语言中，变量总是初始化为一个特定的值，接口也不例外。接口的零值就是把它的动态类型和值都设置为 nil，如图 7-1 所示。

一个接口值是否是 nil 取决于它的动态类型，所以现在这是一个 nil 接口值。可以用 w ==
nil 或者 w！= nil 来检测一个接口值是否是 nil。调用一个 nil 接口的任何方法都会导致崩溃：

```
w.Write([]byte("hello")) // 崩溃：对空指针取引用值
```

第二个语句把一个 *os.File 类型的值赋给了 w：

```
 w = os.Stdout
```

这次赋值把一个具体类型隐式转换为一个接口类型，它与对应的显式转换 io.Writer(os.
Stdout) 等价。不管这种类型的转换是隐式的还是显式的，它都可以转换操作数的类型和
值。接口值的动态类型会设置为指针类型 *os.File 的类型描述符，它的动态值会设置为
os.Stdout 的副本，即一个指向代表进程的标准输出的 os.File 类型的指针，如图 7-2 所示。

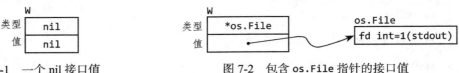

图 7-1　一个 nil 接口值　　　　　　　　图 7-2　包含 os.File 指针的接口值

调用该接口值的 Write 方法，会实际调用 (*os.File).Write 方法，即输出 "hello"。

```
w.Write([]byte("hello")) // "hello"
```

一般来讲，在编译时我们无法知道一个接口值的动态类型会是什么，所以通过接口来做
调用必然需要使用动态分发。编译器必须生成一段代码来从类型描述符拿到名为 Write 的方
法地址，再间接调用该方法地址。调用的接收者就是接口值的动态值，即 os.Stdout，所以
实际效果与直接调用等价：

```
 os.Stdout.Write([]byte("hello")) // "hello"
```

第三个语句把一个 *bytes.Buffer 类型的值赋给了接口值：

```
w = new(bytes.Buffer)
```

动态类型现在是 *bytes.Buffer，动态值现在则是一个指向新分配缓冲区的指针，如
图 7-3 所示。

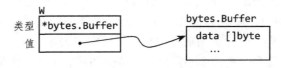

图 7-3　包含 *bytes.Buffer 指针的接口值

调用 Write 方法的机制也跟第二个语句一致：

```
w.Write([]byte("hello")) // 把 "hello" 写入 bytes.Buffer
```

这次，类型描述符是 *bytes.Buffer，所以调用的是 (*bytes.Buffer).Write 方法，方法的
接收者是缓冲区的地址。调用该方法会追加 "hello" 到缓冲区。

最后，第四个语句把 nil 赋给了接口值：

```
w = nil
```

这个语句把动态类型和动态值都设置为 nil，把 w 恢复到了它刚声明时的状态（如图 7-1 所示）。

一个接口值可以指向多个任意大的动态值。比如，time.Time 类型可以表示一个时刻，它是一个包含几个非导出字段的结构。如果从它创建一个接口值：

```
var x interface{} = time.Now()
```

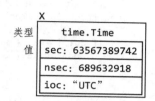

图 7-4　持有 time.Time 结构的接口值

结果可能如图 7-4 所示。从理论上来讲，无论动态值有多大，它永远在接口值内部（当然这只是一个理论模型；实际的实现是很不同的）。

接口值可以用 == 和 != 操作符来做比较。如果两个接口值都是 nil 或者二者的动态类型完全一致且二者动态值相等（使用动态类型的 == 操作符来做比较），那么两个接口值相等。因为接口值是可以比较的，所以它们可以作为 map 的键，也可以作为 switch 语句的操作数。

需要注意的是，在比较两个接口值时，如果两个接口值的动态类型一致，但对应的动态值是不可比较的（比如 slice），那么这个比较会以崩溃的方式失败：

```
var x interface{} = []int{1, 2, 3}
fmt.Println(x == x) // 宕机：试图比较不可比较的类型 []int
```

从这点来看，接口类型是非平凡的。其他类型要么是可以安全比较的（比如基础类型和指针），要么是完全不可比较的（比如 slice、map 和函数），但当比较接口值或者其中包含接口值的聚合类型时，我们必须小心崩溃的可能性。当把接口作为 map 的键或者 switch 语句的操作数时，也存在类似的风险。仅在能确认接口值包含的动态值可以比较时，才比较接口值。

当处理错误或者调试时，能拿到接口值的动态类型是很有帮助的。可以使用 fmt 包的 %T 来实现这个需求：

```
var w io.Writer
fmt.Printf("%T\n", w) // "<nil>"

w = os.Stdout
fmt.Printf("%T\n", w) // "*os.File"

w = new(bytes.Buffer)
fmt.Printf("%T\n", w) // "*bytes.Buffer"
```

在内部实现中，fmt 用反射来拿到接口动态类型的名字。第 12 章将进一步讨论反射。

注意：含有空指针的非空接口

空的接口值（其中不包含任何信息）与仅仅动态值为 nil 的接口值是不一样的。这种微妙的区别成为让每个 Go 程序员都困惑过的陷阱。

考虑如下程序，当 debug 设置为 true 时，主函数收集函数 f 的输出到一个缓冲区中：

```
const debug = true

func main() {
    var buf *bytes.Buffer
    if debug {
        buf = new(bytes.Buffer) // 启用输出收集
    }
```

```
        f(buf) // 注意: 微妙的错误
        if debug {
            // ...使用 buf...
        }
    }

    // 如果 out 不是 nil, 那么会向其写入输出的数据
    func f(out io.Writer) {
        // ...其他代码...
        if out != nil {
            out.Write([]byte("done!\n"))
        }
    }
```

当设置 debug 为 false 时, 我们会觉得仅仅是不再收集输出, 但实际上会导致程序在调用 out.Write 时崩溃:

```
    if out != nil {
        out.Write([]byte("done!\n")) // 宕机: 对空指针取引用值
    }
```

当 main 函数调用 f 时, 它把一个类型为 *bytes.Buffer 的空指针赋给了 out 参数, 所以 out 的动态值确实为空。但它的动态类型是 *bytes.Buffer, 这表示 out 是一个包含空指针的非空接口 (见图 7-5), 所以防御性检查 out!= nil 仍然是 true。

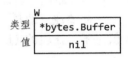

图 7-5 包含空指针的
非空接口

如前所述, 动态分发机制决定了我们肯定会调用 (*bytes.Buffer).Write, 只不过这次接收者值为空。对于某些类型, 比如 *os.File, 空接收值是合法的 (参考 6.2.1 节), 但对于 *bytes.Buffer 则不行。方法尽管被调用了, 但在尝试访问缓冲区时崩溃了。

问题在于, 尽管一个空的 *bytes.Buffer 指针拥有的方法满足了该接口, 但它并不满足该接口所需的一些行为。特别是, 这个调用违背了 (*bytes.Buffer).Write 的一个隐式的前置条件, 即接收者不能为空, 所以把空指针赋给这个接口就是一个错误。解决方案是把 main 函数中的 buf 类型修改为 io.Writer, 从而避免在最开始就把一个功能不完整的值赋给一个接口。

```
    var buf io.Writer
    if debug {
        buf = new(bytes.Buffer) // 启用输出收集
    }
    f(buf) // OK
```

既然我们已经了解过接口值的机制, 接下来就要看一下 Go 标准库的一些重要接口。在接下来的三节中, 我们将看到接口在排序、Web 服务、错误处理中的应用。

7.6 使用 sort.Interface 来排序

与字符串格式化类似, 排序也是一个在很多程序中广泛使用的操作。尽管一个最小的快排 (Quicksort) 只需 15 行左右, 但一个健壮的实现长很多。所以我们无法想象在每次需要时都重新写一遍或者复制一遍。

幸运的是, sort 包提供了针对任意序列根据任意排序函数原地排序的功能。这样的设计其实并不常见。在很多语言中, 排序算法跟序列数据类型绑定, 排序算法则跟序列元素类型绑定。与之相反的是, Go 语言的 sort.Sort 函数对序列和其中元素的布局无任何要求, 它

使用 sort.Interface 接口来指定通用排序算法和每个具体的序列类型之间的协议（contract）。这个接口的实现确定了序列的具体布局（经常是一个 slice），以及元素期望的排序方式。

一个原地排序算法需要知道三个信息：序列长度、比较两个元素的含义以及如何交换两个元素，所以 sort.Interface 接口就有三个方法：

```
package sort

type Interface interface {
    Len() int
    Less(i, j int) bool // i, j 是序列元素的下标
    Swap(i, j int)
}
```

要对序列排序，需要先确定一个实现了如上三个方法的类型，接着把 sort.Sort 函数应用到上面这类方法的实例上。我们先考虑几乎是最简单的一个例子：字符串 slice。定义的新类型 StringSlice 以及它的 Len、Less、Swap 三个方法如下所示：

```
type StringSlice []string
func (p StringSlice) Len() int           { return len(p) }
func (p StringSlice) Less(i, j int) bool { return p[i] < p[j] }
func (p StringSlice) Swap(i, j int)      { p[i], p[j] = p[j], p[i] }
```

现在就可以对一个字符串 slice 进行排序，只须简单地把一个 slice 转换为 StringSlice 类型即可，如下所示：

```
sort.Sort(StringSlice(names))
```

类型转换生成了一个新的 slice，与原始的 names 有同样的长度、容量和底层数组，不同的就是额外增加了三个用于排序的方法。

字符串 slice 的排序太常用了，所以 sort 包提供了 StringSlice 类型，以及一个直接排序的 Strings 函数，于是上面的代码可以简写为 sort.Strings(names)。

这种技术可以方便地复用到其他排序方式，比如，忽略大小写或者特殊字符。（本书的索引词和页码排序也用了这个技术，只是加了额外的罗马数字逻辑。）对于更复杂的排序，也可以使用同样的思路，只用加上更复杂的数据结构和更复杂的 sort.Interface 方法实现。

这里的排序示例将是一个以表格方式显示的音乐播放列表。每首音乐占一行，每个字段都是这首音乐的一个属性，比如艺术家、标题和时间。考虑使用图形用户界面来展示一个表，单击列头会按该列对应的属性来进行排序，再次单击同一个列头会逆序排列。接下来看一下如何响应每一次单击。

如下变量 tracks 包含一个播放列表。（作者之一对其他作者的音乐品味表示遗憾。）每个元素都是一个指向 Track 的指针。尽管我们不用指针，而改为直接存储 Tracks，后面的代码也能运行，考虑到 sort 函数要交换很多对元素，所以在元素是一个指针的情况下代码运行速度会更快，毕竟，一个指针的大小只有一个字长，而一个完整的 Track 则需要 8 个甚至更多的字。

gopl.io/ch7/sorting

```
type Track struct {
    Title  string
    Artist string
    Album  string
    Year   int
    Length time.Duration
}
```

```
var tracks = []*Track{
    {"Go", "Delilah", "From the Roots Up", 2012, length("3m38s")},
    {"Go", "Moby", "Moby", 1992, length("3m37s")},
    {"Go Ahead", "Alicia Keys", "As I Am", 2007, length("4m36s")},
    {"Ready 2 Go", "Martin Solveig", "Smash", 2011, length("4m24s")},
}
func length(s string) time.Duration {
    d, err := time.ParseDuration(s)
    if err != nil {
        panic(s)
    }
    return d
}
```

printTracks 函数将播放列表输出为一个表格。当然，一个图形界面肯定会更好，但这个例程使用的 text/tabwriter 包可以生成一个如下所示的干净整洁的表格。注意，*tabwriter.Writer 满足 io.Writer 接口，它先收集所有写入的数据，在 Flush 方法调用时才格式化整个表格并且输出到 os.Stdout。

```
func printTracks(tracks []*Track) {
    const format = "%v\t%v\t%v\t%v\t%v\t\n"
    tw := new(tabwriter.Writer).Init(os.Stdout, 0, 8, 2, ' ', 0)
    fmt.Fprintf(tw, format, "Title", "Artist", "Album", "Year", "Length")
    fmt.Fprintf(tw, format, "-----", "------", "-----", "----", "------")
    for _, t := range tracks {
        fmt.Fprintf(tw, format, t.Title, t.Artist, t.Album, t.Year, t.Length)
    }
    tw.Flush() // 计算各列宽度并输出表格
}
```

要按照 Artist 字段来对播放列表排序，需要先定义一个新的 slice 类型，以及必需的 Len、Less 和 Swap 方法，正如 StringSlice 一样。

```
type byArtist []*Track

func (x byArtist) Len() int            { return len(x) }
func (x byArtist) Less(i, j int) bool  { return x[i].Artist < x[j].Artist }
func (x byArtist) Swap(i, j int)       { x[i], x[j] = x[j], x[i] }
```

要调用通用的排序例称，必须先把 tracks 转换为定义排序规则的新类型 byArtist：

```
sort.Sort(byArtist(tracks))
```

按照艺术家排序之后，从 printTracks 生成的输出如下：

```
Title      Artist          Album              Year  Length
-----      ------          -----              ----  ------
Go Ahead   Alicia Keys     As I Am            2007  4m36s
Go         Delilah         From the Roots Up  2012  3m38s
Ready 2 Go Martin Solveig  Smash              2011  4m24s
Go         Moby            Moby               1992  3m37s
```

如果用户第二次请求"按照艺术家排序"，就需要把这些音乐反向排序。我们不需要定义一个新的 byReverseArtist 类型和对应的反向 Less 方法，因为 sort 包已经提供了一个 Reverse 函数，它可以把任意的排序反向。

按照艺术家对 slice 反向排序之后，从 printTracks 生成的输出如下：

```
Title         Artist           Album              Year   Length
-----         ------           -----              ----   ------
Go            Moby             Moby               1992   3m37s
Ready 2 Go    Martin Solveig   Smash              2011   4m24s
Go            Delilah          From the Roots Up   2012   3m38s
Go Ahead      Alicia Keys      As I Am            2007   4m36s
```

sort.Reverse 函数值得仔细看一下，因为它使用了一个重要概念：组合（参考 6.3 节）。sort 包定义了一个未导出的类型 reverse，这个类型是一个嵌入了 sort.Interface 的结构。reverse 的 Less 方法直接调用了内嵌的 sort.Interface 值的 Less 方法，但只交换传入的下标，就可以颠倒排序的结果。

```
package sort

type reverse struct{ Interface } // that is, sort.Interface

func (r reverse) Less(i, j int) bool { return r.Interface.Less(j, i) }

func Reverse(data Interface) Interface { return reverse{data} }
```

reverse 的另外两个方法 Len 和 Swap，由内嵌的 sort.Interface 隐式提供。导出的函数 Reverse 则返回一个包含原始 sort.Interface 值的 reverse 实例。

如果要按其他列来排序，就需要定义一个新的类型，比如 byYear：

```
type byYear []*Track

func (x byYear) Len() int            { return len(x) }
func (x byYear) Less(i, j int) bool { return x[i].Year < x[j].Year }
func (x byYear) Swap(i, j int)       { x[i], x[j] = x[j], x[i] }
```

把 tracks 按照 sort.Sort(byYear(tracks)) 排序后，printTracks 就可以输出一个按照年代排序的列表了：

```
Title         Artist           Album              Year   Length
-----         ------           -----              ----   ------
Go            Moby             Moby               1992   3m37s
Go Ahead      Alicia Keys      As I Am            2007   4m36s
Ready 2 Go    Martin Solveig   Smash              2011   4m24s
Go            Delilah          From the Roots Up   2012   3m38s
```

对于每一类 slice 和每一种排序函数，都需要实现一个新的 sort.Interface。如你所见，Len 和 Swap 方法对所有的 slice 类型都是一样的。在下一个例子中，具体类型 customSort 组合了一个 slice 和一个函数，让我们只写一个比较函数就可以定义一个新的排序。顺便说一下，实现 sort.Interface 的具体类型并不一定都是 slice，比如 customSort 就是一个结构类型：

```
type customSort struct {
    t    []*Track
    less func(x, y *Track) bool
}

func (x customSort) Len() int            { return len(x.t) }
func (x customSort) Less(i, j int) bool { return x.less(x.t[i], x.t[j]) }
func (x customSort) Swap(i, j int)       { x.t[i], x.t[j] = x.t[j], x.t[i] }
```

让我们定义个一个多层的比较函数，先按照标题（Title）排序，接着是年份 Year，最后是时长 Length。如下 sort 调用就是一个使用匿名排序函数来这样排序的例子：

```
sort.Sort(customSort{tracks, func(x, y *Track) bool {
    if x.Title != y.Title {
        return x.Title < y.Title
    }
    if x.Year != y.Year {
        return x.Year < y.Year
    }
    if x.Length != y.Length {
        return x.Length < y.Length
    }
    return false
}})
```

如下就是结果。注意，对于两首标题都是"Go"的音乐，年份较早的排序靠前：

```
Title       Artist          Album             Year   Length
-----       ------          -----             ----   ------
Go          Moby            Moby              1992   3m37s
Go          Delilah         From the Roots Up 2012   3m38s
Go Ahead    Alicia Keys     As I Am           2007   4m36s
Ready 2 Go  Martin Solveig  Smash             2011   4m24s
```

对一个长度为 n 的序列进行排序需要 O(n log$n$) 次比较操作，而判断一个序列是否已经排好序则只需最多（$n-1$）次比较。sort 包提供的 IsSorted 函数就可以做这个判断。与 sort.Sort 类似，它使用 sort.Interface 来抽象序列及其排序函数，只是从不调用 Swap 方法而已。下面的代码就演示了 IntsAreSorted、Ints 函数和 IntSlice 类型：

```
values := []int{3, 1, 4, 1}
fmt.Println(sort.IntsAreSorted(values)) // "false"
sort.Ints(values)
fmt.Println(values)                      // "[1 1 3 4]"
fmt.Println(sort.IntsAreSorted(values)) // "true"
sort.Sort(sort.Reverse(sort.IntSlice(values)))
fmt.Println(values)                      // "[4 3 1 1]"
fmt.Println(sort.IntsAreSorted(values)) // "false"
```

为了简便起见，sort 包专门提供了对于 []int、[]string、[]float64 自然排序的函数和相关类型。对于其他类型，比如 []int64 或者 []uint，则需要自己写，反正写起来也不复杂。

练习 7.8：很多图形界面提供了一个表格控件，它支持有状态的多层排序：先按照最近单击的列来排序，接着是上一次单击的列，依次类推。请定义 sort.Interface 接口实现来满足如上需求。试比较这个方法与多次使用 sort.Stable 排序的异同。

练习 7.9：利用 html/template 包（见 4.6 节）来替换 printTracks 函数，使用 HTML 表格来显示音乐列表。结合上一个练习，来实现通过单击列头来发送 HTTP 请求，进而对表格排序。

练习 7.10：sort.Interface 也可以用于其他用途。试写一个函数 IsPalindrome(s sort.Interface)bool 来判断一个序列是否是回文，即序列反转后是否保持不变。可以假定对于下标分别为 i、j 的元素，如果!s.Less(i,j)&& !s.Less(j,i)，那么两个元素相等。

7.7　http.Handler 接口

第 1 章简单介绍了如何用 net/http 包来实现 Web 客户端（参考 1.5 节）和服务器（参考 1.7 节）。本节将进一步讨论服务端 API，以及作为其基础的 http.Handler 接口。

net/http
```
package http

type Handler interface {
    ServeHTTP(w ResponseWriter, r *Request)
}

func ListenAndServe(address string, h Handler) error
```

ListenAndServe 函数需要一个服务器地址，比如 "localhost:8000"，以及一个 Handler 接口的实例（用来接受所有的请求）。这个函数会一直运行，直到服务出错（或者启动时就失败了）时返回一个非空的错误。

设想一个电子商务网站，使用一个数据库来存储商品和价格（以美元计价）的映射。如下程序将展示一个最简单的实现。它用一个 map 类型（命名为 database）来代表仓库，再加上一个 ServeHTTP 方法来满足 http.Handler 接口。这个函数遍历整个 map 并且输出其中的元素：

gopl.io/ch7/http1
```
func main() {
    db := database{"shoes": 50, "socks": 5}
    log.Fatal(http.ListenAndServe("localhost:8000", db))
}

type dollars float32

func (d dollars) String() string { return fmt.Sprintf("$%.2f", d) }

type database map[string]dollars

func (db database) ServeHTTP(w http.ResponseWriter, req *http.Request) {
    for item, price := range db {
        fmt.Fprintf(w, "%s: %s\n", item, price)
    }
}
```

如果启动服务器：

```
$ go build gopl.io/ch7/http1
$ ./http1 &
```

使用 1.5 节的 fetch 程序来连接服务器（也可以用 Web 浏览器），可以得到如下输出：

```
$ go build gopl.io/ch1/fetch
$ ./fetch http://localhost:8000
shoes: $50.00
socks: $5.00
```

到现在为止，这个服务器只能列出所有的商品，而且是完全不管 URL，对每个请求都是如此。一个更加真实的服务器会定义多个不同 URL，每个触发不同的行为。我们把现有功能的 URL 设为 /list，再加上另外一个 /price 用来显示单个商品的价格，商品可以在请求参数中指定，比如 /price?item=socks：

gopl.io/ch7/http2
```
func (db database) ServeHTTP(w http.ResponseWriter, req *http.Request) {
    switch req.URL.Path {
    case "/list":
        for item, price := range db {
            fmt.Fprintf(w, "%s: %s\n", item, price)
        }
```

```
    case "/price":
        item := req.URL.Query().Get("item")
        price, ok := db[item]
        if !ok {
            w.WriteHeader(http.StatusNotFound) // 404
            fmt.Fprintf(w, "no such item: %q\n", item)
            return
        }
        fmt.Fprintf(w, "%s\n", price)
    default:
        w.WriteHeader(http.StatusNotFound) // 404
        fmt.Fprintf(w, "no such page: %s\n", req.URL)
    }
}
```

现在，处理函数基于 URL 的路径部分（`req.URL.Path`）来决定执行哪部分逻辑。如果处理函数不能识别这个路径，那么它通过调用 `w.WriteHeader(http.StatusNotFound)` 来返回一个 HTTP 错误。注意，这个调用必须在往 w 中写入内容之前完成（顺带说一下，`http.ResponseWriter` 也是一个接口，它扩充了 `io.Writer`，加了发送 HTTP 响应头的方法）。也可以使用 `http.Error` 这个工具函数来达到同样目的。

```
    msg := fmt.Sprintf("no such page: %s\n", req.URL)
    http.Error(w, msg, http.StatusNotFound) // 404
```

对于 /price 的场景，它调用了 URL 的 `Query` 方法，把 HTTP 的请求参数解析为一个 map，或者更精确来讲，解析为一个 multimap，由 net/url 包的 `url.Values` 类型（6.2.1 节）实现。它找到第一个 item 请求参数，查询对应的价格。如果商品没找到，则返回一个错误。

与新服务端的交互范例如下所示：

```
$ go build gopl.io/ch7/http2
$ go build gopl.io/ch1/fetch
$ ./http2 &
$ ./fetch http://localhost:8000/list
shoes: $50.00
socks: $5.00
$ ./fetch http://localhost:8000/price?item=socks
$5.00
$ ./fetch http://localhost:8000/price?item=shoes
$50.00
$ ./fetch http://localhost:8000/price?item=hat
no such item: "hat"
$ ./fetch http://localhost:8000/help
no such page: /help
```

显然，可以继续给 ServeHTTP 方法增加功能，但对于一个真实的应用，应当把每部分逻辑分到独立的函数或方法。进一步来讲，某些相关的 URL 可能需要类似的逻辑，比如几个图片文件的 URL 可能都是 /images/*.png 形式。因为这些原因，net/http 包提供了一个请求多工转发器 ServeMux，用来简化 URL 和处理程序之间的关联。一个 ServeMux 把多个 http.Handler 组合成单个 http.Handler。在这里，我们再次看到满足同一个接口的多个类型是可以互相替代的，Web 服务器可以把请求分发到任意一个 http.Handler，而不用管后面具体的类型是什么。

对于一个更复杂的应用，多个 ServeMux 会组合起来，用来处理更复杂的分发需求。Go 语言并没有一个类似于 Ruby 的 Rails 或者 Python 的 Django 那样的权威 Web 框架。这并不是说那样的框架无法存在，只是 Go 语言的标准库提供的基础单元足够灵活，以至于那样的框架通常不是必需的。进一步来讲，尽管框架在项目初期带来很多便利，但框架带来了额外复杂性，增加长时间维护的难度。

在下面的代码中，创建了一个 ServeMux，用于将 /list、/price 这样的 URL 和对应的处理程序关联起来，这些处理程序也已经拆分到不同的方法中。最后作为主处理程序在 ListenAndServe 调用中使用这个 ServerMux：

gopl.io/ch7/http3

```go
func main() {
    db := database{"shoes": 50, "socks": 5}
    mux := http.NewServeMux()
    mux.Handle("/list", http.HandlerFunc(db.list))
    mux.Handle("/price", http.HandlerFunc(db.price))
    log.Fatal(http.ListenAndServe("localhost:8000", mux))
}

type database map[string]dollars

func (db database) list(w http.ResponseWriter, req *http.Request) {
    for item, price := range db {
        fmt.Fprintf(w, "%s: %s\n", item, price)
    }
}

func (db database) price(w http.ResponseWriter, req *http.Request) {
    item := req.URL.Query().Get("item")
    price, ok := db[item]
    if !ok {
        w.WriteHeader(http.StatusNotFound) // 404
        fmt.Fprintf(w, "no such item: %q\n", item)
        return
    }
    fmt.Fprintf(w, "%s\n", price)
}
```

我们先关注一下用于注册处理程序的两次 mux.Handle 调用。在第一个调用中，db.list 是一个方法值（参考 6.4 节），即如下类型的一个值：

```go
func(w http.ResponseWriter, req *http.Request)
```

当调用 db.list 时，等价于以 db 为接收者调用 database.list 方法。所以 db.list 是一个实现了处理功能的函数（而不是一个实例），因为它没有接口所需的方法，所以它不满足 http.Handler 接口，也不能直接传给 mux.Handle。

表达式 http.HandleFunc(db.list) 其实是类型转换，而不是函数调用。注意，http.HandleFunc 是一个类型。它有如下定义：

net/http

```go
package http

type HandlerFunc func(w ResponseWriter, r *Request)

func (f HandlerFunc) ServeHTTP(w ResponseWriter, r *Request) {
    f(w, r)
}
```

HandlerFunc 演示了 Go 语言接口机制的一些不常见特性。它不仅是一个函数类型，还拥有自己的方法，也满足接口 http.Handler。它的 ServeHTTP 方法就调用函数本身，所以

HandlerFunc 就是一个让函数值满足接口的一个适配器，在这个例子中，函数和接口的唯一方法拥有同样的签名。这个小技巧让 database 类型可以用不同的方式来满足 http.Handler 接口：一次通过 list 方法，一次通过 price 方法，依次类推。

因为这种注册处理程序的方法太常见了，所以 ServeMux 引入了一个 HandleFunc 便捷方法来简化调用，处理程序注册部分的代码可以简化为如下形式：

gopl.io/ch7/http3a
```
mux.HandleFunc("/list", db.list)
mux.HandleFunc("/price", db.price)
```

通过上面的代码，我们可以看到构造这样一个程序也是简单的：有两个不同的 Web 服务器，在不同的端口监听，定义不同的 URL，分发到不同的处理程序。只须简单地构造另外一个 ServeMux，再调用一次 ListenAndServe 即可（建议并发调用）。但对于绝大部分程序来说，一个 Web 服务就已经远远足够了。另外，一个程序可能在很多文件中来定义 HTTP 处理程序，如果每次都需要显式注册在应用本身的 ServerMux 实例上，那就太麻烦了。

所以，为简便起见，net/http 包提供一个全局的 ServeMux 实例 DefaultServeMux，以及包级别的注册函数 http.Handle 和 http.HandleFunc。要让 DefaultServeMux 作为服务器的主处理程序，无须把它传给 ListenAndServe，直接传 nil 即可。

服务器的主函数可以进一步简化为：

gopl.io/ch7/http4
```
func main() {
    db := database{"shoes": 50, "socks": 5}
    http.HandleFunc("/list", db.list)
    http.HandleFunc("/price", db.price)
    log.Fatal(http.ListenAndServe("localhost:8000", nil))
}
```

最后有一个重要的提示：1.7 节曾提到，Web 服务器每次都用一个新的 goroutine 来调用处理程序，所以处理程序必须要注意并发问题。比如在访问变量时的锁问题，这个变量可能会被其他 goroutine 访问，包括由同一个处理程序处理的其他请求。接下来的两章会继续讨论并发问题。

练习 7.11：增加额外的处理程序，来支持创建、读取、更新和删除数据库条目。比如，/update?item=socks&price=6 这样的请求将更新仓库中物品的价格，如果商品不存在或者价格无效就返回错误。（注意：这次修改会引入并发变量修改。）

练习 7.12：修改 /list 的处理程序，改为输出 HTML 表格，而不是纯文本。可以考虑使用 html/template 包（参考 4.6 节）。

7.8 error 接口

从本书的开始，我们就已经使用和创建了神秘的预定义 error 类型，但从来没解释过它具体是什么。实际上，它只是一个接口类型，包含一个返回错误消息的方法：

```
type error interface {
    Error() string
}
```

构造 error 最简单的方法是调用 errors.New，它会返回一个包含指定的错误消息的新

error 实例。完整的 error 包只有如下 4 行代码：

```
package errors

func New(text string) error { return &errorString{text} }

type errorString struct { text string }

func (e *errorString) Error() string { return e.text }
```

底层的 errorString 类型是一个结构，而没有直接用字符串，主要是为了避免将来无意间的（或者有预谋的）布局变更。满足 error 接口的是 *errorString 指针，而不是原始的 errorString，主要是为了让每次 New 分配的 error 实例都互不相等。我们不希望出现像 io.EOF 这样重要的错误，与仅仅包含同样错误消息的一个错误相等。

```
fmt.Println(errors.New("EOF") == errors.New("EOF")) // "false"
```

直接调用 errors.New 比较罕见，因为有一个更易用的封装函数 fmt.Errorf，它还额外提供了字符串格式化功能。这个函数在第 5 章中我们已经用过几次了。

```
package fmt

import "errors"

func Errorf(format string, args ...interface{}) error {
    return errors.New(Sprintf(format, args...))
}
```

尽管 *errorString 可能是最简单的 error 类型，但这样简单的 error 类型远不止一个。比如，syscall 包提供了 Go 语言的底层系统调用 API。在很多平台上，它也定义了一个满足 error 接口的数字类型 Errno。在 UNIX 平台上，Errno 的 Error 方法会从一个字符串表格中查询错误消息，如下所示：

```
package syscall

type Errno uintptr // 操作系统错误码
var errors = [...]string{
    1:    "operation not permitted",   // EPERM
    2:    "no such file or directory", // ENOENT
    3:    "no such process",           // ESRCH
    // ...
}

func (e Errno) Error() string {
    if 0 <= int(e) && int(e) < len(errors) {
        return errors[e]
    }
    return fmt.Sprintf("errno %d", e)
}
```

如下语句创建一个接口值，其中包含值为 2 的 Errno，这个值代表 POSIX ENOENT 状态：

```
var err error = syscall.Errno(2)
fmt.Println(err.Error()) // " 没有文件或目录 "
fmt.Println(err)         // " 没有文件或目录 "
```

err 的接口值如图 7-6 所示。

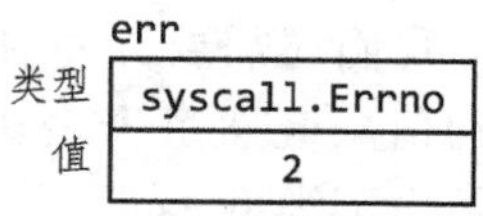

Errno 是一个系统调用错误的高效表示手法，毕竟系统调用错误是一个有限的集合，尽管很简单，但是它也满足标

图 7-6　一个包含 syscall.Errno 整数的接口值

准的 error 接口。在 7.11 节中我们可以看到满足 error 接口的其他类型。

7.9　示例：表达式求值器

在本节中，我们将创建简单算术表达式的一个求值器。我们将使用一个接口 Expr 来代表这种语言中的任意一个表达式。现在，这个接口没有任何方法，但稍后我们会逐个添加。

```
// Expr: 算术表达式
type Expr interface{}
```

我们的表达式语言包括浮点数字面量，二元操作符 +、-、*、/，一元操作符 -x 和 +x，函数调用 pow(x,y)、sin(x) 和 sqrt(x)，变量（比如 x 和 pi），当然，还有圆括号和标准的操作符优先级。所有的值都是 float64 类型。下面是几个示例表达式：

```
sqrt(A / pi)
pow(x, 3) + pow(y, 3)
(F - 32) * 5 / 9
```

下面 5 种具体类型代表特定类型的表达式。Var 代表变量应用（很快我们将了解到为什么这个类型需要导出）。literal 代表浮点数常量。unary 和 binary 类型代表有一个或者两个操作数的操作符表达式，而操作数则可以任意的 Expr。call 代表函数调用，这里限制它的 fn 字段只能是 pow、sin 和 sqrt。

gop1.io/ch7/eval
```
// Var 表示一个变量，比如 x
type Var string

// literal 是一个数字常量，比如 3.141
type literal float64

// unary 表示一元操作符表达式，比如 -x
type unary struct {
    op rune // '+', '-'中的一个
    x  Expr
}

// binary 表示二元操作符表达式，比如 x+y
type binary struct {
    op   rune // '+', '-', '*', '/'中的一个
    x, y Expr
}

// call 表示函数调用表达式，比如 sin(x)
type call struct {
    fn   string // one of "pow", "sin", "sqrt"中的一个
    args []Expr
}
```

要对包含变量的表达式进行求值，需要一个上下文（environment）来把变量映射到数值：

```
type Env map[Var]float64
```

我们还需要为每种类型的表达式定义一个 Eval 方法来返回表达式在一个给定上下文下的值。既然每个表达式都必须提供这个方法，那么可以把它加到 Expr 接口中。这个包只导出了类型 Expr、Env 和 Var。客户端可以在不接触其他表达式类型的情况下使用这个求值器。

```
type Expr interface {
    // Eval 返回表达式在 env 上下文下的值
    Eval(env Env) float64
}
```

下面是具体的 Eval 方法。Var 的 Eval 方法从上下文中查询结果，如果变量不存在则返回 0。literal 的 Eval 方法则直接返回本身的值。

```
func (v Var) Eval(env Env) float64 {
    return env[v]
}
func (l literal) Eval(_ Env) float64 {
    return float64(l)
}
```

unary 和 binary 的 Eval 方法首先对它们的操作数递归求值，然后应用 op 操作。我们不把除以 0 或者无穷大当做错误（尽管它们生成的结果显然不是有穷数）。最后，call 方法先对 pow、sin 或者 sqrt 函数的参数求值，再调用 math 包中的对应函数。

```
func (u unary) Eval(env Env) float64 {
    switch u.op {
    case '+':
        return +u.x.Eval(env)
    case '-':
        return -u.x.Eval(env)
    }
    panic(fmt.Sprintf("unsupported unary operator: %q", u.op))
}
func (b binary) Eval(env Env) float64 {
    switch b.op {
    case '+':
        return b.x.Eval(env) + b.y.Eval(env)
    case '-':
        return b.x.Eval(env) - b.y.Eval(env)
    case '*':
        return b.x.Eval(env) * b.y.Eval(env)
    case '/':
        return b.x.Eval(env) / b.y.Eval(env)
    }
    panic(fmt.Sprintf("unsupported binary operator: %q", b.op))
}
func (c call) Eval(env Env) float64 {
    switch c.fn {
    case "pow":
        return math.Pow(c.args[0].Eval(env), c.args[1].Eval(env))
    case "sin":
        return math.Sin(c.args[0].Eval(env))
    case "sqrt":
        return math.Sqrt(c.args[0].Eval(env))
    }
    panic(fmt.Sprintf("unsupported function call: %s", c.fn))
}
```

某些方法可能会失败，比如 call 表达式可能会遇到未知的函数，或者参数数量不对。也有可能用“!”或者“<”这类无效的操作符构造了一个 unary 或 binary 表达式（尽管后面的 Parse 函数不会产生这样的结果）。这些错误都会导致 Eval 崩溃。其他错误（比如对一个上下文中没有定义的变量求值）仅会导致返回不正确的结果。所有这些错误都可以在求值之前做检查来发现。后面的 Check 方法就负责完成这个任务，但我们先测试 Eval。

下面的 TestEval 函数用于测试求值器，它使用 testing 包。testing 包的详细情况会在第 11 章介绍，现在我们只须知道调用 t.Errorf 来报告错误。这个函数遍历一个表格，表格中定义了三个表达式并为每个表达式准备了不同上下文。第一个表达式用于根据圆面积 A 求半径，第二个用于计算两个变量 x 和 y 的立方和，第三个把华氏温度 F 转为摄氏温度。

```go
func TestEval(t *testing.T) {
    tests := []struct {
        expr string
        env  Env
        want string
    }{
        {"sqrt(A / pi)", Env{"A": 87616, "pi": math.Pi}, "167"},
        {"pow(x, 3) + pow(y, 3)", Env{"x": 12, "y": 1}, "1729"},
        {"pow(x, 3) + pow(y, 3)", Env{"x": 9, "y": 10}, "1729"},
        {"5 / 9 * (F - 32)", Env{"F": -40}, "-40"},
        {"5 / 9 * (F - 32)", Env{"F": 32}, "0"},
        {"5 / 9 * (F - 32)", Env{"F": 212}, "100"},
    }
    var prevExpr string
    for _, test := range tests {
        // 仅在表达式变更时才输出
        if test.expr != prevExpr {
            fmt.Printf("\n%s\n", test.expr)
            prevExpr = test.expr
        }
        expr, err := Parse(test.expr)
        if err != nil {
            t.Error(err) // 解析出错
            continue
        }
        got := fmt.Sprintf("%.6g", expr.Eval(test.env))
        fmt.Printf("\t%v => %s\n", test.env, got)
        if got != test.want {
            t.Errorf("%s.Eval() in %v = %q, want %q\n",
                test.expr, test.env, got, test.want)
        }
    }
}
```

对于表格中的每一行记录，该测试先解析表达式，在上下文中求值，再输出表达式。这里没有足够的空间来显示 Parse 函数，但可以通过 go get 来下载源码，自行查看。

go test 命令（参考 11.1 节）可用于运行包的测试：

```
$ go test -v gopl.io/ch7/eval
```

启用 -v 选项后可以看到测试的输出，通常情况下对于结果正确的测试输出就不显示了。下面就是测试中 fmt.Printf 语句输出的内容。

```
sqrt(A / pi)
    map[A:87616 pi:3.141592653589793] => 167

pow(x, 3) + pow(y, 3)
    map[x:12 y:1] => 1729
    map[x:9 y:10] => 1729

5 / 9 * (F - 32)
    map[F:-40] => -40
    map[F:32] => 0
    map[F:212] => 100
```

　　幸运的是，到现在为止所有的输入都是合法的，但这种幸运是不能持久的。即使在解释性语言中，通过语法检查来发现静态错误（即不用运行程序也能检测出来的错误）也是很常见的。通过分离静态检查和动态检查，我们可以更快发现错误，也可以只在运行前检查一次，而不用在表达式求值时每次都检查。

　　让我们给 Expr 方法加上另外一个方法。Check 方法用于在表达式语法树上检查静态错误。它的 vars 参数将稍后解释。

```go
type Expr interface {
    Eval(env Env) float64
    // Check 方法报告表达式中的错误，并把表达式中的变量加入 Vars 中
    Check(vars map[Var]bool) error
}
```

　　具体的 Check 方法如下所示。literal 和 Var 的求值不可能出错，所以 Check 方法返回 nil。unary 和 binary 的方法首先检查操作符是否合法，再递归地检查操作数。类似地，call 的方法首先检查函数是否是已知的，然后检查参数个数是否正确，最后递归检查每个参数。

```go
func (v Var) Check(vars map[Var]bool) error {
    vars[v] = true
    return nil
}

func (literal) Check(vars map[Var]bool) error {
    return nil
}
func (u unary) Check(vars map[Var]bool) error {
    if !strings.ContainsRune("+-", u.op) {
        return fmt.Errorf("unexpected unary op %q", u.op)
    }
    return u.x.Check(vars)
}
func (b binary) Check(vars map[Var]bool) error {
    if !strings.ContainsRune("+-*/", b.op) {
        return fmt.Errorf("unexpected binary op %q", b.op)
    }
    if err := b.x.Check(vars); err != nil {
        return err
    }
    return b.y.Check(vars)
}
func (c call) Check(vars map[Var]bool) error {
    arity, ok := numParams[c.fn]
    if !ok {
        return fmt.Errorf("unknown function %q", c.fn)
    }
    if len(c.args) != arity {
        return fmt.Errorf("call to %s has %d args, want %d",
            c.fn, len(c.args), arity)
    }
    for _, arg := range c.args {
        if err := arg.Check(vars); err != nil {
            return err
        }
    }
    return nil
}

var numParams = map[string]int{"pow": 2, "sin": 1, "sqrt": 1}
```

下面分两列展示了一些有错误的输入，以及它们触发的错误。`Parse` 函数（没有显示）报告了语法错误，`Check` 方法报告了语义错误。

```
x % 2               unexpected '%'
math.Pi             unexpected '.'
!true               unexpected '!'
"hello"             unexpected '"'

log(10)             unknown function "log"
sqrt(1, 2)          call to sqrt has 2 args, want 1
```

`Check` 的输入参数是一个 `Var` 集合，它收集在表达中发现的变量名。要让表达式能成功求值，上下文必须包含所有的这些变量。从逻辑上来讲，这个集合应当是 `Check` 的输出结果而不是输入参数，但因为这个方法是递归调用的，在这种情况下使用参数更为方便。调用方在最初调用时需要提供一个空的集合。

在 3.2 节，我们绘制了一个函数 f(x,y)，不过函数是在编译时指定的。既然我们可以对字符串形式的表达式进行解析、检查和求值，那么就可以构建一个 Web 应用，在运行时从客户端接收一个表达式，并绘制函数的曲面图。可以使用 vars 集合来检查表达式是一个只有两个变量 x、y 的函数（为了简单起见，还提供了半径 r，所以实际上是 3 个变量）。使用 `Check` 方法来拒绝掉不规范的表达式，避免了在接下来的 40000 次求值中重复检查（4 个象限中 100×100 的格子）。

下面的 parseAndCheck 函数组合了解析和检查步骤：

gopl.io/ch7/surface
```go
import "gopl.io/ch7/eval"

func parseAndCheck(s string) (eval.Expr, error) {
    if s == "" {
        return nil, fmt.Errorf("empty expression")
    }
    expr, err := eval.Parse(s)
    if err != nil {
        return nil, err
    }
    vars := make(map[eval.Var]bool)
    if err := expr.Check(vars); err != nil {
        return nil, err
    }
    for v := range vars {
        if v != "x" && v != "y" && v != "r" {
            return nil, fmt.Errorf("undefined variable: %s", v)
        }
    }
    return expr, nil
}
```

要构造完这个 Web 应用，仅需要增加下面的 plot 函数，其函数签名与 http.HandlerFunc 类似：

```go
func plot(w http.ResponseWriter, r *http.Request) {
    r.ParseForm()
    expr, err := parseAndCheck(r.Form.Get("expr"))
    if err != nil {
        http.Error(w, "bad expr: "+err.Error(), http.StatusBadRequest)
        return
    }
```

```
    w.Header().Set("Content-Type", "image/svg+xml")
    surface(w, func(x, y float64) float64 {
        r := math.Hypot(x, y) // 与 (0,0) 之间的距离
        return expr.Eval(eval.Env{"x": x, "y": y, "r": r})
    })
}
```

　　plot 函数解析并检查 HTTP 请求中的表达式，并用它来创建一个有两个变量的匿名函数。这个匿名函数与原始曲面图绘制程序中的 f 有同样的签名，且能对用户提供的表达式进行求值。上下文定义了 x、y 和半径 r。最后，plot 调用了 surface 函数，surface 函数来自 gopl.io/ch3/surface 中的 main 函数，略做修改，加了参数用于接受绘制函数和输出用的io.Writer，原始版本直接使用了函数 f 和 os.Stdout。图 7-7 显示了用这个程序绘制的三张曲面图。

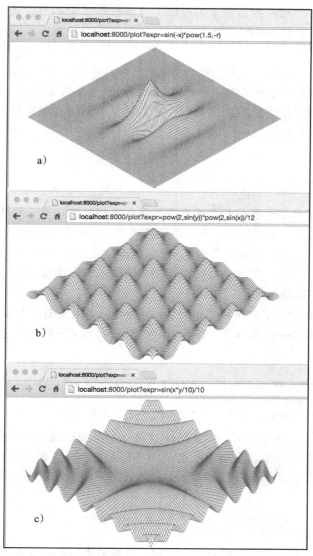

图 7-7　三个函数的曲面图：a) sin(-x)*pow(1.5, -r); b) pow(2, sin(y))*pow(2, sin(x))/12;
　　　　c) sin (x*y/10) /10

练习 7.13：给 Expr 增加一个 String 方法用来美化输出语法树。要求生成的语法树重新解析后是完全一致的树。

练习 7.14：定义一个新的满足 Expr 接口的具体类，提供一个新操作，比如计算它的操作数的最小值。因为 Parse 函数无法实例化新创建的类型，所以测试时需要直接构造语法树（当然，也可以扩充一下解析函数）。

练习 7.15：写一个程序从标准输入读取一个表达式，提示用户输入表达式中变量的值，最后计算表达式的值。请妥善处理各种异常。

练习 7.16：写一个基于 Web 的计算器程序。

7.10　类型断言

类型断言是一个作用在接口值上的操作，写出来类似于 x.(T)，其中 x 是一个接口类型的表达式，而 T 是一个类型（称为断言类型）。类型断言会检查作为操作数的动态类型是否满足指定的断言类型。

这儿有两个可能。首先，如果断言类型 T 是一个具体类型，那么类型断言会检查 x 的动态类型是否就是 T。如果检查成功，类型断言的结果就是 x 的动态值，类型当然就是 T。换句话说，类型断言就是用来从它的操作数中把具体类型的值提取出来的操作。如果检查失败，那么操作崩溃。比如：

```
var w io.Writer
w = os.Stdout
f := w.(*os.File)      // 成功: f == os.Stdout
c := w.(*bytes.Buffer) // 崩溃: 接口持有的是 *os.File, 不是 *bytes.Buffer
```

其次，如果断言类型 T 是一个接口类型，那么类型断言检查 x 的动态类型是否满足 T。如果检查成功，动态值并没有提取出来，结果仍然是一个接口值，接口值的类型和值部分也没有变更，只是结果的类型为接口类型 T。换句话说，类型断言是一个接口值表达式，从一个接口类型变为拥有另外一套方法的接口类型（通常方法数量是增多），但保留了接口值中的动态类型和动态值部分。

如下类型断言代码中，w 和 rw 都持有 os.Stdout，于是所有对应的动态类型都是 *os.File，但 w 作为 io.Writer 仅暴露了文件的 Write 方法，而 rw 还暴露了它的 Read 方法。

```
var w io.Writer
w = os.Stdout
rw := w.(io.ReadWriter) // 成功: *os.File 有 Read 和 Write 方法

w = new(ByteCounter)
rw = w.(io.ReadWriter) // 崩溃: *ByteCounter 没有 Read 方法
```

无论哪种类型作为断言类型，如果操作数是一个空接口值，类型断言都失败。很少需要从一个接口类型向一个要求更宽松的类型做类型断言，该宽松类型的接口方法比原类型的少，而且是其子集。因为除了在操作 nil 之外的情况下，在其他情况下这种操作与赋值一致。

```
w = rw                 // io.ReadWriter 可以赋给 io.Writer
w = rw.(io.Writer) // 仅当 rw == nil 时失败
```

我们经常无法确定一个接口值的动态类型，这时就需要检测它是否是某一个特定类型。如果类型断言出现在需要两个结果的赋值表达式（比如如下的代码）中，那么断言不会在失败时崩溃，而是会多返回一个布尔型的返回值来指示断言是否成功。

```
var w io.Writer = os.Stdout
f, ok := w.(*os.File)      // 成功: ok, f == os.Stdout
b, ok := w.(*bytes.Buffer) // 失败: !ok, b == nil
```

按照惯例，一般把第二个返回值赋给一个名为 ok 的变量。如果操作失败，ok 为 false，而第一个返回值为断言类型的零值，在这个例子中就是 *bytes.Buffer 的空指针。

ok 返回值通常马上就用来决定下一步做什么。下面 if 表达式的扩展形式就可以让我们写出相当紧凑的代码：

```
if f, ok := w.(*os.File); ok {
    // ...使用 f...
}
```

当类型断言的操作数是一个变量时，有时你会看到返回值的名字与操作数变量名一致，原有的值就被新的返回值掩盖了，比如：

```
if w, ok := w.(*os.File); ok {
    // ...use w...
}
```

7.11 使用类型断言来识别错误

考虑一下 os 包中的文件操作返回的错误集合，I/O 会因为很多原因失败，但有三类原因通常必须单独处理：文件已存储（创建操作），文件没找到（读取操作）以及权限不足。os 包提供了三个帮助函数用来对错误进行分类：

```
package os

func IsExist(err error) bool
func IsNotExist(err error) bool
func IsPermission(err error) bool
```

一个幼稚的实现会通过检查错误消息是否包含特定的字符串来做判断：

```
func IsNotExist(err error) bool {
    // 注意: 不健壮
    return strings.Contains(err.Error(), "file does not exist")
}
```

但由于处理 I/O 错误的逻辑会随着平台的变化而变化，因此这种方法很不健壮，同样的错误可能会用完全不同的错误消息来报告。检查错误消息是否包含特定的字符串，这种方法在单元测试中还算够用，但对于生产级的代码则远远不够。

一个更可靠的方法是用专门的类型来表示结构化的错误值。os 包定义了一个 PathError 类型来表示在与一个文件路径相关的操作上发生错误（比如 Open 或者 Delete），一个类似的 LinkError 用来表述在与两个文件路径相关的操作上发生错误（比如 Symlink 和 Rename）。下面是 os.PathError 的定义：

```
package os

// PathError 记录了错误以及错误相关的操作和文件路径
type PathError struct {
    Op   string
    Path string
    Err  error
}
```

```
func (e *PathError) Error() string {
    return e.Op + " " + e.Path + ": " + e.Err.Error()
}
```

很多客户端忽略了 PathError，改用一种统一的方法来处理所有的错误，即调用 Error 方法。PathError 的 Error 方法只是拼接了所有的字段，而 PathError 的结构则保留了错误所有的底层信息。对于那些需要区分错误的客户端，可以使用类型断言来检查错误的特定类型，这些类型包含的细节远远多于一个简单的字符串。

```
_, err := os.Open("/no/such/file")
fmt.Println(err) // "open /no/such/file: No such file or directory"
fmt.Printf("%#v\n", err)
// 输出:
// &os.PathError{Op:"open", Path:"/no/such/file", Err:0x2}
```

这也是之前三个帮助函数的工作方式。比如，如下所示的 IsNotExist 判断错误是否等于 syscall.ENOENT（参见 7.8 节），或者等于另一个错误 os.ErrNotExist（参见 5.4.2 节的 io.EOF），或者是一个 *PathError，并且底层的错误是上面二者之一。

```
import (
    "errors"
    "syscall"
)

var ErrNotExist = errors.New("file does not exist")

// IsNotExist 返回一个布尔值，该值表明错误是否代表文件或目录不存在
// report that a file or directory does not exist. It is satisfied by
// ErrNotExist 和其他一些系统调用错误会返回 true
func IsNotExist(err error) bool {
    if pe, ok := err.(*PathError); ok {
        err = pe.Err
    }
    return err == syscall.ENOENT || err == ErrNotExist
}
```

实际使用情况如下：

```
_, err := os.Open("/no/such/file")
fmt.Println(os.IsNotExist(err)) // "true"
```

当然，如果错误消息已被 fmt.Errorf 这类的方法合并到一个大字符串中，那么 PathError 的结构信息就丢失了。错误识别通常必须在失败操作发生时马上处理，而不是等到错误消息返回给调用者之后。

7.12　通过接口类型断言来查询特性

下面这段代码的逻辑类似于 net/http 包中的 Web 服务器向客户端响应诸如 "Content-type:text/html" 这样的 HTTP 头字段。io.Writer w 代表 HTTP 响应，写入的字节最终会发到某人的 Web 浏览器上。

```
func writeHeader(w io.Writer, contentType string) error {
    if _, err := w.Write([]byte("Content-Type: ")); err != nil {
        return err
    }
    if _, err := w.Write([]byte(contentType)); err != nil {
        return err
    }
    // ...
}
```

因为 Write 方法需要一个字节 slice，而我们想写入的是一个字符串，所以 []byte(...) 转换就是必需的。这种转换需要进行内存分配和内存复制，但复制后的内存又会被马上抛弃。让我们假装这是 Web 服务器的核心部分，而且性能分析表明这个内存分配导致性能下降。那么我们能否避开内存分配呢？

从 io.Writer 接口我们仅仅能知道 w 中具体类型的一个信息，那就是可以写入字节 slice。但如果我们深入 net/http 包查看，可以看到 w 对应的动态类型还支持一个能高效写入字符串的 WriteString 方法，这个方法避免了临时内存的分配和复制。（这个有点盲目猜测，但很多实现了 io.Writer 的重要类也有 WriteString 方法，比如 *bytes.Buffer、*os.File 和 *bufio. Write。）

我们无法假定任意一个 io.Writer w 也有 WriteString 方法。但可以定义一个新的接口，这个接口只包含 WriteString 方法，然后使用类型断言来判断 w 的动态类型是否满足这个新接口。

```go
// writeString 将 s 写入 w
// 如果 w 有 WriteString 方法，那么将直接调用该方法
func writeString(w io.Writer, s string) (n int, err error) {
    type stringWriter interface {
        WriteString(string) (n int, err error)
    }
    if sw, ok := w.(stringWriter); ok {
        return sw.WriteString(s) // 避免了内存复制
    }
    return w.Write([]byte(s)) // 分配了临时内存
}

func writeHeader(w io.Writer, contentType string) error {
    if _, err := writeString(w, "Content-Type: "); err != nil {
        return err
    }
    if _, err := writeString(w, contentType); err != nil {
        return err
    }
    // ...
}
```

为了避免代码重复，我们把检查挪到了工具函数 writeString 中。实际上，标准库提供了 io.WriteString，而且这也是向 io.Writer 写入字符串的推荐方法。

这个例子中比较古怪的地方是并没有一个标准的接口定义了 WriteString 方法并且指定它应满足的规范。进一步讲，一个具体的类型是否满足 stringWriter 接口仅仅由它拥有的方法来决定，而不是这个类型与一个接口类型之间的一个关系声明。这意味着上面的技术依赖于一个假定，即如果一个类型满足下面的接口，那么 WriteString(s) 必须与 Write([] byte(s)) 等效。

```go
interface {
    io.Writer
    WriteString(s string) (n int, err error)}
}
```

尽管 io.WriteString 文档中提到了这个假定，但在调用它的函数的文档中就很少提到这个假定了。给一个特定类型多定义一个方法，就隐式地接受了一个特性约定。Go 语言的初学者，特别是那些具有强类型语言背景的人，会对这种缺乏显式约定的方式感到不安，但在

实践中很少产生问题。撇开空接口 interface{} 不谈，很少有因为无意识的巧合导致错误的接口匹配。

前面的 writeString 函数使用类型断言来判定一个更普适接口类型的值是否满足一个更专用的接口类型，如果满足，则可以使用后者所定义的方法。这种技术不仅适用于 io.ReadWriter 这种标准接口，还适用于 stringWriter 这种自定义类型。

这个方法也用在了 fmt.Printf 中，用于从通用类型中识别出 error 或者 fmt.Stringer。在 fmt.Fprintf 内部，有一步是把单个操作数转换为一个字符串，如下所示：

```
package fmt
func formatOneValue(x interface{}) string {
    if err, ok := x.(error); ok {
        return err.Error()
    }
    if str, ok := x.(Stringer); ok {
        return str.String()
    }
    // ...所有其他类型...
}
```

如果 x 满足这两种接口中的一个，就直接确定格式化方法。如果不满足，默认处理部分大致会使用反射来处理所有其他类型，详细情况在第 12 章讨论。

再说一次，上面的代码给出了一个假定，任何有 String 方法的类型都满足了 fmt.Stringer 的约定，即把类型转化为一个适合输出的字符串。

7.13 类型分支

接口有两种不同的风格。第一种风格下，典型的比如 io.Reader、io.Writer、fmt.Stringer、sort.Interface、http.Handler 和 error，接口上的各种方法突出了满足这个接口的具体类型之间的相似性，但隐藏了各个具体类型的布局和各自特有的功能。这种风格强调了方法，而不是具体类型。

第二种风格则充分利用了接口值能够容纳各种具体类型的能力，它把接口作为这些类型的联合（union）来使用。类型断言用来在运行时区分这些类型并分别处理。在这种风格中，强调的是满足这个接口的具体类型，而不是这个接口的方法（何况经常没有），也不注重信息隐藏。我们把这种风格的接口使用方式称为可识别联合（discriminated union）。

如果你对面向对象编程很熟悉，那么你就知道这两种风格分别对应子类型多态（subtype polymorphism）和特设多态（ad hoc polymorphism），当然这些名词并不重要。本章其余部分将结合示例对第二种风格的接口进行讲解。

与其他语言一样，Go 语言的数据库 SQL 查询 API 也允许我们干净地分离查询中的不变部分和可变部分。一个示例客户端如下所示：

```
import "database/sql"

func listTracks(db sql.DB, artist string, minYear, maxYear int) {
    result, err := db.Exec(
        "SELECT * FROM tracks WHERE artist = ? AND ? <= year AND year <= ?",
        artist, minYear, maxYear)
    // ...
}
```

Exec 方法把查询字符串中的每一个"？"都替换为与相应参数值对应的 SQL 字面量，这些参数可能是布尔型、数字、字符串或者 nil。通过这种方式构造请求可以帮助避免 SQL 注入攻击，攻击者可以通过在输入数据中加入不恰当的引号来控制你的查询。在 Exec 的实现代码中，可以发现一个类似如下的函数，将每个参数值转为对应的 SQL 字面量。

```go
func sqlQuote(x interface{}) string {
    if x == nil {
        return "NULL"
    } else if _, ok := x.(int); ok {
        return fmt.Sprintf("%d", x)
    } else if _, ok := x.(uint); ok {
        return fmt.Sprintf("%d", x)
    } else if b, ok := x.(bool); ok {
        if b {
            return "TRUE"
        }
        return "FALSE"
    } else if s, ok := x.(string); ok {
        return sqlQuoteString(s) // (not shown)
    } else {
        panic(fmt.Sprintf("unexpected type %T: %v", x, x))
    }
}
```

一个 switch 语句可以把包含一长串值相等比较的 if-else 语句简化掉。一个相似的类型分支（type switch）语句则可以用来简化一长串的类型断言 if-else 语句。

类型分支的最简单形式与普通分支语句类似，两个的差别是操作数改为 x.(type)（注意：这里直接写关键词 type，而不是一个特定类型），每个分支是一个或者多个类型。类型分支的分支判定基于接口值的动态类型，其中 nil 分支需要 x == nil，而 default 分支则在其他分支都没有满足时才运行。sqlQuote 的类型分支会有如下几个：

```go
switch x.(type) {
case nil:        // ...
case int, uint:  // ...
case bool:       // ...
case string:     // ...
default:         // ...
}
```

与普通的 switch 语句（参考 1.8 节）类似，分支是按顺序来判定的，当一个分支符合时，对应的代码会执行。分支的顺序在一个或多个分支是接口类型时会变得重要，因为有可能两个分支都能满足。default 分支的位置是无关紧要的。另外，类型分支不允许使用 fallthrough。

注意，在原来的代码中，bool 和 string 分支的逻辑需要访问由类型断言提取出来的原始值。这个需求比较典型，所以类型分支语句也有一种扩展形式，它用来把每个分支中提取出来的原始值绑定到一个新的变量：

```go
switch x := x.(type) { /* ... */ }
```

这里把新的变量也命名为 x，与类型断言类似，重用变量名也很普遍。与 switch 语句类似，类型分支也隐式创建了一个词法块，所以声明一个新变量叫 x 并不与外部块中的变量 x 冲突。每个分支也会隐式创建各自的词法块。

用类型分支的扩展形式重写后的 sqlQuote 就更加清晰易读了：

```
func sqlQuote(x interface{}) string {
    switch x := x.(type) {
    case nil:
        return "NULL"
    case int, uint:
        return fmt.Sprintf("%d", x) // 这里 x 类型为 interface{}
    case bool:
        if x {
            return "TRUE"
        }
        return "FALSE"
    case string:
        return sqlQuoteString(x) // (未显示具体代码)
    default:
        panic(fmt.Sprintf("unexpected type %T: %v", x, x))
    }
}
```

在这个版本中，每个单一类型的分支块内，变量 x 的类型都与该分支的类型一致。比如，在 bool 分支中 x 的类型是 bool，在 string 分支中则是 string。在其他分支中，x 的类型则与 switch 的操作数一致，在这个例子中就是 interface{}。如果多个分支执行的代码一致，比如本例中的 int 和 uint，使用类型分支语句就方便很多。

尽管 sqlQuote 支持任意类型的实参，但仅当实参类型能够符合类型分支中的一个时才能正常运行到结束，对于其他情况就会崩溃并抛出一条"unexpected type"（非期望类型）消息。表面上 x 的类型是 interface{}，实际上我们把它当作 int、uint、bool、string 和 nil 的一个可识别联合。

7.14 示例：基于标记的 XML 解析

4.5 节展示了如何用 encoding/json 包的 Marshal 和 Unmarshal 函数来把 JSON 文档解析为 Go 语言的数据结构。encoding/xml 包提供了一个相似的 API。当需要构造一个完整文档树的结构时这很方便，但对于很多程序这是不必要的。encoding/xml 还为解析 API 提供了一个基于标记的底层 XML。在这些 API 中，解析器读入输入文本，然后输出一个标记流。标记流中主要包含四种类型：StartElement、EndElement、CharData 和 Comment，这四种类型都是 encoding/xml 包中的一个具体类型。每次调用 (*xml.Decoder).Token 都会返回一个标记。

API 相关的部分如下所示。

encoding/xml

```
package xml

type Name struct {
    Local string // 比如 "Title" 或者 "id"
}

type Attr struct { // 比如 name="value"
    Name  Name
    Value string
}

// Token 包括 StartElement、EndElement、CharData和 Comment
// 以及其他一些晦涩的类型（未显示）
type Token interface{}
type StartElement struct { // 比如 <name>
    Name Name
    Attr []Attr
}
```

```
type EndElement struct { Name Name } // 比如 </name>
type CharData []byte                  // 比如 <p>CharData</p>
type Comment []byte                   // 比如 <!-- Comment -->

type Decoder struct{ /* ... */ }
func NewDecoder(io.Reader) *Decoder
func (*Decoder) Token() (Token, error) // 返回序列中的下一个标记
```

Token 的接口没有任何方法，这也是一个可识别联合的典型示例。一个传统的接口（比如 io.Reader）的目标是隐藏具体类型的细节，这样可以轻松创建满足接口的新实现，对于每一种实现，使用方的处理方式都是一样的。可识别联合类型的接口正好与之相反，它的实现类型是固定的而不是随意增加的，实现类型是暴露的而不是隐藏的。可识别联合类型很少有方法，操作它的函数经常会使用类型 switch，然后对每种类型应用不同的逻辑。

下面的 xmlselect 程序提取并输出 XML 文档树中特定元素下的文本。利用上面的 API，可以在一遍扫描中就完成这个任务，还不用生成相应的文档树。

gopl.io/ch7/xmlselect

```go
// Xmlselect 输出 XML 文档中指定元素下的文本
package main

import (
    "encoding/xml"
    "fmt"
    "io"
    "os"
    "strings"
)

func main() {
    dec := xml.NewDecoder(os.Stdin)
    var stack []string // 元素名的栈
    for {
        tok, err := dec.Token()
        if err == io.EOF {
            break
        } else if err != nil {
            fmt.Fprintf(os.Stderr, "xmlselect: %v\n", err)
            os.Exit(1)
        }
        switch tok := tok.(type) {
        case xml.StartElement:
            stack = append(stack, tok.Name.Local) // 入栈
        case xml.EndElement:
            stack = stack[:len(stack)-1] // 出栈
        case xml.CharData:
            if containsAll(stack, os.Args[1:]) {
                fmt.Printf("%s: %s\n", strings.Join(stack, " "), tok)
            }
        }
    }
}

// containsAll 判断 x 是否包含 y 中的所有元素，且顺序一致
func containsAll(x, y []string) bool {
    for len(y) <= len(x) {
        if len(y) == 0 {
            return true
        }
```

```
            if x[0] == y[0] {
                y = y[1:]
            }
            x = x[1:]
        }
        return false
    }
```

在 main 函数的每次循环中，如果遇到 `StartElement`，就把元素的名字入栈，遇到 `EndElement` 则把元素名字出栈。API 保证了 `StartElement` 和 `EndElement` 标记是正确匹配的，对于不规范的文档也是如此。`Comments` 被忽略了。当 `xmlselect` 遇到 `CharData` 时，如果栈中的元素名按顺序包含命令行参数中给定的名称，就输出对应的文本。

如下命令输出了在两层 div 元素下 h2 元素的内容。输入的内容是 XML 规范，这份规范本身也是一个 XML 文档：

```
$ go build gopl.io/ch1/fetch
$ ./fetch http://www.w3.org/TR/2006/REC-xml11-20060816 |
    ./xmlselect div div h2
html body div div h2: 1 Introduction
html body div div h2: 2 Documents
html body div div h2: 3 Logical Structures
html body div div h2: 4 Physical Structures
html body div div h2: 5 Conformance
html body div div h2: 6 Notation
html body div div h2: A References
html body div div h2: B Definitions for Character Normalization
...
```

练习 7.17：扩展 `xmlselect`，让我们不仅可以用名字，还可以用 CSS 风格的属性来做选择。比如一个 `<div id="page" class="wide">` 元素，不仅可以通过名字，还可以通过 `id` 和 `class` 来做匹配

练习 7.18：使用基于标记的解析 API，写一个程序来读入一个任意的 XML 文档，构造出一棵树来展现 XML 中的主要节点。节点包括两种类型：`CharData` 节点表示文本字符串，`Element` 节点表示元素及其属性。每个元素节点包含它的子节点数组。

可以参考如下类型定义：

```
import "encoding/xml"

type Node interface{} // CharData 或 *Element

type CharData string

type Element struct {
    Type     xml.Name
    Attr     []xml.Attr
    Children []Node
}
```

7.15   一些建议

当设计一个新包时，一个新手 Go 程序员会首先创建一系列接口，然后再定义满足这些接口的具体类型。这种方式会产生很多接口，但这些接口只有一个单独的实现。不要这样做。这种接口是不必要的抽象，还有运行时的成本。可以用导出机制（参考 6.6 节）来限制一个类型的哪些方法或结构体的哪些字段是对包外可见的。仅在有两个或者多个具体类型需

要按统一的方式处理时才需要接口。

　　这个规则也有特例，如果接口和类型实现出于依赖的原因不能放在同一个包里边，那么一个接口只有一个具体类型实现也是可以的。在这种情况下，接口是一种解耦两个包的好方式。

　　因为接口仅在有两个或者多个类型满足的情况下存在，所以它就必然会抽象掉那些特有的实现细节。这种设计的结果就是出现了具有更简单和更少方法的接口，比如 io.Writer 和 fmt.Stringer 都只有一个方法。设计新类型时越小的接口越容易满足。一个不错的接口设计经验是仅要求你需要的。

　　本章关于方法和接口的讲解就结束了。Go 语言能很好地支持面向对象编程风格，但这并不意味着你只能使用它。不是所有东西都必须是一个对象，全局函数应该有它们的位置，不完全封装的数据类型也应该有位置。综合来看，在本书第 1 章～第 5 章的示例中，我们用到的方法（比如 input.Scan）不超过两打，这与诸如 fmt.Printf 之类的普通函数比起来并不多。

goroutine 和通道

并发编程表现为程序由若干个自主的活动单元组成，它从来没有像今天这样重要。Web 服务器可以一次处理数千个请求。平板电脑和手机应用在渲染用户界面的同时，后端还同步进行着计算和处理网络请求。甚至传统的批处理任务——读取数据、计算、将结果输出——也使用并发来隐藏 I/O 操作的延迟，充分利用现代的多核计算机，内核的个数每年变多，但是速度没什么变化。

Go 有两种并发编程的风格。这一章展示 goroutine 和通道（channel），它们支持通信顺序进程（Communicating Sequential Process，CSP），CSP 是一个并发的模式，在不同的执行体（goroutine）之间传递值，但是变量本身局限于单一的执行体。第 9 章涵盖一些共享内存多线程的传统模型，它们和在其他主流语言中使用线程类似。第 9 章也会指出一些关于并发编程的重要难题和陷阱，这里暂不深入介绍。

即使 Go 对并发的支持是其很大的长处，并发编程在本质上也比顺序编程要困难一些，从顺序编程获取的直觉让我们加倍地迷茫。如果这是你第一次遇到并发，建议多花一点时间思考这两章的例子。

8.1 goroutine

在 Go 里，每一个并发执行的活动称为 goroutine。考虑一个程序，它有两个函数，一个做一些计算工作，另一个将结果输出，假设它们不相互调用。顺序程序可能调用一个函数，然后调用另一个，但是在有两个或多个 goroutine 的并发程序中，两个函数可以同时执行。很快我们将看到这样的程序。

如果你使用过操作系统或者其他语言中的线程，可以假设 goroutine 类似于线程，然后写出正确的程序。goroutine 和线程之间在数量上有非常大的差别，这将在 9.8 节进行讨论。

当一个程序启动时，只有一个 goroutine 来调用 main 函数，称它为主 goroutine。新的 goroutine 通过 go 语句进行创建。语法上，一个 go 语句是在普通的函数或者方法调用前加上 go 关键字前缀。go 语句使函数在一个新创建的 goroutine 中调用。go 语句本身的执行立即完成：

```
f()    // 调用 f()；等待它返回
go f() // 新建一个调用 f() 的 goroutine，不用等待
```

下面的例子中，主 goroutine 计算第 45 个斐波那契数。因为它使用非常低效的递归算法，所以它需要大量的时间来执行，在此期间我们提供一个可见的提示，显示一个字符串"spinner"来指示程序依然在运行。

```
gopl.io/ch8/spinner
func main() {
    go spinner(100 * time.Millisecond)
    const n = 45
    fibN := fib(n) // slow
    fmt.Printf("\rFibonacci(%d) = %d\n", n, fibN)
}
```

```
func spinner(delay time.Duration) {
    for {
        for _, r := range `-\|/` {
            fmt.Printf("\r%c", r)
            time.Sleep(delay)
        }
    }
}

func fib(x int) int {
    if x < 2 {
        return x
    }
    return fib(x-1) + fib(x-2)
}
```

若干秒后，`fib(45)` 返回，main 函数输出结果：

```
Fibonacci(45) = 1134903170
```

然后 main 函数返回，当它发生时，所有的 goroutine 都暴力地直接终结，然后程序退出。除了从 main 返回或者退出程序之外，没有程序化的方法让一个 goroutine 来停止另一个，但是像我们将要看到的那样，有办法和 goroutine 通信来要求它自己停止。

注意程序如何由两个自主的活动（指示器和斐波那契数计算）来表达。它们写成独立的函数，但是同时在运行。

8.2 示例：并发时钟服务器

网络是一个自然使用并发的领域，因为服务器通常一次处理很多来自客户端的连接，每一个客户端通常和其他客户端保持独立。本节介绍 net 包，它提供构建客户端和服务器程序的组件，这些程序通过 TCP、UDP 或者 UNIX 套接字进行通信。第 1 章使用过的 net/http 包是在 net 包基础上构建的。

第一个例子是顺序时钟服务器，它以每秒钟一次的频率向客户端发送当前时间：

gopl.io/ch8/clock1

```
// clock1 是一个定期报告时间的 TCP 服务器
package main

import (
    "io"
    "log"
    "net"
    "time"
)

func main() {
    listener, err := net.Listen("tcp", "localhost:8000")
    if err != nil {
        log.Fatal(err)
    }
    for {
        conn, err := listener.Accept()
        if err != nil {
            log.Print(err) // 例如，连接中止
            continue
        }
        handleConn(conn) // 一次处理一个连接
    }
}
```

```
func handleConn(c net.Conn) {
    defer c.Close()
    for {
        _, err := io.WriteString(c, time.Now().Format("15:04:05\n"))
        if err != nil {
            return // 例如，连接断开
        }
        time.Sleep(1 * time.Second)
    }
}
```

Listen 函数创建一个 net.Listener 对象，它在一个网络端口上监听进来的连接，这里是 TCP 端口 localhost:8000。监听器的 Accept 方法被阻塞，直到有连接请求进来，然后返回 net.Conn 对象来代表一个连接。

handleConn 函数处理一个完整的客户连接。在循环里，它将 time.Now() 获取的当前时间发送给客户端。因为 net.Conn 满足 io.Writer 接口，所以可以直接向它进行写入。当写入失败时循环结束，很多时候是客户端断开连接，这时 handleConn 函数使用延迟的 Close 调用关闭自己这边的连接，然后继续等待下一个连接请求。

time.Time.Format 方法提供了格式化日期和时间信息的方式。它的参数是一个模板，指示如何格式化一个参考时间，具体如 Mon Jan 2 03:04:05PM 2006 UTC-0700 这样的形式。参考时间有 8 个部分（本周第几天、月、本月第几天，等等）。它们可以以任意的组合和对应数目的格式化字符出现在格式化模板中，所选择的日期和时间将通过所选择的格式进行显示。这里只使用时间的小时、分钟和秒部分。time 包定义了许多标准时间格式的模板，如 time.RFC1123。相反，当解析一个代表时间的字符串的时候使用相同的机制。

为了连接到服务器，需要一个像 nc（"netcat"）这样的程序，以及一个用来操作网络连接的标准工具：

```
$ go build gopl.io/ch8/clock1
$ ./clock1 &
$ nc localhost 8000
13:58:54
13:58:55
13:58:56
13:58:57
^C
```

客户端显示每秒从服务器发送的时间，直到使用 Control+C 快捷键中断它，UNIX 系统 shell 上面回显为 ^C。如果系统上没有安装 nc 或 netcat，可以使用 telnet 或者一个使用 net.Dial 实现的 Go 版的 netcat 来连接 TCP 服务器：

gopl.io/ch8/netcat1
```
// netcat1 是一个只读的 TCP 客户端程序
package main

import (
    "io"
    "log"
    "net"
    "os"
)
```

```
func main() {
    conn, err := net.Dial("tcp", "localhost:8000")
    if err != nil {
        log.Fatal(err)
    }
    defer conn.Close()
    mustCopy(os.Stdout, conn)
}

func mustCopy(dst io.Writer, src io.Reader) {
    if _, err := io.Copy(dst, src); err != nil {
        log.Fatal(err)
    }
}
```

这个程序从网络连接中读取，然后写到标准输出，直到到达 EOF 或者出错。mustCopy 函数是这一节的多个例子中使用的一个实用程序。在不同的终端上同时运行两个客户端，一个显示在左边，一个在右边：

```
$ go build gopl.io/ch8/netcat1
$ ./netcat1
13:58:54                                    $ ./netcat1
13:58:55
13:58:56
^C
                                            13:58:57
                                            13:58:58
                                            13:58:59
                                            ^C
$ killall clock1
```

killall 命令是 UNIX 的一个实用程序，用来终止所有指定名字的进程。

第二个客户端必须等到第一个结束才能正常工作，因为服务器是顺序的，一次只能处理一个客户请求。让服务器支持并发只需要一个很小的改变：在调用 handleConn 的地方添加一个 go 关键字，使它在自己的 goroutine 内执行。

gopl.io/ch8/clock2
```
for {
    conn, err := listener.Accept()
    if err != nil {
        log.Print(err) // 例如，连接中止
        continue
    }
    go handleConn(conn) // 并发处理连接
}
```

现在，多个客户端可以同时接收到时间：

```
$ go build gopl.io/ch8/clock2
$ ./clock2 &
$ go build gopl.io/ch8/netcat1
$ ./netcat1
14:02:54                                    $ ./netcat1
14:02:55                                    14:02:55
14:02:56                                    14:02:56
14:02:57                                    ^C
14:02:58
14:02:59                                    $ ./netcat1
14:03:00                                    14:03:00
14:03:01                                    14:03:01
```

```
^C                                          14:03:02
                                            ^C
$ killall clock2
```

练习 8.1： 修改 `clock2` 来接收一个端口号，写一个程序 `clockwall`，作为多个时钟服务器的客户端，读取每一个服务器的时间，类似于不同地区办公室的时钟，然后显示在一个表中。如果可以访问不同地域的计算机，可以远程运行示例程序；否则可以伪装不同的时区，在不同的端口上本地运行：

```
$ TZ=US/Eastern    ./clock2 -port 8010 &
$ TZ=Asia/Tokyo    ./clock2 -port 8030 &
$ TZ=Europe/London ./clock2 -port 8020 &
$ clockwall NewYork=localhost:8010 London=localhost:8020 Tokyo=localhost:8030
```

练习 8.2： 实现一个并发的 FTP 服务器。服务器可以解释从客户端发来的命令，例如 `cd` 用来改变目录，`ls` 用来列出目录，`get` 用来发送一个文件的内容，`close` 用来关闭连接。可以使用标准的 `ftp` 命令作为客户端，或者自己写一个。

8.3 示例：并发回声服务器

时钟服务器每个连接使用一个 goroutine。在这一节，我们要构建一个回声服务器，每个连接使用多个 goroutine 来处理。大多数的回声服务器仅仅将读到的内容写回去，它可以使用下面简单的 `handleConn` 版本完成：

```go
func handleConn(c net.Conn) {
    io.Copy(c, c) // 注意：忽略错误
    c.Close()
}
```

更有趣的回声服务器可以模仿真实的回声，第一次大的回声（"HELLO!"），在一定延迟后中等音量的回声（"Hello!"），然后安静的回声（"hello!"），最后什么都没有了，如下面这个版本的 `handleConn` 所示：

gopl.io/ch8/reverb1

```go
func echo(c net.Conn, shout string, delay time.Duration) {
    fmt.Fprintln(c, "\t", strings.ToUpper(shout))
    time.Sleep(delay)
    fmt.Fprintln(c, "\t", shout)
    time.Sleep(delay)
    fmt.Fprintln(c, "\t", strings.ToLower(shout))
}

func handleConn(c net.Conn) {
    input := bufio.NewScanner(c)
    for input.Scan() {
        echo(c, input.Text(), 1*time.Second)
    }
    // 注意：忽略 input.Err() 中可能的错误
    c.Close()
}
```

我们需要升级客户端程序，使它可以在终端上向服务器输入，还可以将服务器的回复复制到输出，这里提供了另一个使用并发的机会：

gopl.io/ch8/netcat2

```
func main() {
    conn, err := net.Dial("tcp", "localhost:8000")
    if err != nil {
        log.Fatal(err)
    }
    defer conn.Close()
    go mustCopy(os.Stdout, conn)
    mustCopy(conn, os.Stdin)
}
```

当主 goroutine 从标准输入读取并发送到服务器的时候，第二个 goroutine 读取服务器的回复并且输出。当主 goroutine 的输入结束时，例如用户在终端按 Ctrl+D（^D）组合键（或者在微软 Windows 平台上按 Ctrl+Z 组合键）时，这个程序停止，即使其他的 goroutine 还在运行。（8.4.1 节展示如何通过引入通道来等待两边一起结束。）

下面这段场景中，客户端的输入左对齐，服务器的回复是缩进的。客户端向回声服务器呼叫三次：

```
$ go build gopl.io/ch8/reverb1
$ ./reverb1 &
$ go build gopl.io/ch8/netcat2
$ ./netcat2
Hello?
    HELLO?
    Hello?
    hello?
Is there anybody there?
    IS THERE ANYBODY THERE?
Yooo-hooo!
    Is there anybody there?
    is there anybody there?
    YOOO-HOOO!
    Yooo-hooo!
    yooo-hooo!
^D
$ killall reverb1
```

注意，第三次从客户端进行的呼叫直到第二次回声枯竭才进行处理，这个不是非常切合现实。真实的回声会由三个独立的呼喊回声叠加组成。为了模仿它，我们需要更多的 goroutine。再一次，在调用 echo 时加入 go 关键字：

gopl.io/ch8/reverb2

```
func handleConn(c net.Conn) {
    input := bufio.NewScanner(c)
    for input.Scan() {
        go echo(c, input.Text(), 1*time.Second)
    }
    // 注意: 忽略 input.Err() 中可能的错误
    c.Close()
}
```

当 go 语句执行的时候，计算 echo 函数所对应的参数；所以 input.Text() 是在主 goroutine 中推演。

现在的回声是并发的，在时间上面相互重合：

```
$ go build gopl.io/ch8/reverb2
$ ./reverb2 &
$ ./netcat2
Is there anybody there?
    IS THERE ANYBODY THERE?
Yooo-hooo!
    Is there anybody there?
    YOOO-HOOO!
    is there anybody there?
    Yooo-hooo!
    yooo-hooo!
^D
$ killall reverb2
```

这就是使服务器变成并发所要做的，不仅处理来自多个客户端的链接，还包括在一个连接处理中，使用多个 go 关键字。

然而，在添加这些 go 关键字的同时，必须要仔细考虑方法 net.Conn 的并发调用是不是安全的，对大多数类型来讲，这都是不安全的。下一章讨论并发的安全性问题。

8.4   通道

如果说 goroutine 是 Go 程序并发的执行体，通道就是它们之间的连接。通道是可以让一个 goroutine 发送特定值到另一个 goroutine 的通信机制。每一个通道是一个具体类型的导管，叫作通道的元素类型。一个有 int 类型元素的通道写为 chan int。

使用内置的 make 函数来创建一个通道：

```
ch := make(chan int) // ch 的类型是'chan int'
```

像 map 一样，通道是一个使用 make 创建的数据结构的引用。当复制或者作为参数传递到一个函数时，复制的是引用，这样调用者和被调用者都引用同一份数据结构。和其他引用类型一样，通道的零值是 nil。

同种类型的通道可以使用 == 符号进行比较。当二者都是同一通道数据的引用时，比较值为 true。通道也可以和 nil 进行比较。

通道有两个主要操作：发送（send）和接收（receive），两者统称为通信。send 语句从一个 goroutine 传输一个值到另一个在执行接收表达式的 goroutine。两个操作都使用 <- 操作符书写。发送语句中，通道和值分别在 <- 的左右两边。在接收表达式中，<- 放在通道操作数前面。在接收表达式中，其结果未被使用也是合法的。

```
ch <- x  // 发送语句
x = <-ch // 赋值语句中的接收表达式
<-ch     // 接收语句，丢弃结果
```

通道支持第三个操作：关闭（close），它设置一个标志位来指示值当前已经发送完毕，这个通道后面没有值了；关闭后的发送操作将导致宕机。在一个已经关闭的通道上进行接收操作，将获取所有已经发送的值，直到通道为空；这时任何接收操作会立即完成，同时获取到一个通道元素类型对应的零值。

调用内置的 close 函数来关闭通道：

```
close(ch)
```

使用简单的 make 调用创建的通道叫无缓冲（unbuffered）通道，但 make 还可以接受第二

个可选参数，一个表示通道容量的整数。如果容量是 0，make 创建一个无缓冲通道：

```
ch = make(chan int)    // 无缓冲通道
ch = make(chan int, 0) // 无缓冲通道
ch = make(chan int, 3) // 容量为3的缓冲通道
```

首先介绍无缓冲通道，缓冲通道将在 8.4.4 节讨论。

8.4.1　无缓冲通道

无缓冲通道上的发送操作将会阻塞，直到另一个 goroutine 在对应的通道上执行接收操作，这时值传送完成，两个 goroutine 都可以继续执行。相反，如果接收操作先执行，接收方 goroutine 将阻塞，直到另一个 goroutine 在同一个通道上发送一个值。

使用无缓冲通道进行的通信导致发送和接收 goroutine 同步化。因此，无缓冲通道也称为同步通道。当一个值在无缓冲通道上传递时，接收值后发送方 goroutine 才被再次唤醒。

在讨论并发的时候，当我们说 x 早于 y 发生时，不仅仅是说 x 发生的时间早于 y，而是说保证它是这样，并且是可预期的，比如更新变量，我们可以依赖这个机制。

当 x 既不比 y 早也不比 y 晚时，我们说 x 和 y 并发。这不意味着，x 和 y 一定同时发生，只说明我们不能假设它们的顺序。下一章中我们将看到，在两个 goroutine 并发地访问同一个变量的时候，有必要对这样的事件进行排序，避免程序的执行发生问题。

8.3 节中的客户端程序在主 goroutine 中将输入复制到服务器中，这样客户端在输入接收后立即退出，即使后台的 goroutine 还在继续。为了让程序等待后台的 goroutine 在完成后再退出，使用一个通道来同步两个 goroutine：

gopl.io/ch8/netcat3
```go
func main() {
    conn, err := net.Dial("tcp", "localhost:8000")
    if err != nil {
        log.Fatal(err)
    }
    done := make(chan struct{})
    go func() {
        io.Copy(os.Stdout, conn) // 注意：忽略错误
        log.Println("done")
        done <- struct{}{} // 指示主 goroutine
    }()
    mustCopy(conn, os.Stdin)
    conn.Close()
    <-done // 等待后台 goroutine 完成
}
```

当用户关闭标准输入流时，mustCopy 返回，主 goroutine 调用 conn.Close() 来关闭两端网络连接。关闭写半边的连接会导致服务器看到 EOF。关闭读半边的连接导致后台 goroutine 调用 io.Copy 返回 "read from closed connection" 错误，这也是我们去掉错误日志的原因；练习 8.3 给出了更好的解决方案。（注意，go 语句调用一个字面量函数，一个通用的构造方式）。

在它返回前，后台 goroutine 记录一条消息，然后发送一个值到 done 通道。主 goroutine 在退出前一直等待，直到它接收到这个值。最终效果是程序总是在退出前记录 "done" 消息。

通过通道发送消息有两个重要的方面需要考虑。每一条消息有一个值，但有时候通信本身以及通信发生的时间也很重要。当我们强调这方面的时候，把消息叫作事件（event）。当事件没有携带额外的信息时，它单纯的目的是进行同步。我们通过使用一个 struct{} 元素类型的通道来强调它，尽管通常使用 bool 或 int 类型的通道来做相同的事情，因为 done <-1 比

done <- struct{}{} 要短。

练习 8.3： 在 netcat3 中，conn 接口有一个具体的类型 *net.TCPConn，它代表一个 TCP 连接。TCP 链接由两半边组成，可以通过 CloseRead 和 CloseWrite 方法分别关闭。修改主 goroutine，仅仅关闭连接的写半边，这样程序可以继续执行来输出来自 reverb1 服务器的回声，即使标准输入已经关闭。（对 reverb2 程序来说更难一些，见练习 8.4。）

8.4.2　管道

通道可以用来连接 goroutine，这样一个的输出是另一个的输入。这个叫管道 (pipeline)。下面的程序由三个 goroutine 组成，它们被两个通道连接起来，如图 8-1 所示。

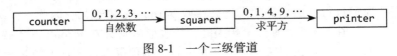

图 8-1　一个三级管道

第一个 goroutine 是 counter，产生一个 0，1，2，…的整数序列，然后通过一个管道发送给第二个 goroutine（叫 square），计算数值的平方，然后将结果通过另一个通道发送给第三个 goroutine（叫 printer），接收值并输出它们。为了简化例子，我们特意选择了非常简单的函数，尽管它们太简单以至于在现实程序中不可能有自己的 goroutine。

gopl.io/ch8/pipeline1
```go
func main() {
    naturals := make(chan int)
    squares := make(chan int)

    // counter
    go func() {
        for x := 0; ; x++ {
            naturals <- x
        }
    }()

    // squarer
    go func() {
        for {
            x := <-naturals
            squares <- x * x
        }
    }()

    // printer (在主 goroutine 中)
    for {
        fmt.Println(<-squares)
    }
}
```

正如所期望的那样，程序输出无限的平方序列 0，1，4，9，…。像这样的管道出现在长期运行的服务器程序中，其中通道用于在包含无限循环的 goroutine 之间整个生命周期中的通信。如果要通过管道发送有限的数字怎么办？

如果发送方知道没有更多的数据要发送，告诉接收者所在 goroutine 可以停止等待是很有用的。这可以通过调用内置的 close 函数来关闭通道：

```go
close(naturals)
```

在通道关闭后，任何后续的发送操作将会导致应用崩溃。当关闭的通道被读完（就是最后一个发送的值被接收）后，所有后续的接收操作顺畅进行，只是获取到的是零值。关闭 naturals 通道导致计算平方的循环快速运转，并将结果 0 传递给 printer goroutine。

没有一个直接的方式来判断是否通道已经关闭，但是这里有接收操作的一个变种，它产生两个结果：接收到的通道元素，以及一个布尔值（通常称为 ok），它为 true 的时候代表接收成功，false 表示当前的接收操作在一个关闭的并且读完的通道上。使用这个特性，可以修改 squarer 的循环，当 naturals 通道读完以后，关闭 squares 通道。

```
// squarer
go func() {
    for {
        x, ok := <-naturals
        if !ok {
            break // 通道关闭并且读完
        }
        squares <- x * x
    }
    close(squares)
}()
```

因为上面的语法比较笨拙，而模式又比较通用，所以该语言也提供了 range 循环语法以在通道上迭代。这个语法更方便接收在通道上所有发送的值，接收完最后一个值后关闭循环。

下面的管道中，当 counter goroutine 在 100 个元素后结束循环时，它关闭 naturals 通道，导致 squarer 结束循环并关闭 squares 通道。（在更复杂的程序中，将 counter 和 squarer 的 goroutine 的 close 调用延迟到外层，也是可以的。）最终，主 goroutine 结束，然后程序退出。

gopl.io/ch8/pipeline2

```
func main() {
    naturals := make(chan int)
    squares := make(chan int)

    // counter
    go func() {
        for x := 0; x < 100; x++ {
            naturals <- x
        }
        close(naturals)
    }()

    // squarer
    go func() {
        for x := range naturals {
            squares <- x * x
        }
        close(squares)
    }()

    // printer (在主 goroutine 中)
    for x := range squares {
        fmt.Println(x)
    }
}
```

结束时，关闭每一个通道不是必需的。只有在通知接收方 goroutine 所有的数据都发送完毕的时候才需要关闭通道。通道也是可以通过垃圾回收器根据它是否可以访问来决定是否回收它，而不是根据它是否关闭。（不要将这个 close 操作和对于文件的 close 操作混淆。当结束的时候对每一个文件调用 Close 方法是非常重要的。）

试图关闭一个已经关闭的通道会导致宕机，就像关闭一个空通道一样。关闭通道还可以作为
一个广播机制，将在 8.9 节进行讨论。

8.4.3　单向通道类型

当程序演进时，将大的函数拆分为多个更小的是很自然的。上一个例子使用了三个
goroutine，两个通道用来通信，它们都是 main 的局部变量。程序自然划分为三个函数：

```
func counter(out chan int)
func squarer(out, in chan int)
func printer(in chan int)
```

squarer 函数处于管道的中间，使用两个参数：输入通道和输出通道。它们有相同的类
型，但是用途是相反的：in 仅仅用来接收，out 仅仅用来发送，in 和 out 两个名字是特意使
用的，但是没有什么东西阻碍 squarer 函数通过 in 来发送或者通过 out 来接收。

这是一个典型的安排，当一个通道用做函数的形参时，它几乎总是被有意地限制不能发
送或不能接收。

将这种意图文档化可以避免误用，Go 的类型系统提供了单向通道类型，仅仅导出发送
或接收操作。类型 chan<- int 是一个只能发送的通道，允许发送但不允许接收。反之，类型
<-chan int 是一个只能接收的 int 类型通道，允许接收但是不能发送。（<- 操作符相对于 chan
关键字的位置是一个帮助记忆的点）。违反这个原则会在编译时被检查出来。

因为 close 操作说明了通道上没有数据再发送，仅仅在发送方 goroutine 上才能调用它，
所以试图关闭一个仅能接收的通道在编译时会报错。

这里我们又一次看到平方管道，这次我们使用单向通道类型：

gopl.io/ch8/pipeline3

```go
func counter(out chan<- int) {
    for x := 0; x < 100; x++ {
        out <- x
    }
    close(out)
}

func squarer(out chan<- int, in <-chan int) {
    for v := range in {
        out <- v * v
    }
    close(out)
}

func printer(in <-chan int) {
    for v := range in {
        fmt.Println(v)
    }
}

func main() {
    naturals := make(chan int)
    squares := make(chan int)

    go counter(naturals)
    go squarer(squares, naturals)
    printer(squares)
}
```

counter(naturals) 的调用隐式地将 chan int 类型转化为参数要求的 chan<- int 类型。调

用 `printer(squares)` 做了类似 `<-chan int` 的转变。在任何赋值操作中将双向通道转换为单向通道都是允许的，但是反过来是不行的，一旦有一个像 `chan<- int` 这样的单向通道，是没有办法通过它获取到引用同一个数据结构的 `chan int` 数据类型的。

8.4.4　缓冲通道

缓冲通道有一个元素队列，队列的最大长度在创建的时候通过 `make` 的容量参数来设置。下面的语句创建一个可以容纳三个字符串的缓冲通道。图 8-2 展示了 `ch` 和指向它的引用。

图 8-2　一个空的缓冲通道

```
ch = make(chan string, 3)
```

缓冲通道上的发送操作在队列的尾部插入一个元素，接收操作从队列的头部移除一个元素。如果通道满了，发送操作会阻塞所在的 goroutine 直到另一个 goroutine 对它进行接收操作来留出可用的空间。反过来，如果通道是空的，执行接收操作的 goroutine 阻塞，直到另一个 goroutine 在通道上发送数据。

可以在当前通道上无阻塞地发送三个值：

```
ch <- "A"
ch <- "B"
ch <- "C"
```

这时，通道是满的，如图 8-3 所示，第四个发送语句将会阻塞。

如果接收一个值：

```
fmt.Println(<-ch) // "A"
```

通道既不满也不空，如图 8-4 所示，所以这时一个接收或发送操作都不会阻塞。通过这个方式，通道的缓冲区将发送和接收 goroutine 进行解耦。

图 8-3　一个满的缓冲通道　　　　　　　图 8-4　一个部分填满的缓冲通道

不太常见的一个情况是，程序需要知道通道缓冲区的容量，可以通过调用内置的 `cap` 函数获取它：

```
fmt.Println(cap(ch)) // "3"
```

当使用内置的 `len` 函数时，可以获取当前通道内的元素个数。因为在并发程序中这个信息会随着检索操作很快过时，所以它的价值很低，但是它在错误诊断和性能优化的时候很有用。

```
fmt.Println(len(ch)) // "2"
```

通过接下去的两次接收操作，通道又变空了，第四次接收会被阻塞：

```
fmt.Println(<-ch) // "B"
fmt.Println(<-ch) // "C"
```

这个例子中，发送和接收操作都由同一个 goroutine 执行，但在真实的程序中通常由不同的 goroutine 执行。因为语法简单，新手有时候粗暴地将缓冲通道作为队列在单个 goroutine 中使用，但是这是个错误。通道和 goroutine 的调度深度关联，如果没有另一个 goroutine 从通道进行接收，发送者（也许是整个程序）有被永久阻塞的风险。如果仅仅需要一个简单的队列，使用 slice 创建一个就可以。

下面的例子展示一个使用缓冲通道的应用。它并发地向三个镜像地址发请求，镜像指相同但分布在不同地理区域的服务器。它将它们的响应通过一个缓冲通道进行发送，然后只接收第一个返回的响应，因为它是最早到达的。所以 mirroredQuery 函数甚至在两个比较慢的服务器还没有响应之前返回了一个结果。（偶然情况下，会出现像这个例子中几个 goroutine 同时在一个通道上并发发送，或者同时从一个通道接收的情况。）

```
func mirroredQuery() string {
    responses := make(chan string, 3)
    go func() { responses <- request("asia.gopl.io") }()
    go func() { responses <- request("europe.gopl.io") }()
    go func() { responses <- request("americas.gopl.io") }()
    return <-responses // return the quickest response
}
func request(hostname string) (response string) { /* ... */ }
```

如果使用一个无缓冲通道，两个比较慢的 goroutine 将被卡住，因为在它们发送响应结果到通道的时候没有 goroutine 来接收。这个情况叫作 goroutine 泄漏，它属于一个 bug。不像回收变量，泄露的 goroutine 不会自动回收，所以确保 goroutine 在不再需要的时候可以自动结束。

无缓冲和缓冲通道的选择、缓冲通道容量大小的选择，都会对程序的正确性产生影响。无缓冲通道提供强同步保障，因为每一次发送都需要和一次对应的接收同步；对于缓冲通道，这些操作则是解耦的。如果我们知道要发送的值数量的上限，通常会创建一个容量是使用上限的缓冲通道，在接收第一个值前就完成所有的发送。在内存无法提供缓冲容量的情况下，可能导致程序死锁。

通道的缓冲也可能影响程序的性能。想象蛋糕店里的三个厨师，在生产线上，在把每一个蛋糕传递给下一个厨师之前，一个烤，一个加糖衣，一个雕刻。在空间比较小的厨房，每一个厨师完成一个蛋糕流程，必须等待下一个厨师准备好接受它；这个场景类似于使用无缓冲通道来通信。

如果在厨师之间有可以放一个蛋糕的位置，一个厨师可以将制作好的蛋糕放到这里，然后立即开始制作下一个，这类似于使用一个容量为 1 的缓冲通道。只要厨师们以相同的速度工作，大多数工作就可以快速处理，消除他们各自之间的速率差异。如果在厨师之间有更多的空间——更长的缓冲区——就可以消除更大的暂态速率波动而不影响组装流水线，比如当一个厨师稍作休息时，后面再抓紧跟上进度。

另一方面，如果生产线的上游持续比下游快，缓冲区满的时间占大多数。如果后续的流程更快，缓冲区通常是空的。这时缓冲区的存在是没有价值的。

组装流水线是对于通道和 goroutine 合适的比喻。例如，如果第二段更加复杂，一个厨师可能跟不上第一个厨师的供应，或者跟不上第三个厨师的需求。为了解决这个问题，我们可以雇用另一个厨师来帮助第二段流程，独立地执行同样的任务。这个类似于创建另外一个 goroutine 使用同一个通道来通信。

这里没有空间来展示细节，但是 gopl.io/ch8/cake 包模拟蛋糕店，并且有几个参数可以调节。它包含了上面描述场景的一些性能基准参照（参考 11.4 节）。

8.5 并行循环

这一节探讨一些通用的并行模式，来并行执行所有的循环迭代。考虑生成一批全尺寸图像的缩略图的问题。gop1.io/ch8/thumbnail 包提供 ImageFile 函数，它可以缩放单个图像。这里不展示它的实现细节，它可以从 gop1.io 进行下载。

gop1.io/ch8/thumbnail
```
package thumbnail

// ImageFile 从 infile 中读取一幅图像并把它的缩略图写入同一个目录中
// 它返回生成的文件名，比如 "foo.thumb.jpg".
func ImageFile(infile string) (string, error)
```

下面的程序在一个图像文件名字列表上进行循环，然后给每一个图像产生一幅缩略图：

gop1.io/ch8/thumbnail
```
// makeThumbnails 生成指定文件的缩略图
func makeThumbnails(filenames []string) {
    for _, f := range filenames {
        if _, err := thumbnail.ImageFile(f); err != nil {
            log.Println(err)
        }
    }
}
```

很明显，处理文件的顺序没有关系，因为每一个缩放操作和其他的操作独立。像这样由一些完全独立的子问题组成的问题称为高度并行。高度并行的问题是最容易实现并行的，有许多并行机制来实现线性扩展。

并行执行这些操作，忽略文件 I/O 的延迟和对同一文件使用多个 CPU 进行图像 slice 计算。第一个并行版本准备仅仅添加 go 关键字。现在将忽略错误，后面再处理：

```
// 注意: 不正确
func makeThumbnails2(filenames []string) {
    for _, f := range filenames {
        go thumbnail.ImageFile(f) // 注意: 忽略错误
    }
}
```

这一版运行真得太快了，事实上，即使在文件名称 slice 中只有一个元素的情况下，它也比原始版本要快。如果这里没有并行机制，并发的版本怎么可能运行得更快？答案是 makeThumbnails2 在没有完成想要完成的事情之前就返回了。它启动了所有的 goroutine，每个文件一个，但是没有等它们执行完毕。

没有一个直接的访问等待 goroutine 结束，但是可以修改内层 goroutine，通过一个共享的通道发送事件来向外层 goroutine 报告它的完成。因为我们知道 len(filenames) 内层 goroutine 的确切个数，所以外层 goroutine 只需要在返回前对完成事件进行计数：

```
// makeThumbnails3 并行生成指定文件的缩略图
func makeThumbnails3(filenames []string) {
    ch := make(chan struct{})
    for _, f := range filenames {
        go func(f string) {
            thumbnail.ImageFile(f) // 注意: 此处忽略了可能的错误
            ch <- struct{}{}
        }(f)
    }
```

```
    // 等待 goroutine 完成
    for range filenames {
        <-ch
    }
}
```

注意，这里作为一个字面量函数的显式参数传递 f，而不是在 for 循环中声明 f：

```
for _, f := range filenames {
    go func() {
        thumbnail.ImageFile(f) // 注意: 不正确
        // ...
    }()
}
```

回想 5.6.1 节描述的在内部匿名函数中获取循环变量的问题。上面单变量 f 的值被所有的匿名函数值共享并且被后续的迭代所更新。这时新的 goroutine 执行字面量函数，for 循环可能已经更新 f，并且开始另一个迭代或者已经完全结束，所以当这些 goroutine 读取 f 的值时，它们所看到的都是 slice 的最后一个元素。通过添加显式参数，可以确保当 go 语句执行的时候，使用 f 的当前值。

我们想让每一个工作 goroutine 中向主 goroutine 返回什么？如果调用 thumbnail.ImageFile 无法创建一个文件，它返回一个错误。下一个版本的 makeThumbnails 返回第一个它从扩展的操作中接收到的错误：

```
// makeThumbnails4 为指定文件并行地生成缩略图
// 如果任何步骤出错它返回一个错误
func makeThumbnails4(filenames []string) error {
    errors := make(chan error)

    for _, f := range filenames {
        go func(f string) {
            _, err := thumbnail.ImageFile(f)
            errors <- err
        }(f)
    }

    for range filenames {
        if err := <-errors; err != nil {
            return err // 注意: 不正确, goroutine 泄漏
        }
    }
    return nil
}
```

这个函数有一个微妙的缺陷，当遇到第一个非 nil 的错误时，它将错误返回给调用者，这样没有 goroutine 继续从 errors 返回通道上进行接收，直至读完。每一个现存的工作 goroutine 在试图发送值到此通道的时候永久阻塞，永不终止。这种情况下 goroutine 泄漏（参考 8.4.4 节）可能导致整个程序卡住或者系统内存耗尽。

最简单的方案是使用一个有足够容量的缓冲通道，这样没有工作 goroutine 在发送消息时候阻塞。（另一个方案是在主 goroutine 返回第一个错误的同时，创建另一个 goroutine 来读完通道。）

下一个版本的 makeThumbnails 使用一个缓冲通道来返回生成的图像文件的名称以及任何错误消息：

```
// makeThumbnails5 为指定文件并行地生成缩略图
// 它以任意顺序返回生成的文件名
// 如果任何步骤出错就返回一个错误
func makeThumbnails5(filenames []string) (thumbfiles []string, err error) {
    type item struct {
        thumbfile string
        err       error
    }

    ch := make(chan item, len(filenames))
    for _, f := range filenames {
        go func(f string) {
            var it item
            it.thumbfile, it.err = thumbnail.ImageFile(f)
            ch <- it
        }(f)
    }

    for range filenames {
        it := <-ch
        if it.err != nil {
            return nil, it.err
        }
        thumbfiles = append(thumbfiles, it.thumbfile)
    }

    return thumbfiles, nil
}
```

makeThumbnails 的终极版本（参见下面）返回新文件所占用的总字节数。不像前一个版本，它不是使用 slice 接收文件名，而是借助一个字符串通道，这样我们不能预测迭代的次数。

为了知道什么时候最后一个 goroutine 结束（它不一定是最后启动的），需要在每一个 goroutine 启动前递增计数，在每一个 goroutine 结束时递减计数。这需要一个特殊类型的计数器，它可以被多个 goroutine 安全地操作，然后有一个方法一直等到它变为 0。这个计数器类型是 sync.WaitGroup，下面的代码展示如何使用它：

```
// makeThumbnails6 为从通道接收到的每个文件生成缩略图
// 它返回其生成的文件占用的字节数
func makeThumbnails6(filenames <-chan string) int64 {
    sizes := make(chan int64)
    var wg sync.WaitGroup // 工作 goroutine 的个数
    for f := range filenames {
        wg.Add(1)
        // worker
        go func(f string) {
            defer wg.Done()
            thumb, err := thumbnail.ImageFile(f)
            if err != nil {
                log.Println(err)
                return
            }
            info, _ := os.Stat(thumb) // 可以忽略错误
            sizes <- info.Size()
        }(f)
    }
```

```
        // closer
        go func() {
            wg.Wait()
            close(sizes)
        }()
        var total int64
        for size := range sizes {
            total += size
        }
        return total
    }
```

注意 Add 和 Done 方法的不对称性。Add 递增计数器，它必须在工作 goroutine 开始之前执行，而不是在中间。另一方面，不能保证 Add 会在关闭者 goroutine 调用 Wait 之前发生。另外，Add 有一个参数，但 Done 没有，它等价于 Add(-1)。使用 defer 来确保在发送错误的情况下计数器可以递减。在不知道迭代次数的情况下，上面的代码结构是通用的，符合习惯的并行循环模式。

sizes 通道将每一个文件的大小带回主 goroutine，它使用 range 循环进行接收然后计算总和。注意，在关闭者 goroutine 中，在关闭 sizes 通道之前，等待所有的工作者结束。这里两个操作（等待和关闭）必须和在 sizes 通道上面的迭代并行执行。考虑替代方案：如果我们将等待操作放在循环之前的主 goroutine 中，因为通道会满，它将永不结束；如果放在循环后面，它将不可达，因为没有任何东西可用来关闭通道，循环可能永不结束。

图 8-5 说明 makeThumbnails6 函数中的事件序列。垂直线表示 goroutine。细片段表示休眠，粗片段表示活动。斜箭头表示 goroutine 通过事件进行了同步。时间从上向下流动。注意，主 goroutine 把大多数时间花在 range 循环休眠上，等待工作者发送值或等待 closer 来关闭通道。

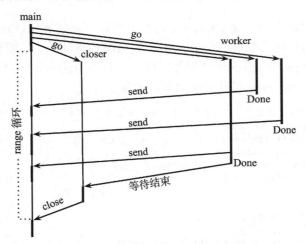

图 8-5　makeThumbnails6 中的事件序列

练习 8.4： 修改 reverb2 程序来使用 sync.WaitGroup 来计算每一个连接上面的活动的回声 goroutine 的个数。当它变成 0 时，关闭练习 8.3 中描述的写半边的 TCP 链接。验证你修改好的 netcat3 客户端，等待最后几个并发的呼喊回声，即使标准输入已经关闭。

练习 8.5： 使用一个已有的 CPU 绑定的顺序程序，例如 3.3 节的 Mandelbrot 程序，或者 3.2 节的 3D 平面计算，在主循环中并行执行它们，使用通道来通信。在多 CPU 的机器上它的运行速度有多快？ goroutine 的最优数量是多少？

8.6 示例：并发的 Web 爬虫

在 5.6 节中，我们制作了一个简单的网页爬虫，它以广度优先的顺序来探索网页的链接图。这一节中，我们使它可并发运行，这样对 crawl 的独立调用可以充分利用 Web 上的 I/O 并行机制。crawl 函数依然在 gopl.io/ch5/findlinks3 中：

gopl.io/ch8/crawl1
```go
func crawl(url string) []string {
    fmt.Println(url)
    list, err := links.Extract(url)
    if err != nil {
        log.Print(err)
    }
    return list
}
```

main 函数类似于 breadthFirst（参考 5.6 节）。像前面那样，一个任务列表记录需要处理的条目队列，每一个条目是一个待爬取的 URL 列表，这次我们使用通道代替 slice 来表示队列。每一次对 crawl 的调用发生在它自己的 goroutine 中，然后将发现的链接发送回任务列表：

```go
func main() {
    worklist := make(chan []string)

    // 从命令行参数开始
    go func() { worklist <- os.Args[1:] }()

    // 并发爬取 Web
    seen := make(map[string]bool)
    for list := range worklist {
        for _, link := range list {
            if !seen[link] {
                seen[link] = true
                go func(link string) {
                    worklist <- crawl(link)
                }(link)
            }
        }
    }
}
```

注意，该爬取 goroutine 将 link 作为显式参数来使用，以避免 5.6.1 节第一次看到的循环变量捕获的问题。也要注意，发送给任务列表的命令行参数必须在它自己的 goroutine 中运行来避免死锁，死锁是一种卡住的情况，其中主 goroutine 和一个爬取 goroutine 同时发送给对方但是双方都没有接收。另一个可选的方案是使用缓冲通道。

这个爬虫高度并发，输出巨量的 URL。但是它有两个问题，第一个问题是在执行若干秒后，它自己出现错误日志：

```
$ go build gopl.io/ch8/crawl1
$ ./crawl1 http://gopl.io/
http://gopl.io/
https://golang.org/help/
https://golang.org/doc/
https://golang.org/blog/
...
2015/07/15 18:22:12 Get ...: dial tcp: lookup blog.golang.org: no such host
2015/07/15 18:22:12 Get ...: dial tcp 23.21.222.120:443: socket:
                                            too many open files
...
```

第一条消息比较令人意外,因为它报告的是对一个可靠的域名出现了解析失败。接下去的错误消息说明程序同时创建了太多的网络连接,超过了程序能打开文件数的限制,导致类似于 DNS 查询和 net.Dial 的连接失败。

程序的并行度太高了,无限制的并行通常不是一个好的主意,因为系统中总有限制因素,例如,对于计算型应用 CPU 的核数,对于磁盘 I/O 操作磁头和磁盘的个数,下载流所使用的网络带宽,或者 Web 服务本身的容量。解决方法是根据资源可用情况限制并发的个数,以匹配合适的并行度。该例子中有一个简单的办法是确保对于 links.Extract 的同时调用不超过 n 个,即比文件描述符所规定的 20 个少得多。这种方式类似于一个拥挤夜店的门卫只有在有客人离开的时候才允许其他客人进去。

我们可以使用容量为 n 的缓冲通道来建立一个并发原语,称为计数信号量。概念上,对于缓冲通道中的 n 个空闲槽,每一个代表一个令牌,持有者可以执行。通过发送一个值到通道中来领取令牌,从通道中接收一个值来释放令牌,创建一个新的空闲槽。这保证了在没有接收操作的时候,最多同时有 n 个发送。(尽管使用已填充槽比令牌更直观,但使用空闲槽在创建通道缓冲区之后可以省掉填充的过程。)因为通道的元素类型在这里不重要,所以我们使用 struct{},它所占用的空间大小是 0。

重写 crawl 函数,使用令牌的获取和释放操作来包括对 links.Extract 函数的调用,这样保证最多同时 20 个调用可以进行。保持信号量操作离它所约束的 I/O 操作越近越好——这是一个好的实践:

gopl.io/ch8/crawl2

```go
// 令牌是一个计数信号量
// 确保并发请求限制在 20 个以内
var tokens = make(chan struct{}, 20)

func crawl(url string) []string {
    fmt.Println(url)
    tokens <- struct{}{} // 获取令牌
    list, err := links.Extract(url)
    <-tokens // 释放令牌

    if err != nil {
        log.Print(err)
    }
    return list
}
```

第二个问题是这个程序永远不会结束,即使它已经从初始 URL 发现了所有的可达链接(当然,你可能注意不到这个问题,除非你精心选择初始 URL 或者像练习 8.6 一样使用深度限制策略)。为了让程序终止,当任务列表为空且爬取 goroutine 都结束以后,需要从主循环退出:

```go
func main() {
    worklist := make(chan []string)
    var n int // 等待发送到任务列表的数量

    // 从命令行参数开始
    n++
    go func() { worklist <- os.Args[1:] }()

    // 并发爬取 Web
    seen := make(map[string]bool)
    for ; n > 0; n-- {
        list := <-worklist
```

```
            for _, link := range list {
                if !seen[link] {
                    seen[link] = true
                    n++
                    go func(link string) {
                        worklist <- crawl(link)
                    }(link)
                }
            }
        }
    }
```

这个版本中，计数器 n 跟踪发送到任务列表中的任务个数。每次知道一个条目被发送到任务列表时，就递增变量 n，第一次递增是在发送初始化命令行参数之前，第二次递增是在每次启动一个新的爬取 goroutine 的时候。主循环从 n 减到 0，这时再没有任务需要完成。

现在，并发爬虫的速度大约比 5.6 节中广度优先版本快 20 倍，在它完成任务的时候，应该没有错误出现，并且正确退出。

下面的程序展示一个替代方案，解决过度并发的问题。这个版本使用最初的 crawl 函数，它没有计数信号量，但是通过 20 个长期存活的爬虫 goroutine 来调用它，这样确保最多 20 个 HTTP 请求并发执行：

gopl.io/ch8/crawl3
```
func main() {
    worklist := make(chan []string)  // 可能有重复的 URL 列表
    unseenLinks := make(chan string) // 去重后的 URL 列表

    // 向任务列表中添加命令行参数
    go func() { worklist <- os.Args[1:] }()

    // 创建 20 个爬虫 goroutine 来获取每个不可见链接
    for i := 0; i < 20; i++ {
        go func() {
            for link := range unseenLinks {
                foundLinks := crawl(link)
                go func() { worklist <- foundLinks }()
            }
        }()
    }

    // 主 goroutine 对 URL 列表进行去重
    // 并把没有爬取过的条目发送给爬虫程序
    seen := make(map[string]bool)
    for list := range worklist {
        for _, link := range list {
            if !seen[link] {
                seen[link] = true
                unseenLinks <- link
            }
        }
    }
}
```

爬取 goroutine 使用同一个通道 unseenLinks 进行接收。主 goroutine 负责对从任务列表接收到的条目进行去重，然后发送每一个没有爬取过的条目到 unseenLinks 通道，然后被爬取 goroutine 接收。

seen map 被限制在主 goroutine 里面，它仅仅需要被这个 goroutine 访问。与其他形式的信息隐藏一样，范围限制可以帮助我们推导程序的正确性。例如，局部变量不能在声明它的函数之外通过名字引用；没有从函数中逃逸（见 2.3.4 节）的变量不能从函数外面访问；一个对象的封装域只能被对象自己的方法访问。所有的场景中，信息隐藏帮助限制程序不同部分之间不经意的交互。

crawl 发现的链接通过精心设计的 goroutine 发送到任务列表来避免死锁。

为了节省空间，不在这里讨论这个例子中的终止问题。

练习 8.6：对并发爬虫添加深度限制。如果用户设置 -depth=3，那么仅最多通过三个链接可达的 URL 能被找到。

练习 8.7：写一个并发程序来创建一个网站的本地镜像，获取它每一个可达的页面，然后将它们写到本地磁盘上的目录。只能获取本域的页面（例如，golang.org）。镜像页面内的 URL 按需调整，因为它们应该引用镜像页面，而不是原始页面。

8.7　使用 select 多路复用

下面的程序对火箭发射进行倒计时。time.Tick 函数返回一个通道，它定期发送事件，像一个节拍器一样。每个事件的值是一个时间戳，但我们更感兴趣它能带来的东西：

gopl.io/ch8/countdown1
```
func main() {
    fmt.Println("Commencing countdown.")
    tick := time.Tick(1 * time.Second)
    for countdown := 10; countdown > 0; countdown-- {
        fmt.Println(countdown)
        <-tick
    }
    launch()
}
```

让我们通过在倒计时进行时按下回车键来取消发射过程的能力。第一步，启动一个 goroutine 试图从标准输入中读取一个字符，如果成功，发送一个值到 abort 通道：

gopl.io/ch8/countdown2
```
abort := make(chan struct{})
go func() {
    os.Stdin.Read(make([]byte, 1)) // 读取单个字节
    abort <- struct{}{}
}()
```

现在每一次倒计时迭代需要等待事件到达两个通道中的一个：计时器通道，前提是一切顺利（nominal）；或者中止事件前提是有"异常"（anomaly）。不能只从一个通道上接收，因为哪一个操作都会在完成前阻塞。所以需要多路复用那些操作过程，为了实现这个目的，需要一个 select 语句：

```
select {
case <-ch1:
    // ...
case x := <-ch2:
    // ...use x...
case ch3 <- y:
    // ...
default:
    // ...
}
```

上面展示的是 select 语句的通用形式。像 switch 语句一样，它有一系列的情况和一个

可选的默认分支。每一个情况指定一次通信（在一些通道上进行发送或接收操作）和关联的一段代码块。接收表达式操作可能出现在它本身上，像第一个情况，或者在一个短变量声明中，像第二个情况；第二种形式可以让你引用所接收的值。

select 一直等待，直到一次通信来告知有一些情况可以执行。然后，它进行这次通信，执行此情况所对应的语句；其他的通信将不会发生。对于没有对应情况的 select，select{} 将永远等待。

让我们回到火箭发射程序。time.After 函数立即返回一个通道，然后启动一个新的 goroutine 在间隔指定时间后，发送一个值到它上面。下面的 select 语句等两个事件中第一个到达的事件，中止事件或者指示事件过去 10s 的事件。如果过了 10s 没有中止，开始发射：

```go
func main() {
    // ...创建中止通道...

    fmt.Println("Commencing countdown.  Press return to abort.")
    select {
    case <-time.After(10 * time.Second):
        // 不执行任何操作
    case <-abort:
        fmt.Println("Launch aborted!")
        return
    }
    launch()
}
```

下面的例子更微妙一些。通道 ch 的缓冲区大小为 1，它要么是空的，要么是满的，因此只有在其中一个状况下可以执行，要么在 i 是偶数时发送，要么在 i 是奇数时接收。它总是输出 0 2 4 6 8：

```go
ch := make(chan int, 1)
for i := 0; i < 10; i++ {
    select {
    case x := <-ch:
        fmt.Println(x) // "0" "2" "4" "6" "8"
    case ch <- i:
    }
}
```

如果多个情况同时满足，select 随机选择一个，这样保证每一个通道有相同的机会被选中。在前一个例子中增加缓冲区的容量，会使输出变得不可确定，因为当缓冲既不空也不满的情况，相当于 select 语句在扔硬币做选择。

让该发射程序输出倒计时。下面的 select 语句使每一次迭代使用 1s 来等待中止，但不会更长：

gopl.io/ch8/countdown3

```go
func main() {
    // ...创建中止通道...

    fmt.Println("Commencing countdown.  Press return to abort.")
    tick := time.Tick(1 * time.Second)
    for countdown := 10; countdown > 0; countdown-- {
        fmt.Println(countdown)
        select {
        case <-tick:
            // 什么操作也不执行
```

```
        case <-abort:
            fmt.Println("Launch aborted!")
            return
        }
    }
    launch()
}
```

time.Tick 函数的行为很像创建一个 goroutine 在循环里面调用 time.Sleep，然后在它每次醒来时发送事件。当上面的倒计时函数返回时，它停止从 tick 通道中接收事件，但是计时器 goroutine 还在运行，徒劳地向一个没有 goroutine 在接收的通道不断发送——发生 goroutine 泄漏（参考 8.4.4 节）。

Tick 函数很方便使用，但是它仅仅在应用的整个生命周期中都需要时才合适。否则，我们需要使用这个模式：

```
ticker := time.NewTicker(1 * time.Second)
<-ticker.C // 从 ticker 的通道接收
ticker.Stop() // 造成 ticker 的 goroutine 终止
```

有时候我们试图在一个通道上发送或接收，但是不想在通道没有准备好的情况下被阻塞——非阻塞通信。这使用 select 语句也可以做到。select 可以有一个默认情况，它用来指定在没有其他的通信发生时可以立即执行的动作。

下面的 select 语句从尝试从 abort 通道中接收一个值，如果没有值，它什么也不做。这是一个非阻塞的接收操作；重复这个动作称为对通道轮询：

```
select {
case <-abort:
    fmt.Printf("Launch aborted!\n")
    return
default:
    // 不执行任何操作
}
```

通道的零值是 nil。令人惊讶的是，nil 通道有时候很有用。因为在 nil 通道上发送和接收将永远阻塞，对于 select 语句中的情况，如果其通道是 nil，它将永远不会被选择。这次让我们用 nil 来开启或禁用特性所对应的情况，比如超时处理或者取消操作，响应其他的输入事件或者发送事件。我们将在下一节看到这个例子。

练习 8.8：使用 select 语句，给 8.3 节的回声服务器加一个超时，这样可以断开 10s 内没有任何呼叫的客户端。

8.8   示例：并发目录遍历

这一节中，我们构建一个程序，根据命令行指定的输入，报告一个或多个目录的磁盘使用情况，类似于 UNIX du 命令。大多数的工作由下面的 walkDir 函数完成，它使用 dirents 辅助函数来枚举目录中的条目。

gopl.io/ch8/du1
```
// wakjDir 递归地遍历以 dir 为根目录的整个文件树
// 并在 fileSizes 上发送每个已找到的文件的大小
func walkDir(dir string, fileSizes chan<- int64) {
```

```
        for _, entry := range dirents(dir) {
            if entry.IsDir() {
                subdir := filepath.Join(dir, entry.Name())
                walkDir(subdir, fileSizes)
            } else {
                fileSizes <- entry.Size()
            }
        }
    }

    // dirents 返回 dir 目录中的条目
    func dirents(dir string) []os.FileInfo {
        entries, err := ioutil.ReadDir(dir)
        if err != nil {
            fmt.Fprintf(os.Stderr, "du1: %v\n", err)
            return nil
        }
        return entries
    }
```

ioutil.ReadDir 函数返回一个 os.FileInfo 类型的 slice，针对单个文件同样的信息可以通过调用 os.Stat 函数来返回。对每一个子目录，walkDir 递归调用它自己，对于每一个文件，walkDir 发送一条消息到 fileSizes 通道。消息是文件所占用的字节数。

如下所示，main 函数使用两个 goroutine。后台 goroutine 调用 walkDir 遍历命令行上指定的每一个目录，最后关闭 fileSizes 通道。主 goroutine 计算从通道中接收的文件的大小的和，最后输出总数。

```
// du1 计算目录中文件占用的磁盘空间大小
package main

import (
    "flag"
    "fmt"
    "io/ioutil"
    "os"
    "path/filepath"
)

func main() {
    // 确定初始目录
    flag.Parse()
    roots := flag.Args()
    if len(roots) == 0 {
        roots = []string{"."}
    }

    // 遍历文件树
    fileSizes := make(chan int64)
    go func() {
        for _, root := range roots {
            walkDir(root, fileSizes)
        }
        close(fileSizes)
    }()

    // 输出结果
    var nfiles, nbytes int64
    for size := range fileSizes {
        nfiles++
        nbytes += size
    }
    printDiskUsage(nfiles, nbytes)
}
```

```
func printDiskUsage(nfiles, nbytes int64) {
    fmt.Printf("%d files  %.1f GB\n", nfiles, float64(nbytes)/1e9)
}
```

在输出结果前，程序等待较长时间：

```
$ go build gopl.io/ch8/du1
$ ./du1 $HOME /usr /bin /etc
213201 files  62.7 GB
```

如果程序可以通知它的进度，将会更友好。但是仅把 printDiskUsage 调用移动到循环内部会使它输出数千行结果。

下面这个 du 的变种周期性地输出总数，只有在 -v 标识指定的时候才输出，因为不是所有的用户都想看进度消息。后台 goroutine 依然从根部开始迭代。主 goroutine 现在使用一个计时器每 500ms 定期产生事件，使用一个 select 语句或者等待一个关于文件大小的消息，这时它更新总数，或者等待一个计时事件，这时它输出当前的总数。如果 -v 标识没有指定，tick 通道依然是 nil，它对应的情况在 select 中实际上被禁用。

gopl.io/ch8/du2
```
var verbose = flag.Bool("v", false, "show verbose progress messages")

func main() {
    // ...启动后台 goroutine...

    // 定期输出结果
    var tick <-chan time.Time
    if *verbose {
        tick = time.Tick(500 * time.Millisecond)
    }
    var nfiles, nbytes int64
loop:
    for {
        select {
        case size, ok := <-fileSizes:
            if !ok {
                break loop // fileSizes 关闭
            }
            nfiles++
            nbytes += size
        case <-tick:
            printDiskUsage(nfiles, nbytes)
        }
    }
    printDiskUsage(nfiles, nbytes) // 最终总数
}
```

因为这个程序没有使用 range 循环，所以第一个 select 情况必须显式判断 fileSizes 通道是否已经关闭，使用两个返回值的形式进行接收操作。如果通道已经关闭，程序退出循环。标签化的 break 语句将跳出 select 和 for 循环的逻辑；没有标签的 break 只能跳出 select 的逻辑，导致循环的下一次迭代。

程序提供给我们一个从容不迫的更新流：

```
$ go build gopl.io/ch8/du2
$ ./du2 -v $HOME /usr /bin /etc
28608 files  8.3 GB
54147 files  10.3 GB
93591 files  15.1 GB
127169 files  52.9 GB
```

```
175931 files   62.2 GB
213201 files   62.7 GB
```

但是它依然耗费太长的时间。这里没有理由不能并发调用 walkDir 从而充分利用磁盘系统的并行机制。第三个版本的 du 为每一个 walkDir 的调用创建一个新的 goroutine。它使用 sync.WaitGroup（参考 8.5 节）来为当前存活的 walkDir 调用计数，一个关闭者 goroutine 在计数器减为 0 的时候关闭 fileSizes 通道。

gopl.io/ch8/du3

```go
func main() {
    // ... 确定根目录 ...

    // 并行遍历每一个文件树
    fileSizes := make(chan int64)
    var n sync.WaitGroup
    for _, root := range roots {
        n.Add(1)
        go walkDir(root, &n, fileSizes)
    }
    go func() {
        n.Wait()
        close(fileSizes)
    }()
    // ... 选择循环 ...
}

func walkDir(dir string, n *sync.WaitGroup, fileSizes chan<- int64) {
    defer n.Done()
    for _, entry := range dirents(dir) {
        if entry.IsDir() {
            n.Add(1)
            subdir := filepath.Join(dir, entry.Name())
            go walkDir(subdir, n, fileSizes)
        } else {
            fileSizes <- entry.Size()
        }
    }
}
```

因为程序在高峰时创建数千个 goroutine，所以我们不得不修改 dirents 函数来使用计数信号量，以防止它同时打开太多的文件，就像我们在 8.6 节中为 Web 爬虫所做的：

```go
// sema 是一个用于限制目录并发数的计数信号量
var sema = make(chan struct{}, 20)

// dirents 返回 directory 目录中的条目
func dirents(dir string) []os.FileInfo {
    sema <- struct{}{}        // 获取令牌
    defer func() { <-sema }() // 释放令牌
    // ...
```

尽管系统与系统之间有很多的不同，但是这个版本的速度比前一个版本快几倍。

练习 8.9：写一个 du 版本，它可以为每一个指定的 root 目录计算和定期输出各自占用的总空间。

8.9 取消

有时候我们需要让一个 goroutine 停止它当前的任务，例如，一个 Web 服务器对客户请求处理到一半的时候客户端断开了。

　　一个 goroutine 无法直接终止另一个，因为这样会让所有的共享变量状态处于不确定状态。在 8.7 节的火箭发射程序中，我们给 abort 通道发送一个值，倒计时 goroutine 把它理解为停止自己的请求。但是怎样才能取消两个或者指定个数的 goroutine 呢？

　　一个可能是给 abort 通道发送和要取消的 goroutine 同样多的事件。如果一些 goroutine 已经自己终止了，这样计数就多了，然后发送过程会卡住。如果那些 goroutine 可以自我繁殖，数量又会太少，其中一些 goroutine 依然不知道要取消。通常，任何时刻都很难知道有多少 goroutine 正在工作。更多情况下，当一个 goroutine 从 abort 通道接收到值时，它利用这个值，这样其他的 goroutine 接收不到这个值。对于取消操作，我们需要一个可靠的机制在一个通道上广播一个事件，这样很多 goroutine 可以认为它发生了，然后可以看到它已经发生。

　　回忆一下，当一个通道关闭且已取完所有发送的值之后，接下来的接收操作立即返回，得到零值。我们可以利用它创建一个广播机制：不在通道上发送值，而是关闭它。

　　我们在前一节的 du 程序中加入取消机制。第一步，创建一个取消通道，在它上面不发送任何值，但是它的关闭表明程序需要停止它正在做的事情。也定义了一个工具函数 cancelled，在它被调用的时候检测或轮询取消状态。

gopl.io/ch8/du4

```
var done = make(chan struct{})

func cancelled() bool {
    select {
    case <-done:
        return true
    default:
        return false
    }
}
```

　　接下来，创建一个读取标准输入的 goroutine，它通常连接到终端。一旦开始读取任何输入（例如，用户按回车键）时，这个 goroutine 通过关闭 done 通道来广播取消事件。

```
// 当检测到输入时取消遍历
go func() {
    os.Stdin.Read(make([]byte, 1)) // 读一个字节
    close(done)
}()
```

　　现在我们需要让 goroutine 来响应取消操作。在主 goroutine 中，添加第三个情况到 select 语句中，它尝试从 done 通道接收。如果选择这个情况，函数将返回，但是在返回之前它必须耗尽 fileSizes 通道，丢弃它所有的值，直到通道关闭。做这些是为了保证所有的 walkDir 调用可以执行完，不会卡在向 fileSizes 通道发送消息上。

```
for {
    select {
    case <-done:
        // 耗尽 fileSizes 以允许已有的 goroutine 结束
        for range fileSizes {
            // 不执行任何操作
        }
        return
```

```
            case size, ok := <-fileSizes:
                // ...
            }
    }
```

walkDir goroutine 在开始的时候轮询取消状态，如果设置状态，什么都不做立即返回。它让在取消后创建的 goroutine 什么都不做：

```
func walkDir(dir string, n *sync.WaitGroup, fileSizes chan<- int64) {
    defer n.Done()
    if cancelled() {
        return
    }
    for _, entry := range dirents(dir) {
        // ...
    }
}
```

在 walkDir 循环中来进行取消状态轮询也许是划算的，它避免在取消后创建新的 goroutine。取消需要权衡：更快的响应通常需要更多的程序逻辑变更入侵。确保在取消事件以后没有更多昂贵的操作发生，可能需要更新代码中很多的地方，但通常我们可以通过在少量重要的地方检查取消状态来达到目的。

程序的一点性能剖析揭示了它的瓶颈在于 dirents 中获取信号量令牌的操作。下面的select 让取消操作的延迟从数百毫秒减为几十毫秒：

```
func dirents(dir string) []os.FileInfo {
    select {
    case sema <- struct{}{}: // 获取令牌
    case <-done:
        return nil // 取消
    }
    defer func() { <-sema }() // 释放令牌

    // ...read directory...

}
```

现在，当取消事件发生时，所有的后台 goroutine 迅速停止，然后 main 函数返回。当然，当 main 返回时，程序随之退出，不过这里没有谁在后面通知 main 函数来进行清理。在测试中有一个技巧：如果在取消事件到来的时候 main 函数没有返回，执行一个 panic 调用，然后运行时将转储程序中所有 goroutine 的栈。如果主 goroutine 是最后一个剩下的goroutine，它需要自己进行清理。但如果还有其他的 goroutine 存活，它们可能还没有合适地取消，或者它们已经取消，可是需要的时间比较长；多一点调查总是值得的。崩溃转储信息通常含有足够的信息来分辨这些情况。

练习 8.10：HTTP 请求可以通过关闭 http.Request 结构中可选的 Cancel 通道进行取消。修改 8.6 节的网页爬虫使其支持取消操作。

提示：http.Get 便利函数没有提供定制 Request 的机会。使用 http.NewRequest 创建请求，设置它的 Cancel 字段，然后调用 http.DefaultClient.Do(req) 来执行请求。

练习 8.11：使用 8.4.4 节的 mirroredQuery 程序中的方法，实现 fetch 的一个变种，它并发请求多个 URL。当第一个响应返回的时候，取消其他的请求。

8.10   示例：聊天服务器

我们用聊天服务器来结束本章，它可以在几个用户之间相互广播文本消息。这个程序里
有 4 个 goroutine。主 goroutine 和广播（broadcaster）goroutine，每一个连接里面有一个连接
处理（handleConn）goroutine 和一个客户写入（clientWriter）goroutine。广播器（broadcaster）
是关于如何使用 select 的一个规范说明，因为它需要对三种不同的消息进行响应。

如下所示，主 goroutine 的工作是监听端口，接受连接客户端的网络连接。对每一个连
接，它创建一个新的 handleConn goroutine，就像本章开始时并发回声服务器中那样。

gopl.io/ch8/chat

```go
func main() {
    listener, err := net.Listen("tcp", "localhost:8000")
    if err != nil {
        log.Fatal(err)
    }
    go broadcaster()
    for {
        conn, err := listener.Accept()
        if err != nil {
            log.Print(err)
            continue
        }
        go handleConn(conn)
    }
}
```

下一个是广播器，它使用局部变量 clients 来记录当前连接的客户集合。每个客户唯一
被记录的信息是其对外发送消息通道的 ID，下面是细节：

```go
type client chan<- string // 对外发送消息的通道
var (
    entering = make(chan client)
    leaving  = make(chan client)
    messages = make(chan string) // 所有接收的客户消息
)
func broadcaster() {
    clients := make(map[client]bool) // 所有连接的客户端
    for {
        select {
        case msg := <-messages:
            // 把所有接收的消息广播给所有的客户
            // 发送消息通道
            for cli := range clients {
                cli <- msg
            }
        case cli := <-entering:
            clients[cli] = true

        case cli := <-leaving:
            delete(clients, cli)
            close(cli)
        }
    }
}
```

广播者监听两个全局的通道 entering 和 leaving，通过它们通知客户的到来和离开，如

果它从其中一个接收到事件，它将更新 clients 集合。如果客户离开，那么它关闭对应客户对外发送消息的通道。广播者也监听来自 messages 通道的事件，所有的客户都将消息发送到这个通道。当广播者接收到其中一个事件时，它把消息广播给所有客户。

现在来看一下每个客户自己的 goroutine。handleConn 函数创建一个对外发送消息的新通道，然后通过 entering 通道通知广播者新客户到来。接着，它读取客户发来的每一行文本，通过全局接收消息通道将每一行发送给广播者，发送时在每条消息前面加上发送者 ID 作为前缀。一旦从客户端读取消息完毕，handleConn 通过 leaving 通道通知客户离开，然后关闭连接。

```go
func handleConn(conn net.Conn) {
    ch := make(chan string) // 对外发送客户消息的通道
    go clientWriter(conn, ch)

    who := conn.RemoteAddr().String()
    ch <- "You are " + who
    messages <- who + " has arrived"
    entering <- ch

    input := bufio.NewScanner(conn)
    for input.Scan() {
        messages <- who + ": " + input.Text()
    }
    // 注意，忽略input.Err()中可能的错误

    leaving <- ch
    messages <- who + " has left"
    conn.Close()
}

func clientWriter(conn net.Conn, ch <-chan string) {
    for msg := range ch {
        fmt.Fprintln(conn, msg) // 注意，忽略网络层面的错误
    }
}
```

另外，handleConn 函数还为每一个客户创建了写入（clientWriter）goroutine，它接收消息，广播到客户的发送消息通道中，然后将它们写到客户的网络连接中。客户写入者的循环在广播者收到 leaving 通知并且关闭客户的发送消息通道后终止。

下面的信息展示了同一个机器上的一个服务器和两个客户端，它们使用 netcat 程序来聊天：

```
$ go build gopl.io/ch8/chat
$ go build gopl.io/ch8/netcat3

$ ./chat &
$ ./netcat3
You are 127.0.0.1:64208
127.0.0.1:64211 has arrived
Hi!
127.0.0.1:64208: Hi!

127.0.0.1:64211: Hi yourself.
^C

$ ./netcat3
You are 127.0.0.1:64216
```

```
                                $ ./netcat3
                                You are 127.0.0.1:64211

                                127.0.0.1:64208: Hi!
                                Hi yourself.
                                127.0.0.1:64211: Hi yourself.


                                127.0.0.1:64208 has left

                                127.0.0.1:64216 has arrived
                                Welcome.
```

```
127.0.0.1:64211: Welcome.                127.0.0.1:64211: Welcome.
                                         ^C
127.0.0.1:64211 has left
```

当有 n 个客户 session 在连接的时候，程序并发运行着 $2n+2$ 个相互通信的 goroutine，它不需要隐式的加锁操作（参考 9.2 节）。clients map 限制在广播器这一个 goroutine 中被访问，所以不会并发访问它。唯一被多个 goroutine 共享的变量是通道以及 net.Conn 的实例，它们又都是并发安全的。关于限制、并发安全，以及跨 goroutine 的变量共享的含义，将在下一章进行更多的讨论。

练习 8.12：让广播者在每一个新客户到来的时候通知当前存在的客户。这也要求 clients 集合以及 entering 和 leaving 通道记录客户的名字。

练习 8.13：使聊天服务器可以断掉长期空置的连接，例如在过去 5 分钟里没有发送过消息的连接。提示：在另一个 goroutine 中调用 conn.Close()，可以让当前阻塞的读操作变成非阻塞，就像 input.Scan() 输入完成的读操作一样。

练习 8.14：改变聊天服务器的网络交互协议，让客户端可以输入它的名字。使用名字来代替网络地址作为发送者的 ID，作为每一条消息的前缀。

练习 8.15：任何客户程序读取数据的时间很长最终会造成所有的客户卡住。修改广播者，使它满足如果一个向客户写入的通道没有准备好接受它，那么跳过这条消息。还可以给每一个给向客户发送消息的通道增加缓冲，这样大多数的消息不会丢弃；广播者在这个通道上应该使用非阻塞的发送方式。

使用共享变量实现并发

上一章用几个程序来演示了如何使用 goroutine 和通道来实现一种直接和自然的并发方式。当然，我们避开了一些微妙的要点，这些点是写并发代码时必须铭记在心的。

本章将深入到并发机制内部，特别是与多个 goroutine 共享变量相关的问题，以及识别这些问题的分析技术，还有解决这些问题的模式。最后将解释一下 goroutine 和操作系统线程的差别。

9.1 竞态

在串行程序中（即一个程序只有一个 goroutine），程序中各个步骤的执行顺序由程序逻辑来决定。比如，在一系列语句中，第一句在第二句之前执行，以此类推。当一个程序有两个或者多个 goroutine 时，每个 goroutine 内部的各个步骤也是顺序执行的，但我们无法知道一个 goroutine 中的事件 x 和另外一个 goroutine 中的事件 y 的先后顺序。如果我们无法自信地说一个事件肯定先于另外一个事件，那么这两个事件就是并发的。

考虑一个能在串行程序中正确工作的函数。如果这个函数在并发调用时仍然能正确工作，那么这个函数是并发安全（concurrency-safe）的，在这里并发调用是指，在没有额外同步机制的情况下，从两个或者多个 goroutine 同时调用这个函数。这个概念也可以推广到其他函数，比如方法或者作用于特定类型的一些操作。如果一个类型的所有可访问方法和操作都是并发安全时，则它可称为并发安全的类型。

让一个程序并发安全并不需要其中的每一个具体类型都是并发安全的。实际上，并发安全的类型其实是特例而不是普遍存在的，所以仅在文档指出类型是安全的情况下，才可以并发地访问一个变量。对于绝大部分变量，如要回避并发访问，要么限制变量只存在于一个 goroutine 内，要么维护一个更高层的互斥不变量。本章将详细解释这些概念。

与之对应的是，导出的包级别函数通常可以认为是并发安全的。因为包级别的变量无法限制在一个 goroutine 内，所以那些修改这些变量的函数就必须采用互斥机制。

函数并发调用时不工作的原因有很多，包括死锁、活锁（livelock）[⊖]以及资源耗尽。我们没有足够的时间来讨论所有的情形，因此接下来会重点讨论最重要的一种情形，即竞态。

竞态是指在多个 goroutine 按某些交错顺序执行时程序无法给出正确的结果。竞态对于程序是致命的，因为它们可能会潜伏在程序中，出现频率也很低，有可能仅在高负载环境或者在使用特定的编译器、平台和架构时才出现。这些都让竞态很难再现和分析。

我们常用一个经济损失的隐喻来解释竞态的严重性，在这里也先考虑一个简单的银行账户程序：

```
// bank 包实现了一个只有一个账户的银行
package bank
```

⊖ 比如多个线程在尝试绕开死锁，却由于过分同步导致反复冲突。——译者注

```
var balance int
func Deposit(amount int) { balance = balance + amount }
func Balance() int { return balance }
```

（Deposit 的函数体也可以写作等价的 balance += amount，但比较长的形式解释起来比较方便。）

对于一个如此简单的程序，我们一眼就可以看出，任意串行地调用 Deposit 和 Balance 都可以得到正确的结果。即 Balance 会输出之前存入的金额总数。但如果这些函数的调用顺序不是串行而是并行，Balance 就不保证输出正确结果了。考虑如下两个 goroutine，它们代表对一个共享账户的两笔交易：

```
// Alice:
go func() {
    bank.Deposit(200)                 // A1
    fmt.Println("=", bank.Balance()) // A2
}()
// Bob:
go bank.Deposit(100)                  // B
```

Alice 存入 200 美元，然后查询她的余额，与此同时 Bob 存入了 100 美元。A1、A2 两步与 B 是并发进行的，我们无法预测实际的执行顺序。直觉来看，可能存在三种不同的顺序，分别称为 "Alice 先"、"Bob 先" 和 "Alice/Bob/Alice"。下面的表格显示了每个步骤之后 balance 变量的值。带引号的字符串代表输出的账户余额。

```
Alice 先                Bob 先               Alice/Bob/Alice
       0                      0                       0
A1     200          B        100          A1         200
A2 "= 200"          A1       300          B          300
B      300          A2 "= 300"           A2 "= 300"
```

在所有情况下最终的账户余额都是 300 美元。唯一不同的是 Alice 看到的账户余额是否包含了 Bob 的交易，但客户对所有情况都不会有不满。

但这种直觉是错的。这里还有第四种可能，Bob 的存款在 Alice 的存款操作中间执行，晚于账户余额读取（balance+amount），但早于余额更新（balance = ...），这会导致 Bob 存的钱消失了。这是因为 Alice 的存款操作 A1 实际上是串行的两个操作，读部分和写部分，我们称之为 A1r 和 A1w。下面就是有问题的执行顺序：

```
数据竞态
        0
A1r     0          ... = balance + amount
B       100
A1w     200        balance = ...
A2   "= 200"
```

在 A1r 之后，表达式 balance + amount 求值结果为 200，这个值在 A1w 步骤中用于写入，完全没理会中间的存款操作。最终的余额为仅有 200 美元，银行从 Bob 手上挣了 100 美元。

程序中的这种状况是竞态中的一种，称为数据竞态（data race）。数据竞态发生于两个 goroutine 并发读写同一个变量并且至少其中一个是写入时。

当发生数据竞态的变量类型是大于一个机器字长的类型（比如接口、字符串或 slice）时，事情就更复杂了。下面的代码并发把 x 更新为两个不同长度的 slice。

```
var x []int
go func() { x = make([]int, 10) }()
go func() { x = make([]int, 1000000) }()
x[999999] = 1 // 注意：未定义行为，可能造成内存异常
```

最后一个表达式中 x 的值是未定义的，它可能是 nil、一个长度为 10 的 slice 或者一个长度为 1 000 000 的 slice。回想一下 slice 的三个部分：指针、长度和容量。如果指针来自于第一个 make 调用而长度来自第二个 make 调用，那么 x 会变成一个嵌合体，它名义上长度为 1 000 000 但底层的数组只有 10 个元素。在这种情况下，尝试存储到第 999 999 个元素会伤及很遥远的一段内存，其恶果无法预测，问题也很难调试和定位。这种语义上的雷区称为未定义行为，C 程序员应当对此很熟悉了。幸运的是，相比之下 Go 语言很少有这种问题。

并行程序是几个串行程序交错执行这个观念也是一个错觉。在 9.4 节中可以看到，数据竞态可能由更奇怪的原因来引发。很多程序员（甚至是非常聪明的程序员）偶尔也会为自己程序中的数据竞态找借口：比如"互斥机制的成本太高了""这段逻辑只用于输出日志""我不在意丢掉一些消息"等。在给定的编译器和平台下不存在问题也给了他们盲目的自信。一个好的习惯是根本就没有什么温和的数据竞态。所以如何在程序中避免数据竞态呢？

再回顾一下定义（因为定义非常重要）：数据竞态发生于两个 goroutine 并发读写同一个变量并且至少其中一个是写入时。从定义不难看出，有三种方法来避免数据竞态。

第一种方法是不要修改变量。考虑如下的 map，它进行了延迟初始化，对于每个键，在第一次访问时才触发加载。如果 Icon 的调用是串行的，那么程序能正常工作，但如果 Icon 的调用是并发的，在访问 map 时就存在数据竞态。

```
var icons = make(map[string]image.Image)

func loadIcon(name string) image.Image

// 注意：并发不安全
func Icon(name string) image.Image {
    icon, ok := icons[name]
    if !ok {
        icon = loadIcon(name)
        icons[name] = icon
    }
    return icon
}
```

如果在创建其他 goroutine 之前就用完整的数据来初始化 map，并且不再修改。那么无论多少 goroutine 也可以安全地并发调用 Icon，因为每个 goroutine 都只读取这个 map。

```
var icons = map[string]image.Image{
    "spades.png":   loadIcon("spades.png"),
    "hearts.png":   loadIcon("hearts.png"),
    "diamonds.png": loadIcon("diamonds.png"),
    "clubs.png":    loadIcon("clubs.png"),
}
// 并发安全
func Icon(name string) image.Image { return icons[name] }
```

在上面的例子中，icons 变量的赋值发生在包初始化时，也就是在程序的 main 函数开始运行之前。一旦初始化完成后，icons 就不再修改。那些从不修改的数据结构以及不可变数据结构本质上是并发安全的，也不需要做任何同步。但显然我们不能把这个方法用在必然会有更新的场景，比如一个银行账号。

第二种避免数据竞态的方法是避免从多个 goroutine 访问同一个变量。上一章的很多程序都采用了这个方法。比如，并发的 Web 爬虫（见 8.6 节）中主 goroutine 是唯一一个能访问 seen map 的 goroutine；聊天服务器（见 8.10 节）中的 broadcaster goroutine 是唯一一个能访问 clients map 的 goroutine。这些变量都限制在单个 goroutine 内部。

由于其他 goroutine 无法直接访问相关变量，因此它们就必须使用通道来向受限 goroutine 发送查询请求或者更新变量。这也是这句 Go 箴言的含义："不要通过共享内存来通信，而应该通过通信来共享内存"。使用通道请求来代理一个受限变量的所有访问的 goroutine 称为该变量的监控 goroutine（monitor goroutine）。比如，broadcaster goroutine 监控了对 clients map 的访问。

下面就是重写的银行案例，用一个叫 teller 的监控 goroutine 限制 balance 变量：

gopl.io/ch9/bank1
```
// bank 包提供了一个只有一个账户的并发安全银行
package bank

var deposits = make(chan int) // 发送存款额
var balances = make(chan int) // 接收余额

func Deposit(amount int) { deposits <- amount }
func Balance() int       { return <-balances }

func teller() {
    var balance int // balance 被限制在 teller goroutine 中
    for {
        select {
        case amount := <-deposits:
            balance += amount
        case balances <- balance:
        }
    }
}

func init() {
    go teller() // 启动监控 goroutine
}
```

即使一个变量无法在整个生命周期受限于单个 goroutine，加以限制仍然可以是解决并发访问的好方法。比如一个常见的场景，可以通过借助通道来把共享变量的地址从上一步传到下一步，从而在流水线上的多个 goroutine 之间共享该变量。在流水线中的每一步，在把变量地址传给下一步后就不再访问该变量了，这样所有对这个变量的访问都是串行的。换个说法，这个变量先受限于流水线的一步，再受限于下一步，以此类推。这种受限有时也称为串行受限。

在下面的例子中，Cakes 是串行受限的，首先受限于 baker goroutine，然后受限于 icer goroutine。

```
type Cake struct{ state string }

func baker(cooked chan<- *Cake) {
    for {
        cake := new(Cake)
        cake.state = "cooked"
        cooked <- cake // baker 不再访问 cake 变量
    }
}
```

```
func icer(iced chan<- *Cake, cooked <-chan *Cake) {
    for cake := range cooked {
        cake.state = "iced"
        iced <- cake // icer 不再访问 cake 变量
    }
}
```

第三种避免数据竞态的办法是允许多个 goroutine 访问同一个变量，但在同一时间只有一个 goroutine 可以访问。这种方法称为互斥机制，这是下一节的主题。

练习 9.1：向 gopl.io/ch9/bank1 程序添加一个函数 Withdraw(amount int)bool。结果应当反映交易成功还是由于余额不足而失败。函数发送到监控 goroutine 的消息应当包含取款金额和一个新的通道，这个通道用于监控 goroutine 把布尔型的结果发送回 Withdraw 函数。

9.2　互斥锁：sync.Mutex

在 8.6 节，使用一个缓冲通道实现了一个计数信号量，用于确认同时发起 HTTP 请求的 goroutine 数量不超过 20。使用同样的理念，也可以用一个容量为 1 的通道来保证同一时间最多有一个 goroutine 能访问共享变量。一个计数上限为 1 的信号量称为二进制信号量（binary semaphore）。

gopl.io/ch9/bank2
```
var (
    sema    = make(chan struct{}, 1) // 用来保护 balance 的二进制信号量
    balance int
)
func Deposit(amount int) {
    sema <- struct{}{} // 获取令牌
    balance = balance + amount
    <-sema // 释放令牌
}
func Balance() int {
    sema <- struct{}{} // 获取令牌
    b := balance
    <-sema // 释放令牌
    return b
}
```

互斥锁模式应用非常广泛，所以 sync 包有一个单独的 Mutex 类型来支持这种模式。它的 Lock 方法用于获取令牌（token，此过程也称为上锁），Unlock 方法用于释放令牌：

gopl.io/ch9/bank3
```
import "sync"
var (
    mu      sync.Mutex // 保护 balance
    balance int
)
func Deposit(amount int) {
    mu.Lock()
    balance = balance + amount
    mu.Unlock()
}
func Balance() int {
    mu.Lock()
    b := balance
    mu.Unlock()
    return b
}
```

一个 goroutine 在每次访问银行的变量（此处仅有 balance）之前，它都必须先调用互斥量的 Lock 方法来获取一个互斥锁。如果其他 goroutine 已经取走了互斥锁，那么操作会一直阻塞到其他 goroutine 调用 Unlock 之后（此时互斥锁再度可用）。互斥量保护共享变量。按照惯例，被互斥量保护的变量声明应当紧接在互斥量的声明之后。如果实际情况不是如此，请确认已加了注释来说明此事。

在 Lock 和 Unlock 之间的代码，可以自由地读取和修改共享变量，这一部分称为临界区域。在锁的持有人调用 Unlock 之前，其他 goroutine 不能获取锁。所以很重要的一点是，goroutine 在使用完成后就应当释放锁，另外，需要包括函数的所有分支，特别是错误分支。

上面的银行程序展现了一个典型的并发模式。几个导出函数封装了一个或多个变量，于是只能通过这些函数来访问这些变量（对于一个对象的变量，则用方法来封装）。每个函数在开始时申请一个互斥锁，在结束时再释放掉，通过这种方式来确保共享变量不会被并发访问。这种函数、互斥锁、变量的组合方式称为监控（monitor）模式。（之前在监控 goroutine 中也使用了监控（monitor）这个词，都代表使用一个代理人（broker）来确保变量按顺序访问。）

因为 Deposit 和 Balance 函数中的临界区域都很短（只有一行，也没有分支），所以直接在函数结束时调用 Unlock 也很方便。在更复杂的临界场景中，特别是必须通过提前返回来处理错误的场景，很难确定在所有的分支中 Lock 和 Unlock 都成对执行了。Go 语言的 defer 语句就可以解决这个问题：通过延迟执行 Unlock 就可以把临界区域隐式扩展到当前函数的结尾，避免了必须在一个或者多个远离 Lock 的位置插入一条 Unlock 语句。

```
func Balance() int {
    mu.Lock()
    defer mu.Unlock()
    return balance
}
```

在上面的例子中，Unlock 在 return 语句已经读完 balance 变量之后执行，所以 Balance 函数就是并发安全的。另外，我们也不需要使用局部变量 b 了。

而且，在临界区域崩溃时延迟执行的 Unlock 也会正确执行，这在使用 recover（参考 5.10 节）的情况下尤其重要。当然，defer 的执行成本比显式调用 Unlock 略大一些，但不足以成为代码不清晰的理由。在处理并发程序时，永远应当优先考虑清晰度，并且拒绝过早优化。在可以使用的地方，就尽量使用 defer 来让临界区域扩展到函数结尾处。

考虑如下 Withdraw 函数。当成功时，余额减少了指定的数量，并且返回 true，但如果余额不足，无法完成交易，Withdraw 恢复余额并且返回 false。

```
// 注意：不是原子操作
func Withdraw(amount int) bool {
    Deposit(-amount)
    if Balance() < 0 {
        Deposit(amount)
        return false // 余额不足
    }
    return true
}
```

这个函数最终能给出正确的结果，但它有一个不良的副作用。在尝试进行超额提款时，在某个瞬间余额会降到 0 以下。这有可能会导致一个小额的取款会不合逻辑地被拒绝掉。所以当 Bob 尝试购买一辆跑车时，却会导致 Alice 无法支付早上的咖啡。`Withdraw` 的问题在于不是原子操作：它包含三个串行的操作，每个操作都申请并释放了互斥锁，但对于整个序列没有上锁。

理想情况下，`Withdraw` 应当为整个操作申请一次互斥锁。但如下尝试是正确的：

```go
// 注意: 不正确的实现
func Withdraw(amount int) bool {
    mu.Lock()
    defer mu.Unlock()
    Deposit(-amount)
    if Balance() < 0 {
        Deposit(amount)
        return false // 余额不足
    }
    return true
}
```

`Deposit` 会通过调用 `mu.Lock()` 来尝试再次获取互斥锁，但由于互斥锁是不能再入的（无法对一个已经上锁的互斥量再上锁），因此这会导致死锁，`Withdraw` 会一直被卡住。

Go 语言的互斥量是不可再入的，具体理由见后。互斥量的目的是在程序执行过程中维持基于共享变量的特定不变量（invariant）。其中一个不变量是 "没有 goroutine 正在访问这个共享变量"，但有可能互斥量也保护针对数据结构的其他不变量。当 goroutine 获取一个互斥锁的时候，它可能会假定这些不变量是满足的。当它获取到互斥锁之后，它可能会更新共享变量的值，这样可能会临时不满足之前的不变量。当它释放互斥锁时，它必须保证之前的不变量已经还原且又能重新满足。尽管一个可重入的互斥量可以确保没有其他 goroutine 可以访问共享变量，但是无法保护这些变量的其他不变量。

一个常见的解决方案是把 `Deposit` 这样的函数拆分为两部分：一个不导出的函数 `deposit`，它假定已经获得互斥锁，并完成实际的业务逻辑；以及一个导出的函数 `Deposit`，它用来获取锁并调用 `deposit`。这样我们就可以用 `deposit` 来实现 `Withdraw`：

```go
func Withdraw(amount int) bool {
    mu.Lock()
    defer mu.Unlock()
    deposit(-amount)
    if balance < 0 {
        deposit(amount)
        return false // 余额不足
    }
    return true
}
func Deposit(amount int) {
    mu.Lock()
    defer mu.Unlock()
    deposit(amount)
}
func Balance() int {
    mu.Lock()
    defer mu.Unlock()
    return balance
}
// 这个函数要求已获取互斥锁
func deposit(amount int) { balance += amount }
```

当然，这里的 deposit 函数代码太少了，所以实际上 Withdraw 函数可以不用调用这个函数，但无论如何通过这个例子我们很好地演示了这个规则。

封装（参考 6.6 节）即通过在程序中减少对数据结构的非预期交互，来帮助我们保证数据结构中的不变量。因为类似的原因，封装也可以用来保持并发中的不变性。所以无论是为了保护包级别的变量，还是结构中的字段，当你使用一个互斥量时，都请确保互斥量本身以及被保护的变量都没有导出。

9.3 读写互斥锁：sync.RWMutex

Bob 的 100 美元存款消失了，没留下任何线索，Bob 感到很焦虑，为了解决这个问题，Bob 写了一个程序，每秒钟查询数百次他的账户余额。这个程序同时在他家里、公司里和他的手机上运行。银行注意到快速增长的业务请求正在拖慢存款和取款操作，因为所有的 Balance 请求都是串行运行的，持有互斥锁并暂时妨碍了其他 goroutine 运行。

因为 Balance 函数只须读取变量的状态，所以多个 Balance 请求其实可以安全地并发运行，只要 Deposit 和 Withdraw 请求没有同时运行即可。在这种场景下，我们需要一种特殊类型的锁，它允许只读操作可以并发执行，但写操作需要获得完全独享的访问权限。这种锁称为多读单写锁，Go 语言中的 sync.RWMutex 可以提供这种功能：

```go
var mu sync.RWMutex
var balance int

func Balance() int {
    mu.RLock() // 读锁
    defer mu.RUnlock()
    return balance
}
```

Balance 函数现在可以调用 RLock 和 RUnlock 方法来分别获取和释放一个读锁（也称为共享锁）。Deposit 函数无须更改，它通过调用 mu.Lock 和 mu.Unlock 来分别获取和释放一个写锁（也称为互斥锁）。

经过上面的修改之后，Bob 的绝大部分 Balance 请求可以并行运行且能更快完成。因此，锁可用的时间比例会更大，Deposit 请求也能得到更及时的响应。

RLock 仅可用于在临界区域内对共享变量无写操作的情形。一般来讲，我们不应当假定那些逻辑上只读的函数和方法不会更新一些变量。比如，一个看起来只是简单访问器的方法可能会递增内部使用的计数器，或者更新一个缓存来让重复的调用更快。如果你有疑问，那么久应当使用独享版本的 Lock。

仅在绝大部分 goroutine 都在获取读锁并且锁竞争比较激烈时（即，goroutine 一般都需要等待后才能获到锁），RWMutex 才有优势。因为 RWMutex 需要更复杂的内部簿记工作，所以在竞争不激烈时它比普通的互斥锁慢。

9.4 内存同步

你可能会对 Balance 方法也需要互斥锁（不管是基于通道的锁还是基于互斥量的锁）感到奇怪。毕竟，与 Deposit 不一样，它只包含单个操作，所以并不存在另外一个 goroutine 插在中间执行的风险。其实需要互斥锁的原因有两个。第一个是防止 Balance 插到其他操作中间也是很重要的，比如 Withdraw。第二个原因更微妙，因为同步不仅涉及多个 goroutine 的执行顺序问题，同步还会影响到内存。

现代的计算机一般都会有多个处理器，每个处理器都有内存的本地缓存。为了提高效率，对内存的写入是缓存在每个处理器中的，只在必要时才刷回内存。甚至刷回内存的顺序都可能与 goroutine 的写入顺序不一致。像通道通信或者互斥锁操作这样的同步原语都会导致处理器把累积的写操作刷回内存并提交，所以这个时刻之前 goroutine 的执行结果就保证了对运行在其他处理器的 goroutine 可见。

考虑如下代码片段的可能输出：

```
var x, y int
go func() {
    x = 1                      // A1
    fmt.Print("y:", y, " ") // A2
}()
go func() {
    y = 1                      // B1
    fmt.Print("x:", x, " ") // B2
}()
```

由于这两个 goroutine 并发运行且在没使用互斥锁的情况下访问共享变量，所以这里会有数据竞态。于是我们对程序每次的输出不一样不应该感到奇怪。根据对程序中标注语句不同的交错模式，我们可能会期望能看到如下四个结果中的一个：

```
y:0 x:1
x:0 y:1
x:1 y:1
y:1 x:1
```

第四行可以由 A1,B1,A2,B2 或 B1,A1,A2,B2 这样的执行顺序来产生。但是，程序产生的如下两个两个输出就在我们的意料之外了：

```
x:0 y:0
y:0 x:0
```

但在某些特定的编译器、CPU 或者其他情况下，这些确实可能发生。上面四个语句以什么样的顺序交错执行才能解释这个结果呢？

在单个 goroutine 内，每个语句的效果保证按照执行的顺序发生，也就是说，goroutine 是串行一致的（sequentially consistent）。但在缺乏使用通道或者互斥量来显式同步的情况下，并不能保证所有的 goroutine 看到的事件顺序都是一致的。尽管 goroutine A 肯定能在读取 y 之前能观察到 x=1 的效果，但它并不一定能观察到 goroutine B 对 y 写入的效果，所以 A 可能会输出 y 的一个过期值。

尽管很容易把并发简单理解为多个 goroutine 中语句的某种交错执行方式，但正如上面的例子所显示的，这并不是一个现代编译器和 CPU 的工作方式。因为赋值和 Print 对应不同的变量，所以编译器就可能会认为两个语句的执行顺序不会影响结果，然后就交换了这两个语句的执行顺序。CPU 也有类似的问题，如果两个 goroutine 在不同的 CPU 上执行，每个 CPU 都有自己的缓存，那么一个 goroutine 的写入操作在同步到内存之前对另外一个 goroutine 的 Print 语句是不可见的。

这些并发问题都可以通过采用简单、成熟的模式来避免，即在可能的情况下，把变量限制到单个 goroutine 中，对于其他变量，使用互斥锁。

9.5　延迟初始化：`sync.Once`

延迟一个昂贵的初始化步骤到有实际需求的时刻是一个很好的实践。预先初始化一个变量会增加程序的启动延时，并且如果实际执行时有可能根本用不上这个变量，那么初始化也不是必需的。回到本章之前提到的 icons 变量：

```
var icons map[string]image.Image
```

这个版本的 Icon 使用了延迟初始化：

```
func loadIcons() {
    icons = map[string]image.Image{
        "spades.png":   loadIcon("spades.png"),
        "hearts.png":   loadIcon("hearts.png"),
        "diamonds.png": loadIcon("diamonds.png"),
        "clubs.png":    loadIcon("clubs.png"),
    }
}

// 注意: 并发不安全
func Icon(name string) image.Image {
    if icons == nil {
        loadIcons() // 一次性地初始化
    }
    return icons[name]
}
```

对于那些只被一个 goroutine 访问的变量，上面的模式是没有问题的，但对于这个例子，在并发调用 Icon 时这个模式就是不安全的。类似于银行例子中最早版本的 Deposit 函数，Icon 也包含多个步骤：检测 icons 是否为空，再加载图标，最后更新 icons 为一个非 nil 值。直觉可能会告诉你，竞态带来的最严重问题可能就是 loadIcons 函数会被调用多遍。当第一个 goroutine 正忙于加载图标时，其他 goroutine 进入 Icon 函数，会发现 icons 仍然是 nil，所以仍然会调用 loadIcons。

但这个直觉仍然是错的（我希望你现在已经有一个关于并发的新直觉，那就是关于并发的直觉都不可靠）。回想一下 9.4 节关于内存的讨论，在缺乏显式同步的情况下，编译器和 CPU 在能保证每个 goroutine 都满足串行一致性的基础上可以自由地重排访问内存的顺序。loadIcons 一个可能的语句重排结果如下所示。它在填充数据之前把一个空 map 赋给 icons：

```
func loadIcons() {
    icons = make(map[string]image.Image)
    icons["spades.png"] = loadIcon("spades.png")
    icons["hearts.png"] = loadIcon("hearts.png")
    icons["diamonds.png"] = loadIcon("diamonds.png")
    icons["clubs.png"] = loadIcon("clubs.png")
}
```

因此，一个 goroutine 发现 icons 不是 nil 并不意味着变量的初始化肯定已经完成。

保证所有 goroutine 都能观察到 loadIcons 效果最简单的正确方法就是用一个互斥锁来做同步：

```
var mu sync.Mutex // 保护 icons
var icons map[string]image.Image
```

```
// 并发安全
func Icon(name string) image.Image {
    mu.Lock()
    defer mu.Unlock()
    if icons == nil {
        loadIcons()
    }
    return icons[name]
}
```

采用互斥锁访问 icons 的额外代价是两个 goroutine 不能并发访问这个变量，即使在变量已经安全完成初始化且不再更改的情况下，也会造成这个后果。使用一个可以并发读的锁就可以改善这个问题：

```
var mu sync.RWMutex // 保护 icons
var icons map[string]image.Image

// 并发安全
func Icon(name string) image.Image {
    mu.RLock()
    if icons != nil {
        icon := icons[name]
        mu.RUnlock()
        return icon
    }
    mu.RUnlock()

    // 获取互斥锁
    mu.Lock()
    if icons == nil { // 注意：必须重新检查 nil 值
        loadIcons()
    }
    icon := icons[name]
    mu.Unlock()
    return icon
}
```

这里有两个临界区域。goroutine 首先获取一个读锁，查阅 map，然后释放这个读锁。如果条目能找到（常见情况），就返回它。如果条目没找到，goroutine 再获取一个写锁。由于不先释放一个共享锁就无法直接把它升级到互斥锁，为了避免在过渡期其他 goroutine 已经初始化了 icons，所以我们必须重新检查 nil 值。

上面的模式具有更好的并发性，但它更复杂并且更容易出错。幸运的是，sync 包提供了针对一次性初始化问题的特化解决方案：sync.Once。从概念上来讲，Once 包含一个布尔变量和一个互斥量，布尔变量记录初始化是否已经完成，互斥量则负责保护这个布尔变量和客户端的数据结构。Once 的唯一方法 Do 以初始化函数作为它的参数。让我们看一下 Once 简化后的 Icon 函数：

```
var loadIconsOnce sync.Once
var icons map[string]image.Image

// 并发安全
func Icon(name string) image.Image {
    loadIconsOnce.Do(loadIcons)
    return icons[name]
}
```

每次调用 Do(loadIcons) 时会先锁定互斥量并检查里边的布尔变量。在第一次调用时，这个布尔变量为假，Do 会调用 loadIcons 然后把变量设置为真。后续的调用相当于空操作，只是通过互斥量的同步来保证 loadIcons 对内存产生的效果（在这里就是 icons 变量）对所有的 goroutine 可见。以这种方式来使用 sync.Once，可以避免变量在正确构造之前就被其他 goroutine 分享。

　　练习 9.2：重写 2.6.2 节的 PopCount 示例，使用 sync.Once 来把查找表的初始化延迟到第一次使用时。（从实际效果来看，像 PopCount 这种既小又经高度优化的函数无法承担同步的成本。）

9.6　竞态检测器

　　即使以最大努力的仔细，仍然很容易在并发上犯错误。幸运的是，Go 语言运行时和工具链装备了一个精致并易于使用的动态分析工具：竞态检测器（race detector）。

　　简单地把 -race 命令行参数加到 go build、go run、go test 命令里边即可使用该功能。它会让编译器为你的应用或测试构建一个修改后的版本，这个版本有额外的手法用于高效记录在执行时对共享变量的所有访问，以及读写这些变量的 goroutine 标识。除此之外，修改后的版本还会记录所有的同步事件，包括 go 语句、通道操作、(*sync.Mutex).Lock 调用、(*sync.WaitGroup).Wait 调用等。（完整的同步事件集合可以在语言规范中的 "The Go Memory Model" 文档中找到。）

　　竞态检测器会研究事件流，找到那些有问题的案例，即一个 goroutine 写入一个变量后，中间没有任何同步的操作，就有另外一个 goroutine 读写了该变量。这种案例表明有对共享变量的并发访问，即数据竞态。这个工具会输出一份报告，包括变量的标识以及读写 goroutine 当时的调用栈。通常情况下这些信息足以定位问题了。在 9.7 节就有一个竞态检测器的示例。

　　竞态检测器报告所有实际运行了的数据竞态。然而，它只能检测到那些在运行时发生的竞态，无法用来保证肯定不会发生竞态。为了获得最佳效果，请确保你的测试包含了并发使用包的场景。

　　由于存在额外的簿记工作，带竞态检测功能的程序在执行时需要更长的时间和更多的内存，但即使对于很多生产环境的任务，这种额外开支也是可以接受的。对于那些不常发生的竞态，使用竞态检测器可以帮你节省数小时甚至数天的调试时间。

9.7　示例：并发非阻塞缓存

　　在本节中，我们会创建一个并发非阻塞的缓存系统，它能解决在并发实战很常见但已有的库也不能很好地解决的一个问题：函数记忆（memoizing）[○]问题，即缓存函数的结果，达到多次调用但只须计算一次的效果。我们的解决方案将是并发安全的，并且要避免简单地对整个缓存使用单个锁而带来的锁争夺问题。

　　我们将使用下面的 httpGetBody 函数作为示例来演示函数记忆。它会发起一个 HTTP GET 请求并读取响应体。调用这个函数相当昂贵，所以我们希望避免不必要的重复调用。

```
func httpGetBody(url string) (interface{}, error) {
    resp, err := http.Get(url)
    if err != nil {
        return nil, err
    }
```

　　○　关于函数记忆的详细信息，可以参考 https://en.wikipedia.org/wiki/Memoization。——译者注

```
    defer resp.Body.Close()
    return ioutil.ReadAll(resp.Body)
}
```

最后一行略有一些微妙，`ReadAll` 返回两个结果，一个 `[]byte` 和一个 `error`，因为它们分别可以直接赋给 httpGetBody 声明的结果类型 `interface{}` 和一个 `error`，所以我们可以直接返回这个结果而不用做额外的处理。httpGetBody 选择这样的结果类型是为了满足我们要做的缓存系统的设计。

下面是缓存的初始版本：

gopl.io/ch9/memo1

```
// memo包提供了一个对类型 Func 并发不安全的函数记忆功能
package memo

// Memo缓存了调用 Func 的结果
type Memo struct {
    f     Func
    cache map[string]result
}

// Func是用于记忆的函数类型
type Func func(key string) (interface{}, error)

type result struct {
    value interface{}
    err    error
}

func New(f Func) *Memo {
    return &Memo{f: f, cache: make(map[string]result)}
}

// 注意：非并发安全
func (memo *Memo) Get(key string) (interface{}, error) {
    res, ok := memo.cache[key]
    if !ok {
        res.value, res.err = memo.f(key)
        memo.cache[key] = res
    }
    return res.value, res.err
}
```

一个 Memo 实例包含了被记忆的函数 f（类型为 Func），以及缓存，类型为从字符串到 result 的一个映射表。每个 result 都是调用 f 产生的结果对：一个值和一个错误。在设计的推进过程中我们会展示 Memo 的几种变体，但所有变体都会遵守这些基本概念。

下面的例子展示如何使用 Memo。对于一串请求 URL 中的每个元素，首先调用 Get，记录延时和它返回的数据长度：

```
m := memo.New(httpGetBody)
for url := range incomingURLs() {
    start := time.Now()
    value, err := m.Get(url)
    if err != nil {
        log.Print(err)
    }
    fmt.Printf("%s, %s, %d bytes\n",
        url, time.Since(start), len(value.([]byte)))
}
```

我们可以使用 testing 包（这是第 11 章的主题）来系统地调查一下记忆的效果。从下面的测试结果来看，我们可以看到 URL 流有重复项，尽管每个 URL 第一次调用 (*Memo).Get 都会消耗数百毫秒的时间，但对这个 URL 的第二次请求在 1μs 内就返回了同样的结果。

```
$ go test -v gopl.io/ch9/memo1
=== RUN   Test
https://golang.org, 175.026418ms, 7537 bytes
https://godoc.org, 172.686825ms, 6878 bytes
https://play.golang.org, 115.762377ms, 5767 bytes
http://gopl.io, 749.887242ms, 2856 bytes

https://golang.org, 721ns, 7537 bytes
https://godoc.org, 152ns, 6878 bytes
https://play.golang.org, 205ns, 5767 bytes
http://gopl.io, 326ns, 2856 bytes
--- PASS: Test (1.21s)
PASS
ok   gopl.io/ch9/memo1   1.257s
```

这次测试中所有的 Get 都是串行运行的。

因为 HTTP 请求用并发来改善的空间很大，所以我们修改测试来让所有请求并发进行。这个测试使用 sync.WaitGroup 来做到等最后一个请求完成后再返回的效果。

```
m := memo.New(httpGetBody)
var n sync.WaitGroup
for url := range incomingURLs() {
    n.Add(1)
    go func(url string) {
        start := time.Now()
        value, err := m.Get(url)
        if err != nil {
            log.Print(err)
        }
        fmt.Printf("%s, %s, %d bytes\n",
            url, time.Since(start), len(value.([]byte)))
        n.Done()
    }(url)
}
n.Wait()
```

这次的测试运行起来快很多，但是它并不是每一次都能正常运行。我们可能能注意到意料之外的缓存无效，以及缓存命中后返回错误的结果，甚至崩溃。

更糟糕的是，有的时候它能正常运行，所以我们可能甚至都没有注意到它会有问题。但如果我们加上 -race 标志后再运行，那么竞态检测器（参考 9.6 节）经常会输出与下面类似的一份报告：

```
$ go test -run=TestConcurrent -race -v gopl.io/ch9/memo1
=== RUN   TestConcurrent
...
WARNING: DATA RACE
Write by goroutine 36:
  runtime.mapassign1()
      ~/go/src/runtime/hashmap.go:411 +0x0
  gopl.io/ch9/memo1.(*Memo).Get()
      ~/gobook2/src/gopl.io/ch9/memo1/memo.go:32 +0x205
...
Previous write by goroutine 35:
  runtime.mapassign1()
      ~/go/src/runtime/hashmap.go:411 +0x0
```

```
gopl.io/ch9/memo1.(*Memo).Get()
    ~/gobook2/src/gopl.io/ch9/memo1/memo.go:32 +0x205
...
Found 1 data race(s)
FAIL    gopl.io/ch9/memo1   2.393s
```

上面提到的 `memo.go:32` 告诉我们两个 goroutine 在没使用同步的情况下更新了 cache map。整个 Get 函数其实不是并发安全的：它存在数据竞态。

```
28  func (memo *Memo) Get(key string) (interface{}, error) {
29      res, ok := memo.cache[key]
30      if !ok {
31          res.value, res.err = memo.f(key)
32          memo.cache[key] = res
33      }
34      return res.value, res.err
35  }
```

让缓存并发安全最简单的方法就是用一个基于监控的同步机制。我们需要的是给 Memo 加一个互斥量，并在 Get 函数的开头获取互斥锁，在返回前释放互斥锁，这个样两个 cache 相关的操作就发生在临界区域了：

gopl.io/ch9/memo2
```
type Memo struct {
    f       Func
    mu      sync.Mutex // 保护cache
    cache map[string]result
}

// Get是并发安全的
func (memo *Memo) Get(key string) (value interface{}, err error) {
    memo.mu.Lock()
    res, ok := memo.cache[key]
    if !ok {
        res.value, res.err = memo.f(key)
        memo.cache[key] = res
    }
    memo.mu.Unlock()
    return res.value, res.err
}
```

现在即使并发运行测试，竞态检测器也没有报警。但是这次对 Memo 的修改让我们之前对性能的优化失效了。由于每次调用 f 时都上锁，因此 Get 把我们希望并行的 I/O 操作串行化了。我们需要的是一个非阻塞的缓存，一个不会把他需要记忆的函数串行运行的缓存。

在下面一个版本的 Get 实现中，主调 goroutine 会分两次获取锁：第一次用于查询，第二次用于在查询无返回结果时进行更新。在两次之间，其他 goroutine 也可以使用缓存。

gopl.io/ch9/memo3
```
func (memo *Memo) Get(key string) (value interface{}, err error) {
    memo.mu.Lock()
    res, ok := memo.cache[key]
    memo.mu.Unlock()
```

```
    if !ok {
        res.value, res.err = memo.f(key)

        // 在两个临界区域之前，可能会有多个 goroutine 来计算 f(key) 并且
        // 更新 map
        memo.mu.Lock()
        memo.cache[key] = res
        memo.mu.Unlock()
    }
    return res.value, res.err
}
```

性能再度得到提升，但我们注意到某些 URL 被获取了两次。在两个或者多个 goroutine 几乎同时调用 Get 来获取同一个 URL 时就会出现这个问题。两个 goroutine 都首先查询缓存，发现缓存中没有需要的数据，然后调用那个慢函数 f，最后又都用获得的结果来更新 map，其中一个结果会被另外一个覆盖。

在理想情况下我们应该避免这种额外的处理。这个功能有时称为重复抑制（duplicate suppression）。在下面的 Memo 版本中，map 的每个元素是一个指向 entry 结构的指针。除了与之前一样包含一个已经记住的函数 f 调用结果之外，每个 entry 还新加了一个通道 ready。在设置 entry 的 result 字段后，通道会关闭，正在等待的 goroutine 会收到广播（参考 8.9 节），然后就可以从 entry 读取结果了。

gopl.io/ch9/memo4

```
type entry struct {
    res     result
    ready chan struct{} // res 准备好后会被关闭
}

func New(f Func) *Memo {
    return &Memo{f: f, cache: make(map[string]*entry)}
}

type Memo struct {
    f     Func
    mu    sync.Mutex // 保护 cache
    cache map[string]*entry
}
func (memo *Memo) Get(key string) (value interface{}, err error) {
    memo.mu.Lock()
    e := memo.cache[key]
    if e == nil {
        // 对 key 的第一次访问，这个 goroutine 负责计算数据和广播数据
        // 已准备完毕的消息
        e = &entry{ready: make(chan struct{})}
        memo.cache[key] = e
        memo.mu.Unlock()

        e.res.value, e.res.err = memo.f(key)

        close(e.ready) // 广播数据已准备完毕的消息
    } else {
        // 对这个 key 的重复访问
        memo.mu.Unlock()

        <-e.ready // 等待数据准备完毕
    }
    return e.res.value, e.res.err
}
```

现在调用 Get 回会先获取保护 cache map 的互斥锁，再从 map 中查询一个指向已有 entry 的指针，如果没有查找到，就分配并插入一个新的 entry，最后释放锁。如果要查询的

entry 存在，那么它的值可能还没准备好（另外一个 goroutine 有可能还在调用慢函数 f），所以主调 goroutine 就需要等待 entry 准备好才能读取 entry 中的 result 数据，具体的实现方法就是从 ready 通道读取数据，这个操作会一直阻塞到通道关闭。

如果要查询的 entry 不存在，那么当前的 goroutine 就需要新插入一个没有准备好的 entry 到 map 里，并负责调用慢函数 f，更新 entry，最后向其他正在等待的 goroutine 广播数据已准备完毕的消息。

注意，entry 中的变量 e.res.value 和 e.res.err 被多个 goroutine 共享。创建 entry 的 goroutine 设置了这两个变量的值，其他 goroutine 在收到数据准备完毕的广播后开始读这两个变量。尽管变量被多个 goroutine 访问，但此处不需要加上互斥锁。ready 通道的关闭先于其他 goroutine 收到广播事件，所以第一个 goroutine 的变量写入事件也先于后续多个 goroutine 的读取事件。在这个情况下数据竞态不存在。

这里的并发、重复抑制、非阻塞缓存就完成了。

上面的 Memo 代码使用一个互斥量来保护被多个调用 Get 的 goroutine 访问的 map 变量。接下来会对比另外一种设计，在新的设计中，map 变量限制在一个监控 goroutine 中，而 Get 的调用者则不得不改为发送消息。

Func、result、entry 的声明与之前一致：

```
// Func是用于记忆的函数类型
type Func func(key string) (interface{}, error)

// result是调用 Func 的返回结果
type result struct {
    value interface{}
    err   error
}

type entry struct {
    res   result
    ready chan struct{} // 当 res 准备好后关闭该通道
}
```

尽管 Get 的调用者通过这个通道来与监控 goroutine 通信，但是 Memo 类型现在包含一个通道 requests。该通道的元素类型是 request。通过这种数据结构，Get 的调用者向监控 goroutine 发送被记忆函数的参数（key），以及一个通道 response，结果在准备好后就通过 response 通道发回。这个通道仅会传输一个值。

gopl.io/ch9/memo5

```
// request是一条请求消息, key 需要用 Func 来调用
type request struct {
    key      string
    response chan<- result // 客户端需要单个 result
}

type Memo struct{ requests chan request }

// New 返回 f 的函数记忆, 客户端之后需要调用 Close.
func New(f Func) *Memo {
    memo := &Memo{requests: make(chan request)}
    go memo.server(f)
    return memo
}

func (memo *Memo) Get(key string) (interface{}, error) {
    response := make(chan result)
    memo.requests <- request{key, response}
    res := <-response
    return res.value, res.err
}

func (memo *Memo) Close() { close(memo.requests) }
```

上面的 Get 方法创建了一个响应（response）通道，放在了请求里边，然后把它发送给监控 goroutine，再马上从响应通道中读取。

如下所示，cache 变量被限制在监控 goroutine（即 (*Memo).server）中。监控 goroutine 从 request 通道中循环读取，直到该通道被 Close 方法关闭。对于每个请求，它先查询缓存，如果没找到则创建并插入一个新的 entry。

```go
func (memo *Memo) server(f Func) {
    cache := make(map[string]*entry)
    for req := range memo.requests {
        e := cache[req.key]
        if e == nil {
            // 对这个 key 的第一次请求
            e = &entry{ready: make(chan struct{})}
            cache[req.key] = e
            go e.call(f, req.key) // 调用 f(key)
        }
        go e.deliver(req.response)
    }
}

func (e *entry) call(f Func, key string) {
    // 执行函数
    e.res.value, e.res.err = f(key)
    // 通知数据已准备完毕
    close(e.ready)
}

func (e *entry) deliver(response chan<- result) {
    // 等该数据准备完毕
    <-e.ready
    // 向客户端发送结果
    response <- e.res
}
```

与基于互斥锁的版本类似，对于指定键的一次请求负责在该键上调用函数 f，保存结果到 entry 中，最后通过关闭 ready 通道来广播准备完毕状态。这个流程通过 (*entry).call 来实现。

对同一个键的后续请求会在 map 中找到已有的 entry，然后等待结果准备好，最后通过响应通道把结果发回给调用 Get 的客户端 goroutine。其中 call 和 deliver 方法都需要在独立的 goroutine 中运行，以确保监控 goroutine 能持续处理新请求。

上面的例子展示了可以使用两种方案来构建并发结构：共享变量并上锁，或者通信顺序进程（communicating sequential process），这两者也都不复杂。

在给定的情况下也许很难判定哪种方案更好，但了解这两种方案的对照关系是很有价值的。有时候从一种方案切换到另外一种能够让代码更简单。

练习 9.3：扩展 Func 类型和 (*Memo).Get 方法，让调用者可选择性地提供一个 done 通道，方便取消操作（参考 8.9 节）。不要缓存被取消的 Func 调用结果。

9.8　goroutine 与线程

上一章提到可以先忽略 goroutine 与操作系统（OS）线程的差异。尽管它们之间的差异本质上是属于量变，但一个足够大的量变会变成质变。下面讨论如何区分它们。

9.8.1 可增长的栈

每个 OS 线程都有一个固定大小的栈内存（通常为 2MB），栈内存区域用于保存在其他函数调用期间那些正在执行或临时暂停的函数中的局部变量。这个固定的栈大小既太大又太小。对于一个小的 goroutine，2MB 的栈是一个巨大的浪费，比如有的 goroutine 仅仅等待一个 `WaitGroup` 再关闭一个通道。在 Go 程序中，一次创建十万左右的 goroutine 也不罕见，对于这种情况，栈就太大了。另外，对于最复杂和深度递归的函数，固定大小的栈始终不够大。改变这个固定大小可以提高空间效率并允许创建更多的线程，或者也可以容许更深的递归函数，但无法同时做到上面的两点。

作为对比，一个 goroutine 在生命周期开始时只有一个很小的栈，典型情况下为 2KB。与 OS 线程类似，goroutine 的栈也用于存放那些正在执行或临时暂停的函数中的局部变量。但与 OS 线程不同的是，goroutine 的栈不是固定大小的，它可以按需增大和缩小。goroutine 的栈大小限制可以达到 1GB，比线程典型的固定大小栈高几个数量级。当然，只有极少的 goroutine 会使用这么大的栈。

练习 9.4：使用通道构造一个把任意多个 goroutine 串联在一起的流水线程序。在内存耗尽之前你能创建的最大流水线级数是多少？一个值穿过整个流水线需要多久？

9.8.2 goroutine 调度

OS 线程由 OS 内核来调度。每隔几毫秒，一个硬件时钟中断发到 CPU，CPU 调用一个叫调度器的内核函数。这个函数暂停当前正在运行的线程，把它的寄存器信息保存到内存，查看线程列表并决定接下来运行哪一个线程，再从内存恢复线程的注册表信息，最后继续执行选中的线程。因为 OS 线程由内核来调度，所以控制权限从一个线程到另外一个线程需要一个完整的*上下文切换*（context switch）：即保存一个线程的状态到内存，再恢复另外一个线程的状态，最后更新调度器的数据结构。考虑这个操作涉及的内存局域性以及涉及的内存访问数量，还有访问内存所需的 CPU 周期数量的增加，这个操作其实是很慢的。

Go 运行时包含一个自己的调度器，这个调度器使用一个称为 *m:n* 调度的技术（因为它可以复用/调度 *m* 个 goroutine 到 *n* 个 OS 线程）。Go 调度器与内核调度器的工作类似，但 Go 调度器只需关心单个 Go 程序的 goroutine 调度问题。

与操作系统的线程调度器不同的是，Go 调度器不是由硬件时钟来定期触发的，而是由特定的 Go 语言结构来触发的。比如当一个 goroutine 调用 `time.Sleep` 或被通道阻塞或对互斥量操作时，调度器就会将这个 goroutine 设为休眠模式，并运行其他 goroutine 直到前一个可重新唤醒为止。因为它不需要切换到内核语境，所以调用一个 goroutine 比调度一个线程成本低很多。

练习 9.5：写一个程序，两个 goroutine 通过两个无缓冲通道来互相转发消息。这个程序能维持每秒多少次通信？

9.8.3 GOMAXPROCS

Go 调度器使用 GOMAXPROCS 参数来确定需要使用多少个 OS 线程来同时执行 Go 代码。默认值是机器上的 CPU 数量，所以在一个有 8 个 CPU 的机器上，调度器会把 Go 代码同时调度到 8 各 OS 线程上。（GOMAXPROCS 是 *m:n* 调度中的 *n*。）正在休眠或者正被通道通信阻塞的 goroutine 不需要占用线程。阻塞在 I/O 和其他系统调用中或调用非 Go 语言写的函数的

goroutine 需要一个独立的 OS 线程，但这个线程不计算在 GOMAXPROCS 内。

可以用 GOMAXPROCS 环境变量或者 runtime.GOMAXPROCS 函数来显式控制这个参数。可以用一个小程序来看看 GOMAXPROCS 的效果，这个程序无止境地输出 0 和 1：

```
for {
    go fmt.Print(0)
    fmt.Print(1)
}

$ GOMAXPROCS=1 go run hacker-cliché.go
1111111111111111111100000000000000000000011111...

$ GOMAXPROCS=2 go run hacker-cliché.go
010101010101010101011001100101011010010100110...
```

在第一次运行时，每次最多只能有一个 goroutine 运行。最开始是主 goroutine，它输出 1。在一段时间以后，Go 调度器让主 goroutine 休眠，并且唤醒另一个输出 0 的 goroutine，让它有机会执行。在第二次运行时，这里有两个可用的 OS 线程，所以两个 goroutine 可以同时运行，以一个差不多的速率输出两个数字。我们必须强调影响 goroutine 调度的因素很多，运行时也在不断演化，所以你的结果可能与上面展示的结果会有所不同。

练习 9.6：测量计算密集型并行程序（见练习 8.5）在 GOMAXPROCS 参数变化时的性能变化。在你的计算机上最优值是多少？你的计算机有多少个 CPU？

9.8.4　goroutine 没有标识

在大部分支持多线程的操作系统和编程语言里，当前线程都有一个独特的标识，它通常可以取一个整数或者指针。这个特性让我们可以轻松构建一个线程的局部存储，它本质上就是一个全局的 map，以线程的标识作为键，这样每个线程都可以独立地用这个 map 存储和获取值，而不受其他线程干扰。

goroutine 没有可供程序员访问的标识。这个是由设计来决定的，因为线程局部存储有一种被滥用的倾向。比如，当一个 Web 服务器用一个支持线程局部存储的语言来实现时，很多函数都会通过访问这个存储来查找关于 HTTP 请求的信息。但就像那些过度依赖于全局变量的程序一样，这也会导致一种不健康的"超距作用"，即函数的行为不仅取决于它的参数，还取决于运行它的线程标识。因此，在线程的标识需要改变的场景（比如需要使用工作线程时），这些函数的行为就会变得诡异莫测。

Go 语言鼓励一种更简单的编程风格，其中，能影响一个函数行为的参数应当是显式指定的。这不仅让程序更易阅读，还让我们能自由地把一个函数的子任务分发到多个不同的 goroutine 而无需担心这些 goroutine 的标识。

你现在已经学习了写 Go 程序所需的所有语言特性。在接下来的两章中，我们将回退一步，从一个更大的尺度去了解支撑编程的一些实践和工具：比如如何把一个项目分为多个包，如何获取、编译、测试、归档、分享这些包，以及对这些包进行基准测试、性能分析。

包和 go 工具

今天一个中等规模的程序可能包含 10 000 个函数。但是作者只须思考它们其中的一部分，甚至不需要设计函数，因为绝大部分都是其他人来写的，然后通过包来复用。

Go 自带 100 多个包，可以为大多数应用程序提供基础。Go 社区是一个茁壮成长的生态环境，其中鼓励包设计、共享、重用以及改进，已经发布了很多的包，可以在 http://godoc.org 找到可以搜索的索引。本章展示如何使用已有的包和创建新包。

Go 还有配套的 go 工具，一个复杂但是容易使用的命令行工具，用来管理 Go 包的工作空间。本书开篇展示了如何使用 go 工具来下载、构建、运行样例程序。本章讨论这个工具所隐含的概念，展示它更多的功能，其中包括输出文档和在包的工作空间中查询包的元数据。下一章探索它的测试特性。

10.1 引言

任何包管理系统的目的都是通过对关联的特性进行分类，组织成便于理解和修改的单元，使其与程序的其他包保持独立，从而有助于设计和维护大型的程序。模块化允许包在不同的项目中共享、复用，在组织中发布，或者在全世界范围内使用。

每个包定义了一个不同的命名空间作为它的标识符。每个名字关联一个具体的包，它让我们在为类型、函数等选取短小而且清晰的名字的同时，不与程序的其他部分冲突。

包通过控制名字是否导出使其对包外可见来提供封装能力。限制包成员的可见性，从而隐藏 API 后面的辅助函数和类型，允许包的维护者修改包的实现而不影响包外部的代码。限制变量的可见性也可以隐藏变量，这样使用者仅可以通过导出函数来对其访问和更新，他们可以保留自己的不变量以及在并发程序中实现互斥的访问。

当我们修改一个文件时，我们必须重新编译文件所在的包和所有潜在依赖它的包。众所周知，Go 程序的编译比其他语言要快，即便从零开始编译也如此。这里有三个主要原因。第一，所有的导入都必须在每一个源文件的开头进行显式列出，这样编译器在确定依赖性的时候就不需要读取和处理整个文件；第二，包的依赖性形成有向无环图，因为没有环，所以包可以独立甚至并行编译。第三，Go 包编译输出的目标文件不仅记录它自己的导出信息，还记录它所依赖包的导出信息。当编译一个包时，编译器必须从每一个导入中读取一个目标文件，但是不会超出这些文件。

10.2 导入路径

每一个包都通过一个唯一的字符串进行标识，它称为导入路径，它们用在 import 声明中。

```
import (
    "fmt"
    "math/rand"
    "encoding/json"

    "golang.org/x/net/html"

    "github.com/go-sql-driver/mysql"
)
```

如 2.6.1 节所述，Go 语言的规范没有定义字符串的含义或如何确定一个包的导入路径，它通过工具来解决这些问题。本章详细讨论 go 工具如何理解它们，go 工具也是 Go 程序员用来构建、测试程序的主要工具，尽管还有其他工具存在。例如，Go 程序员使用 Google 内部的多语言构建系统，遵循不同的命名和包定位规则，具体化的测试案例等，这更加匹配那个系统的惯例。

对于准备共享或公开的包，导入路径需要全局唯一。为了避免冲突，除了标准库中的包之外，其他包的导入路径应该以互联网域名（组织机构拥有的域名或用于存放包的域名）作为路径开始，这样也方便查找包。例如上面例子导入 Go 团队维护的一个 HTML 解析器和一个流行的第三方 MySQL 数据库驱动程序。

10.3　包的声明

在每一个 Go 源文件的开头都需要进行包声明。主要的目的是当该包被其他包引入的时候作为其默认的标识符（称为包名）。

例如，math/rand 包中每一个文件的开头都是 package rand，这样当你导入这个包时，可以访问它的成员，比如 rand.Int、rand.Float64 等。

```
package main
import (
    "fmt"
    "math/rand"
)
func main() {
    fmt.Println(rand.Int())
}
```

通常，包名是导入路径的最后一段，于是，即使导入路径不同的两个包，二者也可以拥有同样的名字。例如，两个包的导入路径分别是 math/rand 和 crypto/rand，而包的名字都是 rand。我们将看到如何在同一个程序中同时使用它们。

关于"最后一段"的惯例，这个有三个例外。第一个例外是：不管包的导入路径是什么，如果该包定义一条命令（可执行的 Go 程序），那么它总是使用名称 main。这是告诉 go build（见 10.7.3 节）的信号，它必须调用连接器生成可执行文件。

第二个例外是：目录中可能有一些文件名字以 _test.go 结尾，包名中会出现以 _test 结尾。这样一个目录中有两个包：一个普通的，加上一个外部测试包。_test 后缀告诉 go test 两个包都需要构建，并且指明文件属于哪个包。外部测试包用来避免测试所依赖的导入图中的循环依赖。11.2.4 节会进行更细致的讲述。

第三个例外是：有一些依赖管理工具会在包导入路径的尾部追加版本号后缀，如 "gopkg.in/yaml.v2"。包名不包含后缀，因此这个情况下包名为 yaml。

10.4　导入声明

一个 Go 源文件可以在 package 声明的后面和第一个非导入声明语句前面紧接着包含零个或多个 import 声明。每一个导入可以单独指定一条导入路径，也可以通过圆括号括起来的列表一次导入多个包。下面两种形式是等价的，但第二种形式更常见。

```
import "fmt"
import "os"

import (
    "fmt"
    "os"
)
```

导入的包可以通过空行进行分组；这类分组通常表示不同领域和方面的包。导入顺序不重要，但按照惯例每一组都按照字母进行排序。（gofmt 和 goimports 工具都会自动进行分组并排序。）

```
import (
    "fmt"
    "html/template"
    "os"

    "golang.org/x/net/html"
    "golang.org/x/net/ipv4"
)
```

如果需要把两个名字一样的包（如 math/rand 和 crypto/rand）导入到第三个包中，导入声明就必须至少为其中的一个指定一个替代名字来避免冲突。这叫作重命名导入。

```
import (
    "crypto/rand"
    mrand "math/rand" // 通过指定一个不同的名称 mrand 就避免了冲突
)
```

替代名字仅影响当前文件。其他文件（即便是同一个包中的文件）可以使用默认名字来导入包，或者一个替代名字也可以。

重命名导入在没有冲突时也是非常有用的。如果有时用到自动生成的代码，导入的包名字非常冗长，使用一个替代名字可能更方便。同样的缩写名字要一直用下去，以避免产生混淆。使用一个替代名字有助于规避常见的局部变量冲突。例如，如果一个文件可以包含许多以 path 命名的变量，我们就可以使用 pathpkg 这个名字导入一个标准的 "path" 包。

每个导入声明从当前包向导入的包建立一个依赖。如果这些依赖形成一个循环，go build 工具会报错。

10.5　空导入

如果导入的包的名字没有在文件中引用，就会产生一个编译错误。但是，有时候，我们必须导入一个包，这仅仅是为了利用其副作用：对包级别的变量执行初始化表达式求值，并执行它的 init 函数（见 2.6.2 节）。为了防止"未使用的导入"错误，我们必须使用一个重命名导入，它使用一个替代的名字 _，这表示导入的内容为空白标识符。通常情况下，空白标识不可能被引用。

```
import _ "image/png" // 注册 PNG 解码器
```

这称为空白导入。多数情况下，它用来实现一个编译时的机制，使用空白引用导入额外的包，来开启主程序中可选的特性。首先我们来看如何使用它，然后看它是如何工作的。

标准库的 image 包导出了 Decode 函数，它从 io.Reader 读取数据，并且识别使用哪一种图像格式来编码数据，调用适当的解码器，返回 image.Image 对象作为结果。使用 image.Decode 可以构建一个简单的图像转换器，读取某一种格式的图像，然后输出为另外一个格式：

gopl.io/ch10/jpeg

```
// jpeg 命令从标准输入读取 PNG 图像
// 并把它作为 JPEG 图像写到标准输出
package main

import (
    "fmt"
    "image"
    "image/jpeg"
    _ "image/png" // 注册 PNG 解码器
    "io"
    "os"
)

func main() {
    if err := toJPEG(os.Stdin, os.Stdout); err != nil {
        fmt.Fprintf(os.Stderr, "jpeg: %v\n", err)
        os.Exit(1)
    }
}

func toJPEG(in io.Reader, out io.Writer) error {
    img, kind, err := image.Decode(in)
    if err != nil {
        return err
    }
    fmt.Fprintln(os.Stderr, "Input format =", kind)
    return jpeg.Encode(out, img, &jpeg.Options{Quality: 95})
}
```

如果将 gopl.io/ch3/mandelbrot（参考 3.3 节）的输出作为这个转换程序的输入，它检测 PNG 个数的输入，然后输出 JPEG 格式的图 3-3。

```
$ go build gopl.io/ch3/mandelbrot
$ go build gopl.io/ch10/jpeg
$ ./mandelbrot | ./jpeg >mandelbrot.jpg
Input format = png
```

注意空白导入 image/png。没有这一行，程序可以正常编译和链接，但是不能识别和解码 PNG 格式的输入：

```
$ go build gopl.io/ch10/jpeg
$ ./mandelbrot | ./jpeg >mandelbrot.jpg
jpeg: image: unknown format
```

这里解释它是如何工作的。标准库提供 GIF、PNG、JPEG 等格式的解码库，用户自己可以提供其他格式的，但是为了使可执行程序简短，除非明确需要，否则解码器不会被包含进应用程序。image.Decode 函数查阅一个关于支持格式的表格。每一个表项由 4 个部分组成：格式的名字；某种格式中所使用的相同的前缀字符串，用来识别编码格式；一个用来解码被编码图像的函数 Decode；以及另一个函数 DecodeConfig，它仅仅解码图像的元数据，比如尺寸和色域。对于每一种格式，通常通过在其支持的包的初始化函数中来调用 image.RegisterFormat 来向表格添加项，例如 image/png 中的实现如下：

```
package png // image/png

func Decode(r io.Reader) (image.Image, error)
func DecodeConfig(r io.Reader) (image.Config, error)

func init() {
    const pngHeader = "\x89PNG\r\n\x1a\n"
    image.RegisterFormat("png", pngHeader, Decode, DecodeConfig)
}
```

这个效果就是，一个应用只需要空白导入格式化所需的包，就可以让 image.Decode 函数具备应对格式的解码能力。

database/sql 包使用类似的机制让用户按需加入想要的数据库驱动程序。例如：

```
import (
    "database/sql"
    _ "github.com/lib/pq"              // 添加 Postgres 支持
    _ "github.com/go-sql-driver/mysql" // 添加 MySQL 支持
)

db, err = sql.Open("postgres", dbname) // OK
db, err = sql.Open("mysql", dbname)    // OK
db, err = sql.Open("sqlite3", dbname)  // 返回错误消息: unknown driver "sqlite3"
```

练习 10.1：扩展 jpeg 程序，使其可以把任意支持的输入格式转换为任意输出格式，使用 image.Decode 来检测输入格式，并且添加一个标记来选择输出格式。

练习 10.2：定义一个通用的归档文件读取函数，它可以读取 ZIP（archive/zip）文件和 POSIX tar（archive/tar）文件。使用一个类似前面描述的注册机制，使用空白导入以插件方式支持各种文件格式。

10.6　包及其命名

本节将提供一些建议，指出如何遵从 Go 的习惯来给包和它的成员进行命名。

当创建一个包时，使用简短的名字，但是不要短到像加了密一样。在标准库中最常用的包包括：bufio、bytes、flag、fmt、http、io、json、os、sort、sync 和 time 等。

尽可能保持可读性和无歧义。例如，不要把一个辅助工具包命名为 util，使用 imageutil 或 ioutil 等名称更具体和清晰。避免选择经常用于相关的局部变量的包名，或者迫使使用者使用重命名导入，例如使用以 path 命名的包。

包名通常使用统一的形式。标准包 bytes、errors 和 strings 使用复数来避免覆盖响应的预声明类型，使用 go/types 这个形式，来避免和关键字的冲突。

避免使用有其他含义的包名。例如，我们一开始就在 2.5 节中使用 temp 作为温度转换包的名字，但是它没有继续这么用。这是一个非常糟糕的主意，因为"temp"大多数情况下代表"temporary"（临时性的）。我们在一小段时间里面使用 temperature 作为包名，但是它太长了，并且不能说明它究竟可以做什么。最后，它变成了 tempconv，它更短并且和 strconv 等类似。

现在讨论包成员的命名。因为对其他包成员的每一个引用使用一个具体的标识符，例如 fmt.Println，描述包的成员和描述包名与成员名同样繁杂。我们不需要在 Println 中引用格式化的概念，因为包名 fmt 还没有准备好。当设计一个包时，要考虑两个有意义的部分如何一起工作，而不只是成员名。这里有一些具体的例子：

```
bytes.Equal          flag.Int          http.Get          json.Marshal
```

我们可以识别出一些通用的命名模式。strings 包提供一系列操作字符串的独立函数：

```
package strings

func Index(needle, haystack string) int

type Replacer struct{ /* ... */ }
func NewReplacer(oldnew ...string) *Replacer

type Reader struct{ /* ... */ }
func NewReader(s string) *Reader
```

string 这个词不会出现在任何名字中。客户通过 strings.Index、strings.Replacer 等引用它们。

其他的一些包可以描述为单一类型包，例如 html/template 和 math/rand，这些包导出一个数据类型及其方法，通常有一个 New 函数用来创建实例。

```
package rand // "math/rand"

type Rand struct{ /* ... */ }
func New(source Source) *Rand
```

这可能造成重复，例如在 template.Template 或 rand.Rand 中，这也是为什么这类包名通常都比较短。

在其他极端情况下，像 net/http 这样的包有很多的名字，但是没有很多的结构，因为它们执行复杂的任务。尽管有超过 20 种类型和更多的函数，但是包中最重要的成员使用最简单的命名：Get、Post、Handle、Error、Client、Server。

10.7 go 工具

下面的章节主要讨论 go 工具（go tool），它用来下载、查询、格式化、构建、测试以及安装 Go 代码包。

go 工具将不同种类的工具集合并为一个命名集。它是一个包管理器（类似于 apt 或 rpm），它可以查询包的作者，计算它们的依赖关系，从远程版本控制系统下载它们。它是一个构建系统，可计算文件依赖，调用编译器、汇编器和链接器，尽管它没有标准的 UNIX make 命令完备。它还是一个测试驱动程序，第 11 章将介绍它。

它的命令行接口使用"瑞士军刀"风格，有十几个子命令，其中有一些我们已经见过，例如 get、run、build 和 fmt。可以运行 go help 来查看内置文档的索引。仅仅为了引用，我们已经列出了最常用的命令：

```
$ go
...
    build       compile packages and dependencies
    clean       remove object files
    doc         show documentation for package or symbol
    env         print Go environment information
    fmt         run gofmt on package sources
    get         download and install packages and dependencies
    install     compile and install packages and dependencies
    list        list packages
    run         compile and run Go program
    test        test packages
    version     print Go version
    vet         run go tool vet on packages

Use "go help [command]" for more information about a command.
...
```

为了让配置操作最小化，go 工具非常依赖惯例。例如，给定一个 Go 源文件，该工具可以找到它所在的包，因为每一个目录包含一个包，并且包的导入路径对应于工作空间的目录结构。给定一个包的导入路径，该工具可以找到存放目标文件的对应目录。它也可以找到存储源代码仓库的服务器的 URL。

10.7.1　工作空间的组织

大部分用户必须进行的唯一的配置是 GOPATH 环境变量，它指定工作空间的根。当需要切换到不同的工作空间时，更新 GOPATH 变量的值即可。例如，当写这本书的时候，我们设置 GOPATH 为 $HOME/gobook：

```
$ export GOPATH=$HOME/gobook
$ go get gopl.io/...
```

在你使用上面的命令下载了本书所有的程序之后，你的工作空间将包含如下一个层次结构：

```
GOPATH/
    src/
        gopl.io/
            .git/
            ch1/
                helloworld/
                    main.go
                dup/
                    main.go
                ...
        golang.org/x/net/
            .git/
            html/
                parse.go
                node.go
                ...
    bin/
        helloworld
        dup
    pkg/
        darwin_amd64/
            ...
```

GOPATH 有三个子目录。src 子目录包含源文件。每一个包放在一个目录中，该目录相对于 $GOPATH/src 的名字是包的导入路径，如 gopl.io/ch1/helloworld。注意，一个 GOPATH 工作空间在 src 下包含多个源代码版本控制仓库，例如 gopl.io 或 golang.org。pkg 子目录是构建工具存储编译后的包的位置，bin 子目录放置像 helloworld 这样的可执行程序。

第二个环境变量是 GOROOT，它指定 Go 发行版的根目录，其中提供所有标准库的包。GOROOT 下面的目录结构类似于 GOPATH，这样 fmt 包的源代码放在 $GOROOT/src/fmt 目录中。用户无须设置 GOROOT，因为默认情况下 go 工具使用它的安装路径。

go env 命令输出与工具链相关的已经设置有效值的环境变量及其所设置值，还会输出未设置有效值的环境变量及其默认值。GOOS 指定目标操作系统（例如，android、linux、darwin 或者 windows），GOARCH 指定目标处理器架构，比如 amd64、386 或 arm。尽管 GOPATH 是为一个必须设置的变量，但是其他的变量也会偶尔在我们的解释中出现。

```
$ go env
GOPATH="/home/gopher/gobook"
GOROOT="/usr/local/go"
GOARCH="amd64"
GOOS="darwin"
...
```

10.7.2　包的下载

如果使用 go 工具，包的导入路径不仅指示了如何在本地工作空间中找到它的位置，还指明了通过互联网使用 go get 来获取和更新它的位置。

go get 命令可以下载单一的包，也可以使用 ... 符号来下载子树或仓库，像前一节提到的那样。该工具也计算并下载初始包所有的依赖性，这也是为什么前一个例子中 golang. org/x/net/html 包会出现在工作空间中。

在 go get 完成包的下载之后，它会构建它们，然后安装库和相应的命令。这些内容会在下一节详细讨论，一个例子将展示整个流程是如何进行的。下面的第一条命令获取 golint 工具，它用来检查 Go 源码中的风格问题。第二条命令执行 golint 来检查 2.6.2 节中的 gopl. io/ch2/popcount 代码。它会报告我们忘了给这个包写文档注释：

```
$ go get github.com/golang/lint/golint
$ $GOPATH/bin/golint gopl.io/ch2/popcount
src/gopl.io/ch2/popcount/main.go:1:1:
    package comment should be of the form "Package popcount ..."
```

go get 命令已经支持多个流行的代码托管站点，如 GitHub、Bitbucket 和 Launchpad，并且可以向版本控制系统发出合适的请求。对于不知名的网站，你也许需要指出导入路径使用的是哪种版本控制协议，比如 Git 或 Mercurial。执行 go help importpath 来获取更多细节。

go get 创建的目录是远程仓库的真实客户端，而不仅仅是文件的副本，这样可以使用版本控制命令来查看本地编辑的差异或者更新到不同的版本。例如，golang.org/x/net 目录是一个 Git 客户端：

```
$ cd $GOPATH/src/golang.org/x/net
$ git remote -v
origin  https://go.googlesource.com/net (fetch)
origin  https://go.googlesource.com/net (push)
```

注意，包导入路径中明显的域名（golang.org）不同于 Git 服务器的实际域名（go.googlesource.com）。这是 go 工具的一个特性，如果位置由诸如 googlesource.com 或 github.com 之类通用服务托管，包可以在其导入路径中使用自定义域名。在 https://golang.org/x/net/html 下面的 HTML 网页包含如下元数据，它重定向 go 工具到实际托管地址的 Git 仓库：

```
$ go build gopl.io/ch1/fetch
$ ./fetch https://golang.org/x/net/html | grep go-import
<meta name="go-import"
      content="golang.org/x/net git https://go.googlesource.com/net">
```

如果你指定 -u 开关，go get 将确保它访问的所有包（包括它们的依赖性）更新到最新版本，然后再构建和按照。如果没有这个标记，已经存在于本地的包不会更新。

go get -u 命令通常获取每个包的最新版本，它在你刚刚开始的时候很方便；但是在需要部署的项目中（其中，发布版本需要精准的版本控制），就不太适合使用它。通常的解决方案是加一层 vendor 目录，构建一个关于所有必需依赖的本地副本，然后非常小心地更新这个副本。在 Go 1.5 之前，这需要改变包的导入路径，这样 golang.org/x/net/html 的副本会变成 gopl.io/vendor/golang.org/x/net/html。几乎所有最近版本的 go 工具都支持加 vendor 目录，但这里不允许我们展开所有的细节了。请使用 go help gopath 来查看 vendor 目录的详细信息。

练习 10.3：使用 fetch http://gopl.io/ch1/helloworld?go-get=1，找到本书的示例代码是由那个服务托管的（go get 发出的 HTTP 请求包含 go-get 参数，这样服务器可以区分出普通的浏览器请求。）

10.7.3　包的构建

go build 命令编译每一个命令行参数中的包。如果包是一个库，结果会被舍弃；对于没有编译错误的包几乎不做检查。如果包的名字是 main，go build 调用链接器在当前目录中创建可执行程序，可执行程序的名字取自包的导入路径的最后一段。

每一个目录包含一个包，每一个可执行程序或者 UNIX 命令都需要自己的目录。这些目录可能是 cmd 目录的子目录，比如 golang.org/x/tools/cmd/godoc 命令，为 Go 包的文档提供 Web 访问接口（参考 10.7.4 节）。

如前所述，包可以指定通过目录来指定，可以使用导入路径或者一个相对目录名，目录必须以 . 或 .. 开头，即使这不经常需要。如果没有提供参数，会使用当前目录作为参数。所以，以下命令：

```
$ cd $GOPATH/src/gopl.io/ch1/helloworld
$ go build
```

和以下命令：

```
$ cd anywhere
$ go build gopl.io/ch1/helloworld
```

以及以下命令：

```
$ cd $GOPATH
$ go build ./src/gopl.io/ch1/helloworld
```

构建同样的包（尽管每次写入的目录是 go build 命令运行时所在的目录）。但以下命令编译不同的包：

```
$ cd $GOPATH
$ go build src/gopl.io/ch1/helloworld
Error: cannot find package "src/gopl.io/ch1/helloworld".
```

包也可以使用一个文件列表来指定（尽管这只是针对小型的程序和一次性的实验）。如果包名是 main，可执行程序的名字来自第一个 .go 文件名的主体部分。

```
$ cat quoteargs.go
package main

import (
    "fmt"
    "os"
)
```

```
func main() {
    fmt.Printf("%q\n", os.Args[1:])
}
$ go build quoteargs.go
$ ./quoteargs one "two three" four\ five
["one" "two three" "four five"]
```

特别是对于这类即用即抛型的程序，我们需要在构建之后尽快运行。go run 命令将这两步合并起来：

```
$ go run quoteargs.go one "two three" four\ five
["one" "two three" "four five"]
```

第一个不是以 .go 文件结尾的参数会作为 Go 可执行程序的参数列表的开始。

默认情况下，go build 命令构建所有需要的包以及它们所有的依赖性，然后丢弃除了最终可执行程序之外的所有编译后的代码。依赖性分析和编译本身都非常快，但是当项目增长到数十个包和数十万行代码的时候，重新编译依赖性的时间明显变慢，也许数秒钟的时间，即使依赖的部分根本没有改变过。

go install 命令和 go build 非常相似，区别是它会保存每一个包的编译代码和命令，而不是把它们丢弃。编译后的包保存在 $GOPATH/pkg 目录中，它对应于存放源文件的 src 目录，可执行的命令保存在 $GOPATH/bin 目录中。（许多用户将 $GOPATH/bin 加入他们的可执行搜索路径中。）这样，go build 和 go install 对于没有改变的包和命令不需要重新编译，从而使后续的构建更加快速。惯例上，go build -i 可以将包安装在独立于构建目标的地方。

因为编译包根据操作系统平台和 CPU 体系结构不同而不同，所以 go install 将保存它们的目录命名为与 GOOS 和 GOARCH 变量的值相关。例如，在 Mac 上面 golang.org/x/net/html 编译后的文件 golang.org/x/net/html.a 放在 $GOPATH/pkg/darwin_amd64 目录下面。

gopl.io/ch10/cross
```
func main() {
    fmt.Println(runtime.GOOS, runtime.GOARCH)
}
```

下面的命令分别生成 64 位和 32 位的可执行程序：

```
$ go build gopl.io/ch10/cross
$ ./cross
darwin amd64
$ GOARCH=386 go build gopl.io/ch10/cross
$ ./cross
darwin 386
```

例如，为了处理底层的可移植性问题或为重要的例程提供优化版本，有一些包需要为特定的平台或者处理器编译不同版本的代码。如果一个文件名包含操作系统或处理器体系结构名字（如 net_linux.go 或 asm_amd64.s），go 工具只会在构建指定规格的目标文件的时候才进行编译。叫作构建标签的特殊注释，提供更细粒度的控制。例如，如果一个文件包含下面的注释：

```
// +build linux darwin
```

注释在包的声明之前（它是文档注释），go build 只会在构建 Linux 或 Mac OS X 系统应用的时候才会对它进行编译，下面的注释指出任何时候都不要编译这个文件：

```
// +build ignore
```

更多的细节可以在 `go/build` 包的文档中的 *Build Constraints* 节找到：

```
$ go doc go/build
```

10.7.4　包的文档化

Go 风格强烈鼓励有良好的包 API 文档。每一个导出的包成员的声明以及包声明自身应该立刻使用注释来描述它的目的和用途。

Go 文档注释总是完整的语句，使用声明的包名作为开头的第一句注释通常是总结。函数参数和其他的标识符无须括起来或者特别标注。例如，`fmt.Fprintf` 的文档注释如下：

```
// Fprintf 根据格式说明符格式化并写入 w
// 返回写入的字节数及可能遇到的错误
func Fprintf(w io.Writer, format string, a ...interface{}) (int, error)
```

`Fprintf` 的格式化细节在 `fmt` 包自身的文档注释中进行解释。包声明的前面的文档注释被认为是整个包的文档注释。尽管它可以出现在任何文件中，但是必须只有一个。比较长的包注释可以使用一个单独的注释文件，`fmt` 的注释超过 300 行，文件名通常叫 `doc.go`。

好的文档不一定是洋洋洒洒的，而简明是文档一个不可替代的优点。事实上，Go 在文档保持简练和简单方面的惯例和其他所有的东西一样，因为文档像代码一样也需要维护。许多声明可以在一个通顺的句子中解释清楚，并且如果这个行为非常明确，就不需要注释。

在全书中篇幅允许时，就会使用 doc 注释来进行前置声明，但是在你浏览标准库时你会发现更好的示例。如果你想这样做，有两个工具可以给你提供更多方便。

`go doc` 工具输出在命令行上指定的内容的声明和整个文档注释，这也许是一个包：

```
$ go doc time
package time // 导入 "time"

Package time provides functionality for measuring and displaying time.

const Nanosecond Duration = 1 ...
func After(d Duration) <-chan Time
func Sleep(d Duration)
func Since(t Time) Duration
func Now() Time
type Duration int64
type Time struct { ... }
...更多...
```

或者是一个包成员：

```
$ go doc time.Since
func Since(t Time) Duration

    Since returns the time elapsed since t.
    It is shorthand for time.Now().Sub(t).
```

或者是一个方法：

```
$ go doc time.Duration.Seconds
func (d Duration) Seconds() float64

    Seconds returns the duration as a floating-point number of seconds.
```

该工具不需要完整的导入路径或者正确的标识符。这个命令输出来自 `encoding/json` 包的 `(*json.Decoder).Decode` 的文档：

```
$ go doc json.decode
func (dec *Decoder) Decode(v interface{}) error
    Decode reads the next JSON-encoded value from its input and stores
    it in the value pointed to by v.
```

有点迷惑的是，第二个工具名字叫 godoc，它提供相互链接的 HTML 页面服务，进而提供不少于 go doc 命令的信息。在 https://golang.org/pkg 的 godoc 服务器覆盖了标准库。图 10-1 展示了 time 包的文档，在 11.6 节中，我们将看到 godoc 中交互式显示的程序示例。在 https://godoc.org 的 godoc 服务器提供数千个可搜索的开源包索引。

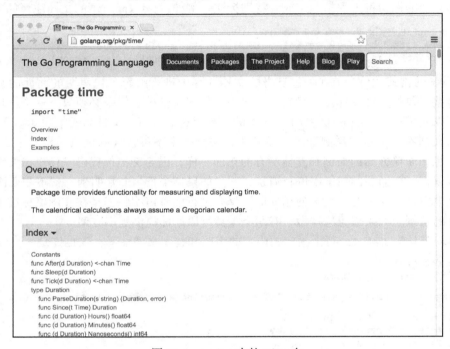

图 10-1　godoc 中的 time 包

如果你想浏览你自己的包，你也可以在你的工作空间中运行一个 godoc 实例。在执行下面的命令后，在浏览器中访问 http://localhost:8000/pkg：

```
$ godoc -http :8000
```

加上 -analysis=type 和 -analysis=pointer 标记使文档内容丰富，同时提供源代码的高级静态分析结果。

10.7.5　内部包

这是包用来封装 Go 程序最重要的机制。没有导出的标识符只能在同一个包内访问，导出的标识符可以在世界任何地方访问。

有时，有一个中间地带是很有帮助的，这种方式定义标识符可以被一个小的可信任的包集合访问，但不是所有人可以访问。例如，当我们将一个大包分解为多个可托管的小包时，我们不想对其他的包显露这些包之间的关系。或者我们想在不进行导出的情况下，在项目的一些包中间共享一些工具函数。或者我们只是想试验一个新的包，而不是永久地提交给它的

API，可以通过加上一个允许访问的有限客户列表来实现。

为了解决这些需求，go build 工具会特殊对待导入路径中包含路径片段 internal 的情况。这些包叫内部包。内部包只能被另一个包导入，这个包位于以 internal 目录的父目录为根目录的树中。例如，给定下面的包，net/http/internal/chunked 可以从 net/http/httputil 或 net/http 导入，但是不能从 net/url 进行导入。然而，net/url 可以导入 net/http/httputil。

```
net/http
net/http/internal/chunked
net/http/httputil
net/url
```

10.7.6 包的查询

go list 工具上报可用包的信息。通过最简单的形式，go list 判断一个包是否存在于工作空间中，如果存在输出它的导入路径：

```
$ go list github.com/go-sql-driver/mysql
github.com/go-sql-driver/mysql
```

go list 命令的参数可以包含“...”通配符，它用来匹配包的导入路径中的任意子串。可以使用它枚举一个 Go 工作空间中的所有包：

```
$ go list ...
archive/tar
archive/zip
bufio
bytes
cmd/addr2line
cmd/api
... 更多其他的包 ...
```

或者一个指定的子树中的所有包：

```
$ go list gopl.io/ch3/...
gopl.io/ch3/basename1
gopl.io/ch3/basename2
gopl.io/ch3/comma
gopl.io/ch3/mandelbrot
gopl.io/ch3/netflag
gopl.io/ch3/printints
gopl.io/ch3/surface
```

或者一个具体的主题：

```
$ go list ...xml...
encoding/xml
gopl.io/ch7/xmlselect
```

go list 命令获取每一个包的完整元数据，而不仅仅是导入路径，并且提供各种对于用户或者其他工具可访问的格式。-json 标记使 go list 以 JSON 格式输出每一个包的完整记录：

```
$ go list -json hash
{
    "Dir": "/home/gopher/go/src/hash",
    "ImportPath": "hash",
    "Name": "hash",
    "Doc": "Package hash provides interfaces for hash functions.",
    "Target": "/home/gopher/go/pkg/darwin_amd64/hash.a",
```

```
    "Goroot": true,
    "Standard": true,
    "Root": "/home/gopher/go",
    "GoFiles": [
            "hash.go"
    ],
    "Imports": [
        "io"
    ],
    "Deps": [
        "errors",
        "io",
        "runtime",
        "sync",
        "sync/atomic",
        "unsafe"
    ]
}
```

-f 标记可以让用户通过 text/template 包提供的模板语言来定制输出格式（参考 4.6 节）。
这个命令输出 strconv 包的依赖过渡关系记录，记录之间由空格分割：

```
$ go list -f '{{join .Deps " "}}' strconv
errors math runtime unicode/utf8 unsafe
```

这条命令输出标准库的 compress 子树中每个包的直接导入记录：

```
$ go list -f '{{.ImportPath}} -> {{join .Imports " "}}' compress/...
compress/bzip2 -> bufio io sort
compress/flate -> bufio fmt io math sort strconv
compress/gzip -> bufio compress/flate errors fmt hash hash/crc32 io time
compress/lzw -> bufio errors fmt io
compress/zlib -> bufio compress/flate errors fmt hash hash/adler32 io
```

go list 对于一次性的交互查询和构建、测试脚本都非常有用。我们将在 11.2.4 节再次
使用它。更多的参数以及它们的含义等信息，可以通过执行 go help list 来获取。

本章讨论了 go 工具中几乎所有重要的子命令（除了一个子命令外）。下一章讲述如何使
用 go test 命令测试 Go 程序。

练习 10.4：构建一个工具，它可以汇报工作空间中所有包的过度依赖中，是否含有参
数中指定的包。提示：你将需要执行两次 go list，一次是针对初始包，一次是针对所有包。
你也许想使用 encoding/json 包（参考 4.5 节）来解析它的 JSON 格式输出内容。

测　　试

　　莫里斯·威尔克斯（Maurice Wilkes）设计和制造了世界上第一台存储程序式计算机 EDSAC，在 1949 年有一次实验室爬楼梯的时候，针对测试讲述了一番颇有洞察力的话。在《一个计算机先驱的回忆》（Memoirs of A Computer Pioneer）一书中，他回忆道："我强烈地意识到我余生的很大一部分时间都将用来寻找我程序中的错误。"当然，从那时开始，虽然或许也会对他对软件构建复杂度认识的不足感到困惑，但是每一个存储程序式计算机程序员都会赞同他这番话。

　　今天的软件项目比威尔克斯年代的要庞大、复杂得多，并且在使软件复杂度可以控制的技术上面，人们投入了大量的精力。其中有两种技术尤其有效，第一是软件发布之前的例行同行评审，另一个就是本章的主题：测试。

　　测试是自动化测试的简称，即编写简单的程序来确保程序（产品代码）在该测试中针对特定输入产生预期的输出。这些测试通常要么是经过精心设计之后用来检测某种功能，要么是随机性的，用来扩大测试的覆盖面。

　　软件测试领域内容很广泛。测试任务几乎占据了所有程序员的一部分时间，有时候甚至是一些程序员所有的时间。关于测试的资料有数千本书和数百万字的博文。在每一门主流的程序设计语言中，都有很多软件包专门用来构建测试，其中有一些还包含很多理论，并且这个领域吸引了很多拥有众多拥趸的先知。这些足够使得程序员相信为了写好测试，他们必须掌握一种新的技能。

　　Go 的测试方法看上去相对比较低级。它依赖于命令 go test 和一些能用 go test 运行的测试函数的编写约定。这个相对轻量级的机制对单纯的测试很有效，并且这种方式也很自然地扩展到基准测试和文档系统的示例。

　　实际上，编写测试代码和编写原始程序并没有什么不同。我们编写聚焦于任务的部分功能的简单函数。我们必须谨防条件边界，思考数据结构，并且合理地设计如何根据合适的输入得到输出。这和编写常规的 Go 代码没有区别，这不需要新的注解、约定和工具。

11.1　go test 工具

　　go test 子命令是 Go 语言包的测试驱动程序，这些包根据某些约定组织在一起。在一个包目录中，以 _test.go 结尾的文件不是 go build 命令编译的目标，而是 go test 编译的目标。

　　在 *_test.go 文件中，三种函数需要特殊对待，即功能测试函数、基准测试函数和示例函数。功能测试函数是以 Test 前缀命名的函数，用来检测一些程序逻辑的正确性，go test 运行测试函数，并且报告结果是 PASS 还是 FAIL。基准测试函数的名称以 Benchmark 开头，用来测试某些操作的性能，go test 汇报操作的平均执行时间。示例函数的名称，以 Example 开头，用来提供机器检查过的文档。11.2 节讲解功能测试函数，11.4 节讲解基准测试函数，11.6 节讲解示例函数。

　　go test 工具扫描 *_test.go 文件来寻找特殊函数，并生成一个临时的 main 包来调用它们，然后编译和运行，并汇报结果，最后清空临时文件。

11.2 Test 函数

每一个测试文件必须导入 testing 包。这些函数的函数签名如下：

```
func TestName(t *testing.T) {
    // ...
}
```

功能测试函数必须以 Test 开头，可选的后缀名称必须以大写字母开头：

```
func TestSin(t *testing.T) { /* ... */ }
func TestCos(t *testing.T) { /* ... */ }
func TestLog(t *testing.T) { /* ... */ }
```

参数 t 提供了汇报测试失败和日志记录的功能。定义一个示例包 gopl.io/ch11/word1，这个包包含一个函数 IsPalindrome，用来判断一个字符串是否是回文字符串（这个函数在字符串是回文字符串的情况下对于每个字节检查了两次，后面会实现简短的版本）。

gopl.io/ch11/word1
```
// 包 word 提供了文字游戏相关的工具函数
package word

// IsPalindrome 判断一个字符串是否是回文字符串
// (Our first attempt.)
func IsPalindrome(s string) bool {
    for i := range s {
        if s[i] != s[len(s)-1-i] {
            return false
        }
    }
    return true
}
```

在同一个目录中，文件 word_test.go 包含了两个功能测试函数 TestPalindrome 和 TestNonPalindrome。两个函数都检查 isPalindrome 是否针对单个输入参数给出了正确的结果，并且用 t.Error 来报错。

```
package word

import "testing"

func TestPalindrome(t *testing.T) {
    if !IsPalindrome("detartrated") {
        t.Error(`IsPalindrome("detartrated") = false`)
    }
    if !IsPalindrome("kayak") {
        t.Error(`IsPalindrome("kayak") = false`)
    }
}

func TestNonPalindrome(t *testing.T) {
    if IsPalindrome("palindrome") {
        t.Error(`IsPalindrome("palindrome") = true`)
    }
}
```

go test（或者 go build）命令在不指定包参数的情况下，以当前目录所在的包为参数。可以用下面的命令来编译和运行测试：

```
$ cd $GOPATH/src/gopl.io/ch11/word1
$ go test
ok    gopl.io/ch11/word1    0.008s
```

测试通过，我们发布了程序，但是午餐聚会的客人们离开不久之后，就开始有 bug 提交过来了。有个法国用户 Noelle Eve Elleon 抱怨说 IsPalindrome 函数无法识别 "été"。另一个来自中美洲的用户对程序无法判断出 "A man, a plan, a canal: Panama" 也是回文感到失望。这些特定的小 bug 自然导致了新的测试用例的产生。

```
func TestFrenchPalindrome(t *testing.T) {
    if !IsPalindrome("été") {
        t.Error(`IsPalindrome("été") = false`)
    }
}
func TestCanalPalindrome(t *testing.T) {
    input := "A man, a plan, a canal: Panama"
    if !IsPalindrome(input) {
        t.Errorf(`IsPalindrome(%q) = false`, input)
    }
}
```

由于 input 很长，为了避免写两次，这里使用了函数 Errorf，这个函数和 Printf 一样提供了格式化功能。

当添加这两个新的测试之后，go test 命令失败了，给出如下错误消息：

```
$ go test
--- FAIL: TestFrenchPalindrome (0.00s)
    word_test.go:28: IsPalindrome("été") = false
--- FAIL: TestCanalPalindrome (0.00s)
    word_test.go:35: IsPalindrome("A man, a plan, a canal: Panama") = false
FAIL
FAIL    gopl.io/ch11/word1    0.014s
```

比较好的实践是先写测试然后发现它触发的错误和用户 bug 报告里面的一致。只有这个时候，我们才能确信我们修复的内容是针对这个出现的问题的。

另外，运行 go test 比手动测试 bug 报告中的内容要快得多，测试可以让我们顺序地检查内容。如果一个测试套件（test suite）里面有很多测试用例，我们可以选择性地测试用例来加加测试过程。

选项 -v 可以输出包中每个测试用例的名称和执行的时间：

```
$ go test -v
=== RUN TestPalindrome
--- PASS: TestPalindrome (0.00s)
=== RUN TestNonPalindrome
--- PASS: TestNonPalindrome (0.00s)
=== RUN TestFrenchPalindrome
--- FAIL: TestFrenchPalindrome (0.00s)
    word_test.go:28: IsPalindrome("été") = false
=== RUN TestCanalPalindrome
--- FAIL: TestCanalPalindrome (0.00s)
    word_test.go:35: IsPalindrome("A man, a plan, a canal: Panama") = false
FAIL
exit status 1
FAIL    gopl.io/ch11/word1    0.017s
```

选项 -run 的参数是一个正则表达式，它可以使得 go test 只运行那些测试函数名称匹配给定模式的函数：

```
$ go test -v -run="French|Canal"
=== RUN TestFrenchPalindrome
--- FAIL: TestFrenchPalindrome (0.00s)
    word_test.go:28: IsPalindrome("été") = false
=== RUN TestCanalPalindrome
--- FAIL: TestCanalPalindrome (0.00s)
    word_test.go:35: IsPalindrome("A man, a plan, a canal: Panama") = false
FAIL
exit status 1
FAIL    gopl.io/ch11/word1   0.014s
```

当然，一旦我们使得选择的测试用例通过之后，在我们提交更改之前，我们必须重新使用不带开关的 go test 来运行一次整个测试套件。

现在的任务是修复 bug。我们经过迅速地调查发现第一个 bug 的原因是函数 IsPalindrome 使用字节序列而不是字符序列来比较，因此那些非 ASCII 字符（例如 "été" 中的 "é"）就使得程序困惑了。第二个 bug 的原因是没有忽略空格、标点符号和字母大小写。

有了教训后，我们仔细地重写了这个函数：

gopl.io/ch11/word2

```
// 包 word 提供了文字游戏相关的工具函数
package word

import "unicode"

// IsPalindrome 判断一个字符串是否是回文字符串
// 忽略字母大小写，以及非字母字符
func IsPalindrome(s string) bool {
    var letters []rune
    for _, r := range s {
        if unicode.IsLetter(r) {
            letters = append(letters, unicode.ToLower(r))
        }
    }
    for i := range letters {
        if letters[i] != letters[len(letters)-1-i] {
            return false
        }
    }
    return true
}
```

我们还写了更加全面的测试用例，把前面的用例和新的用例结合到一个表里面。

```
func TestIsPalindrome(t *testing.T) {
    var tests = []struct {
        input string
        want  bool
    }{
        {"", true},
        {"a", true},
        {"aa", true},
        {"ab", false},
        {"kayak", true},
        {"detartrated", true},
        {"A man, a plan, a canal: Panama", true},
        {"Evil I did dwell; lewd did I live.", true},
```

```
            {"Able was I ere I saw Elba", true},
            {"été", true},
            {"Et se resservir, ivresse reste.", true},
            {"palindrome", false}, // 非回文
            {"desserts", false},    // 半回文
    }
    for _, test := range tests {
        if got := IsPalindrome(test.input); got != test.want {
            t.Errorf("IsPalindrome(%q) = %v", test.input, got)
        }
    }
}
```

新的测试可以通过了：

```
$ go test gopl.io/ch11/word2
ok      gopl.io/ch11/word2          0.015s
```

这种基于表的测试方式在 Go 里面很常见。根据需要添加新的表项目很直观，并且由于断言逻辑没有重复，因此我们可以花点精力让输出的错误消息更好看一点。

当前调用 t.Errorf 输出的失败的测试用例信息没有包含整个跟踪栈信息，也不会导致程序宕机或者终止执行，这和很多其他语言的测试框架中的断言不同。测试用例彼此是独立的。如果测试表中的一个条目造成测试失败，那么其他的条目仍然会继续测试，这样我们就可以在一次测试过程中发现多个失败的情况。

如果我们真的需要终止一个测试函数，比如由于初始化代码失败或者避免已有的错误产生令人困惑的输出，我们可以使用 t.Fatal 或者 t.Fatalf 函数来终止测试。这些函数的调用必须和 Test 函数在同一个 goroutine 中，而不是在测试创建的其他 goroutine 中。

测试错误消息一般格式是 "f(x)=y, want z"，这里 f(x) 表示需要执行的操作和它的输入，y 是实际的输出结果，z 是期望得到的结果。出于方便，对于 f(x) 我们会使用 Go 的语法，比如在上面回文的例子中，我们使用 Go 的格式化来显示较长的输入，避免重复输入。在基于表的测试中，输出 x 是很重要的，因为一条断言语句会在不同的输入情况下执行多次。错误消息要避免样板文字和冗余信息。在测试一个布尔函数的时候，比如上面的 IsPalindrome，省略 "want z" 部分，因为它没有给出有用信息。如果 x、y、z 都比较长，可以输出准确代表各部分的概要信息。在程序员诊断一个测试失败的时候，测试用例的作者必须努力帮助程序员。

练习 11.1：为 4.3 节的 charcount 程序编写测试用例。

练习 11.2：为 6.5 节的 IntSet 编写测试用例用来检测它的行为在每一次操作之后和基于内置的 map 实现的 Set 一致。保存你的实现，我们将在练习 11.7 中会进行基准测试。

11.2.1　随机测试

基于表的测试方便针对精心选择的输入检测函数是否工作正常，以测试逻辑上引人关注的用例。另外一种方式是随机测试，通过构建随机输入来扩展测试的覆盖范围。

如果给出的输入是随机的，我们怎么知道函数输出什么内容呢？这里有两种策略。一种方式就是额外写一个函数，这个函数使用低效但是清晰的算法，然后检查这两种实现的输出是否一致。另外一种方式是构建符合某种模式的输入，这样我们可以知道它们对应的输出是

什么。

下面的例子使用了第二种方式，randomPalindrome 函数产生一系列的回文字符串，这些输出在构建的时候就确定是回文字符串了。

```
import "math/rand"

// randomPalindrome 返回一个回文字符串，它的长度和内容都是随机数生成器//rng生成的
func randomPalindrome(rng *rand.Rand) string {
    n := rng.Intn(25) // 随机字符串最大长度是 24
    runes := make([]rune, n)
    for i := 0; i < (n+1)/2; i++ {
        r := rune(rng.Intn(0x1000)) // 随机字符最大是 '\u0999'
        runes[i] = r
        runes[n-1-i] = r
    }
    return string(runes)
}

func TestRandomPalindromes(t *testing.T) {
    // 初始化一个伪随机数生成器
    seed := time.Now().UTC().UnixNano()
    t.Logf("Random seed: %d", seed)
    rng := rand.New(rand.NewSource(seed))
    for i := 0; i < 1000; i++ {
        p := randomPalindrome(rng)
        if !IsPalindrome(p) {
            t.Errorf("IsPalindrome(%q) = false", p)
        }
    }
}
```

由于随机测试的不确定性，在遇到测试用例失败的情况下，一定要记录足够的信息以便于重现这个问题。在该例子中，函数 IsPalindrome 的输入 p 告诉我们所需要知道的所有信息，但是对于那些拥有更复杂输入的函数来说，记录伪随机数生成器的种子（如我们所做的那样）会比转储整个输入数据结构要简单得多。有了随机数的种子，我们可以简单地修改测试代码来准确地重现错误。

通过使用当前时间作为伪随机数的种子源，在测试的整个生命周期中，每次运行的时候都会得到新的输入。如果你的项目使用自动化系统来间周期地运行测试，这一点很重要。

练习 11.3：TestRandomPalindromes 函数仅测试回文字符串。编写一个随机测试用来产生并检测非回文字符串。

练习 11.4：修改 randomPalindrome 来测试 IsPalindrome 函数对标点符号和空格的处理。

11.2.2　测试命令

go test 工具对测试库代码包很有用，但是也可以将它用于测试命令。包名 main 一般会产生可执行文件，但是也可以当做库来导入。

为 2.3.2 节的 echo 程序写一个测试。把程序分为两个函数，echo 执行逻辑，而 main 用来读取和解析命令行参数以及报告 echo 函数可能返回的错误。

gopl.io/ch11/echo

```go
// Echo 输出它的命令行参数
package main

import (
    "flag"
    "fmt"
    "io"
    "os"
    "strings"
)
var (
    n = flag.Bool("n", false, "omit trailing newline")
    s = flag.String("s", " ", "separator")
)

var out io.Writer = os.Stdout // 测试过程中被更改

func main() {
    flag.Parse()
    if err := echo(!*n, *s, flag.Args()); err != nil {
        fmt.Fprintf(os.Stderr, "echo: %v\n", err)
        os.Exit(1)
    }
}

func echo(newline bool, sep string, args []string) error {
    fmt.Fprint(out, strings.Join(args, sep))
    if newline {
        fmt.Fprintln(out)
    }
    return nil
}
```

在测试中，我们会通过不同的参数和开关来调用 echo，以检查它在每种测试用例下得到正确的输出，所以我们还为 echo 函数添加了参数以避免依赖全局变量。也就是说，我们还引入了另外一个全局变量 out，该变量是 io.Writer 类型，所有的结果都将输出到这里。通过将 echo 输出到这个变量而不是直接输出到 os.Stdout，测试用例还可以用其他的替代 Writer 实现来记录写入的内容以便于后面检查。下面是测试代码（在文件 echo_test.go 中）：

```go
package main

import (
    "bytes"
    "fmt"
    "testing"
)

func TestEcho(t *testing.T) {
    var tests = []struct {
        newline bool
        sep     string
        args    []string
        want    string
    }{
        {true, "", []string{}, "\n"},
        {false, "", []string{}, ""},
        {true, "\t", []string{"one", "two", "three"}, "one\ttwo\tthree\n"},
        {true, ",", []string{"a", "b", "c"}, "a,b,c\n"},
        {false, ":", []string{"1", "2", "3"}, "1:2:3"},
    }
```

```
    for _, test := range tests {
        descr := fmt.Sprintf("echo(%v, %q, %q)",
            test.newline, test.sep, test.args)

        out = new(bytes.Buffer) // 捕获的输出
        if err := echo(test.newline, test.sep, test.args); err != nil {
            t.Errorf("%s failed: %v", descr, err)
            continue
        }
        got := out.(*bytes.Buffer).String()
        if got != test.want {
            t.Errorf("%s = %q, want %q", descr, got, test.want)
        }
    }
}
```

注意，测试代码和产品代码在一个包里面。尽管包的名称叫作 main，并且里面定义了一个 main 函数，但是在测试过程中，这个包当作库来测试，并且将函数 TestEcho 递送到测试驱动程序，而 main 函数则被忽略了。

通过表来组织测试用例，我们可以很容易地添加新的测试用例。下面添加一行到测试用例表中，来看看测试失败的时候发生了什么。

```
{true, ",", []string{"a", "b", "c"}, "a b c\n"}, // 注意，预期结果是错误的
```

运行 go test 输出：

```
$ go test gopl.io/ch11/echo
--- FAIL: TestEcho (0.00s)
    echo_test.go:31: echo(true, ",", ["a" "b" "c"]) = "a,b,c", want "a b c\n"
FAIL
FAIL    gopl.io/ch11/echo    0.006s
```

错误消息描述了想要进行的操作（使用了类似 Go 的语法），然后依次是实际行为和预期的结果。有了如此详细的错误消息，你在定位测试的源代码之前就很容易了解错误的根源了。

记住，在测试的代码里面不要调用 log.Fatal 或者 os.Exit，因为这两个调用会阻止跟踪的过程，这两个函数的调用可以认为是 main 函数的特权。如果有时候发生了未预期错误或者函数崩溃了，即使测试用例本身失败了，测试驱动程序也可以继续工作。预期的错误（比如用户输入的内容不合法、文件不存在、配置不正确等）应该通过返回一个非空的 error 值来报告。幸运的是，echo 程序很简单，它不会返回一个非空的 error 值。

11.2.3 白盒测试

测试的分类方式之一是基于对所要进行测试的包的内部了解程度。黑盒测试假设测试者对包的了解仅通过公开的 API 和文档，而包的内部逻辑则是不透明的。相反，白盒测试可以访问包的内部函数和数据结构，并且可以做一些常规用户无法做到的观察和改动。例如，白盒测试可以检查包的数据类型不可变性在每次操作后都是经过维护的。（白盒这个名字是传统说法，净盒（clear box）的说法或许更准确。）

这两种方法是互补的。黑盒测试通常更加健壮，每次程序更新后基本不需要修改。它们也会帮助测试的作者关注包的用户并且能够发现 API 设计的缺陷。反之，白盒测试可以对实现的特定之处提供更详细的覆盖测试。

上面已经给出了这两种测试方法的例子。TestIsPalindrome 函数仅调用导出的函数 IsPalindrome，所以它是一个黑盒测试。TestEcho 函数调用 echo 函数并且更新全局变量 out，无论函数 echo 还是变量 out 都是未导出的，所以它是一个白盒测试。

在开发 TestEcho 的时候，我们修改了 echo 函数，从而在输出结果时使用一个包级别的变量，以便该测试用一个额外的实现代替标准输出来记录后面要检查的数据。通过同样的技术，我们可以使用易于测试的伪实现来替换部分产品代码。这种伪实现的优点是更易于配置、预测和观察，并且更可靠。它们还能够避免带来副作用，比如更新产品数据库或者刷信用卡。

下面的代码演示了向用户提供存储服务的 Web 服务中的限额逻辑。当用户使用的额度超过 90% 的时候，系统自动发送一封告警邮件。

gopl.io/ch11/storage1

```
package storage

import (
    "fmt"
    "log"
    "net/smtp"
)

func bytesInUse(username string) int64 { return 0 /* ... */ }

// 邮件发送者配置
// 注意：永远不要把密码放到源代码中
const sender = "notifications@example.com"
const password = "correcthorsebatterystaple"
const hostname = "smtp.example.com"

const template = `Warning: you are using %d bytes of storage,
%d%% of your quota.`

func CheckQuota(username string) {
    used := bytesInUse(username)
    const quota = 1000000000 // 1GB
    percent := 100 * used / quota
    if percent < 90 {
        return // OK
    }
    msg := fmt.Sprintf(template, used, percent)
    auth := smtp.PlainAuth("", sender, password, hostname)
    err := smtp.SendMail(hostname+":587", auth, sender,
        []string{username}, []byte(msg))
    if err != nil {
        log.Printf("smtp.SendMail(%s) failed: %s", username, err)
    }
}
```

我们想测试这个功能，但是并不想真的发送邮件出去。所以我们把发送邮件的逻辑移动到独立的函数中，并且把它存储到一个不可导出的包级别的变量 notifyUser 中。

gopl.io/ch11/storage2

```
var notifyUser = func(username, msg string) {
    auth := smtp.PlainAuth("", sender, password, hostname)
    err := smtp.SendMail(hostname+":587", auth, sender,
        []string{username}, []byte(msg))
    if err != nil {
        log.Printf("smtp.SendEmail(%s) failed: %s", username, err)
    }
}

func CheckQuota(username string) {
    used := bytesInUse(username)
    const quota = 1000000000 // 1GB
    percent := 100 * used / quota
```

```
    if percent < 90 {
        return // OK
    }
    msg := fmt.Sprintf(template, used, percent)
    notifyUser(username, msg)
}
```

现在我们可以写个简单的测试，这个测试用伪造的通知机制而不是发送一封真实的邮件。这个测试记录需要通知的用户和通知的内容。

```
package storage

import (
    "strings"
    "testing"
)
func TestCheckQuotaNotifiesUser(t *testing.T) {
    var notifiedUser, notifiedMsg string
    notifyUser = func(user, msg string) {
        notifiedUser, notifiedMsg = user, msg
    }

    // ...模拟已使用 980MB 的情况...

    const user = "joe@example.org"
    CheckQuota(user)
    if notifiedUser == "" && notifiedMsg == "" {
        t.Fatalf("notifyUser not called")
    }
    if notifiedUser != user {
        t.Errorf("wrong user (%s) notified, want %s",
            notifiedUser, user)
    }
    const wantSubstring = "98% of your quota"
    if !strings.Contains(notifiedMsg, wantSubstring) {
        t.Errorf("unexpected notification message <<%s>>, "+
            "want substring %q", notifiedMsg, wantSubstring)
    }
}
```

这里有一个问题，在这个测试函数返回之后，CheckQuota 因为仍然使用该测试的伪通知实现 notifyUser，所以再次在其他测试中调用它时就不能正常工作了。（对于全局变量的更新一直都是存在风险的）。我们必须修改这个测试让它恢复 notifyUser 原来的值，这样后面的测试才不会受影响。我们必须在所有的测试执行路径上面都这样做，包括测试失败和宕机。通常这种情况下建议使用 defer。

```
func TestCheckQuotaNotifiesUser(t *testing.T) {
    // 保存留待恢复的notifyUser
    saved := notifyUser
    defer func() { notifyUser = saved }()

    // 设置测试的伪通知notifyUser
    var notifiedUser, notifiedMsg string
    notifyUser = func(user, msg string) {
        notifiedUser, notifiedMsg = user, msg
    }
    // ...测试其余的部分...
}
```

这种方式可以用来临时保存并恢复各种全局变量，包括命令行选项、调试参数，以及性能参数；也可以用来安装和移除钩子程序来让产品代码调用测试代码；或者将产品代码设置为少见却很重要的状态，比如超时、错误，甚至是交叉并行执行。

以这种方式来使用全局变量是安全的，因为 go test 一般不会并发执行多个测试。

11.2.4　外部测试包

考虑包 net/url，这个包提供了 URL 解析功能，还有 net/http，这个包提供了 Web 服务器和 HTTP 客户端库。如我们所知，高级的 net/http 包依赖于低级的 net/url 包。然而，net/url 包中的一个测试是用来演示 URL 和 HTTP 库之间进行交互的例子。换句话说，低级别包的测试导入了高级别包。

在 net/url 包中声明这个测试函数会导致包循环引用，如图 11-1 中向上的箭头所示，但是 10.1 节讲过，Go 规范禁止循环引用。

我们通过将这个测试函数定义在外部测试包中来解决这个问题。也就是说，在 net/url 目录中，有一个文件，它的包声明是 url_test。这个额外的后缀 _test 告诉 go test 工具，它应该单独地编译一个包，这个包仅包含这些文件，然后运行它的测试。为了帮助理解，你可以认为这个外部测试包的导入路径是 net/url_test，但事实上它无法通过该路径以及其他任何路径导入。

由于外部测试在一个单独的包里面，因此它们也可以引用一些依赖于被测试包的帮助包；这个是包内测试无法做到的。从设计层次来看，外部测试包逻辑上在它所依赖的两个包之上，如图 11-2 所示。

图 11-1　net/url 的一个测试依赖 net/http

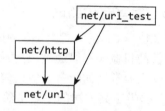

图 11-2　外部测试包打破了循环引用

为了避免包循环导入，外部测试包允许测试用例，尤其是集成测试用例（用来测试多个组件的交互），自由地导入其他的包，就像一个应用程序那样。

可以使用 go list 工具来汇总一个包目录中哪些是产品代码，哪些是包内测试以及哪些是外部测试。我们用 fmt 包来作为例子。GoFiles 是包含产品代码的文件列表，这些文件是 go build 命令将编译进你程序的代码。

```
$ go list -f={{.GoFiles}} fmt
[doc.go format.go print.go scan.go]
```

TestGoFiles 是也属于包 fmt 的文件列表，但是这些以 _test.go 结尾的文件仅在编译测试的时候才会使用。

```
$ go list -f={{.TestGoFiles}} fmt
[export_test.go]
```

包的测试用例通常位于这些文件中，而 fmt 包却并不是这样。后面会解释文件 export_test.go 的作用。

XTestGoFiles 是包外部测试文件列表，比如 fmt_test，所以这些文件必须引用 fmt 包才能使用它。同样，它们仅用在测试过程中。

```
$ go list -f={{.XTestGoFiles}} fmt
[fmt_test.go scan_test.go stringer_test.go]
```

有时候，外部测试包需要对待测试包拥有特殊的访问权限，例如为了避免循环引用，一个白盒测试必须存在于一个单独的包中。在这种情况下，我们使用一种小技巧：在包内测试文件 _test.go 中添加一些函数声明，将包内部的功能暴露给外部测试。这些文件也因此为测试提供了包的一个"后门"。如果一个源文件存在的唯一目的就在于此，并且自己不包含任何测试，它们一般称作 export_test.go。

例如，包 fmt 的实现需要功能 unicode.isSpace 作为 fmt.Scanf 的一部分。为了避免创建不合理的依赖，fmt 没有导入 unicode 包及其巨大的数据表，而是包含了一个更加简单的实现 isSpace。

为了确保 fmt.isSpace 和 unicode.IsSpace 的功能一致，fmt 添加了一个测试。这个是包外部测试，所以它不能够直接访问 isSpace，所以 fmt 通过定义一个可导出变量来引用 isSpace 函数。这个就是 fmt 包中文件 export_test.go 的内容。

```
package fmt

var IsSpace = isSpace
```

这个测试文件没有定义测试；它仅定义了一个导出符号 fmt.IsSpace 用来给外部测试使用。这个技巧在任何外部测试需要使用白盒测试技术的时候都可以使用。

11.2.5 编写有效测试

很多初学 Go 的人都对 Go 测试框架的极简主义感到惊奇。其他语言的框架提供了识别测试函数的机制（一般通过反射或者元数据），在测试前后执行测试"启动"和"销毁"的钩子，以及为常规的断言、值比较、错误消息格式化和终止失败的测试（一般通过抛出异常的方式）提供工具方法的库。虽然这些机制可以让测试编写更加精细，但是导致的结果是这些测试看上去像是用一门其他的语言编写的。而且，尽管它们也能准确地报告测试结果是PASS 还是 FAIL，但是报告的方式对可怜的维护者来讲或许并不友好，比如模糊的错误消息"assert: 0==1" 或者一页页的跟踪栈信息。

Go 对测试的看法是完全不同的。它期望测试的编写者自己来做大部分的工作，通过定义函数来避免重复，就像他们为普通程序所做的那样。测试的过程不是死记硬背地填表格；测试也是有用户界面的，虽然它的用户也是它的维护者。一个好的测试不会在发生错误时崩溃而是输出该问题一个简洁、清晰的现象描述，以及其他与上下文相关的信息。理想情况下，维护者不需要再通过阅读源代码来探究测试失败的原因。一个好的测试不应该在发现一次测试失败后就终止，而是要在一次运行中尝试报告多个错误，因为错误发生的方式本身会揭露错误的原因。

下面的断言函数比较两个值，构建一条一般的错误消息，并且停止程序。这个测试是正确的并且易于使用，但是当它运行失败的时候，所输出的错误消息毫无用处。它没有解决一个重要问题，那就是提供一个好的用户界面。

```
import (
    "fmt"
    "strings"
    "testing"
)
```

```
// 一个糟糕的断言函数
func assertEqual(x, y int) {
    if x != y {
        宕机(fmt.Sprintf("%d != %d", x, y))
    }
}
func TestSplit(t *testing.T) {
    words := strings.Split("a:b:c", ":")
    assertEqual(len(words), 3)
    // ...
}
```

在这种情况下，断言函数过早抽象，把这个特殊测试的失败当作两个整数之间的不同。我们丧失了提供有意义语境的机会。我们可以通过从具体的信息开始来提供一个更好的错误输出，如下面的示例所示。只有重复一次的模式出现在一组测试中时才可以引入抽象。

```
func TestSplit(t *testing.T) {
    s, sep := "a:b:c", ":"
    words := strings.Split(s, sep)
    if got, want := len(words), 3; got != want {
        t.Errorf("Split(%q, %q) returned %d words, want %d",
            s, sep, got, want)
    }
    // ...
}
```

现在测试函数报告了调用的函数名称、它的输入以及输出表示的含义；它显式地区别出实际值和期望值；并且即使在测试失败的情况下，它也可以继续执行。当我们写出这种测试之后，下一步自然不是定义一个函数来替代整个 if 语句，而是在一个循环中执行这个测试，其中 s、sep、want 的值每次都不同，使用的是如 IsPalindrome 那样基于表的测试方式。

前面的例子并不需要任何工具函数，但是这并不阻止我们在为了使得代码更简洁的情况下引入工具函数（13.3 节会给出一个工具函数 reflect.DeepEqual）。一个好测试的关键是首先实现你所期望的具体行为，并且仅在这个时候再使用工具函数来使代码简洁并且避免重复。好的结果很少是从抽象的、通用的测试函数开始的。

练习 11.5：扩展 TestSplit 函数，以使用基于表的输入和期望输出。

11.2.6　避免脆弱的测试

如果一个应用在遇到新的合法输入的情况下经常崩溃，那么这个程序是有缺陷的；如果在程序发生可靠的改动的时候测试用例奇怪地失败了，那么这个测试用例也是脆弱的。如同有缺陷的程序会让用户感到沮丧，脆弱的测试也会激怒它的维护者。最脆弱的测试在产品代码发生任何改动的时候都会失败，无论这些改动是好是坏，这些测试通常称为变化探测器（change detector）或现状探测器（status quo test），并且处理它们花费的时间将会使得它们曾经带来的好处消失殆尽。

如果一个被测试的函数产生了一个复杂的输出，比如一个长字符串、一个详细的数据结构或者一个文件，比较吸引人的做法是检查输出完全匹配在测试阶段预期的一些"幸运值"。然而，随着程序的进化，输出的部分内容或许以好的方式将会发生变化，但是会发生改变。而且，不仅仅是输出会变化，拥有复杂输入的函数经常崩溃，由于测试中使用的输入不再合法。

避免写出脆弱测试的最简单方法就是仅检查你关心的属性。首先测试程序中越来越简单和稳定的接口，然后是它们的内部函数。选择性地设置断言。例如不要检查字符串精确匹配，而是寻找在程序进化过程中不会发生改变的子串。通常情况下，很值得写一个稳定的函数来从复杂的输出中提取核心内容，只有这样断言才会可靠。虽然看起来预先会做很多工作，但是这是值得的，否则这些时间就会被花在修复那些奇怪地失败的测试上面。

11.3   覆盖率

从本质上看，测试从来不会结束。著名计算机科学家 Edsger Dijkstra 说，"测试旨在发现 bug，而不是证明其不存在。"无论有多少测试都无法证明一个包是没有 bug 的。在最好的情况下，它们增强了我们的信心，这些包是可以在很多重要的场景下使用的。

一个测试套件覆盖待测试包的比例称为测试的覆盖率。覆盖率无法直接通过数量来衡量，任何事情都是动态的，即使最微小的程序都无法精确地测量。但还是有办法帮助我们将测试精力放到最有潜力的地方。

语句覆盖率是一种最简单的且广泛使用的方法之一。一个测试套件的语句覆盖率是指部分语句在一次执行中至少执行一次。本节将使用 Go 的 cover 工具，这个工具被集成到了 go test 中，用来衡量语句覆盖率并帮助识别测试之间的明显差别。

下面的代码是基于表的测试，用来测试第 7 章中创建的表达式求值器。

gopl.io/ch7/eval
```go
func TestCoverage(t *testing.T) {
    var tests = []struct {
        input string
        env   Env
        want  string // Parse/Check 返回的错误或者 Eval 返回的结果
    }{
        {"x % 2", nil, "unexpected '%'"},
        {"!true", nil, "unexpected '!'"},
        {"log(10)", nil, `unknown function "log"`},
        {"sqrt(1, 2)", nil, "call to sqrt has 2 args, want 1"},
        {"sqrt(A / pi)", Env{"A": 87616, "pi": math.Pi}, "167"},
        {"pow(x, 3) + pow(y, 3)", Env{"x": 9, "y": 10}, "1729"},
        {"5 / 9 * (F - 32)", Env{"F": -40}, "-40"},
    }

    for _, test := range tests {
        expr, err := Parse(test.input)
        if err == nil {
            err = expr.Check(map[Var]bool{})
        }
        if err != nil {
            if err.Error() != test.want {
                t.Errorf("%s: got %q, want %q", test.input, err, test.want)
            }
            continue
        }
        got := fmt.Sprintf("%.6g", expr.Eval(test.env))
        if got != test.want {
            t.Errorf("%s: %v => %s, want %s",
                test.input, test.env, got, test.want)
        }
    }
}
```

首先，检测测试可以通过：

```
$ go test -v -run=Coverage gopl.io/ch7/eval
=== RUN TestCoverage
--- PASS: TestCoverage (0.00s)
PASS
ok       gopl.io/ch7/eval     0.011s
```

这个命令输出了覆盖工具的使用方法：

```
$ go tool cover
Usage of 'go tool cover':
Given a coverage profile produced by 'go test':
    go test -coverprofile=c.out

Open a web browser displaying annotated source code:
    go tool cover -html=c.out
...
```

命令 go tool 运行 Go 工具链里面的一个可执行文件。这些程序位于 $GOROOT/pkg/tool/${GOOS}_${GOARCH}。多亏了 go build 工具，我们很少直接调用它们。

现在带上 -coverprofile 标记来运行测试：

```
$ go test -run=Coverage -coverprofile=c.out gopl.io/ch7/eval
ok       gopl.io/ch7/eval     0.032s  coverage: 68.5% of statements
```

这个标记通过检测产品代码，启用了覆盖数据收集。也就是说，它修改了源代码的副本，这样在每个语句块执行之前，设置一个布尔变量，每个语句块都对应一个变量。在修改的程序退出之前，它将每个变量的值都写入到指定的 c.out 日志文件中并且输出被执行语句的汇总信息（如果你只需要汇总信息，那么使用 go test -cover）。

如果 go test 命令指定了 -convermode=count 标记，每个语句块的检测会递增一个计数器而不是设置布尔量。关于每个块的执行次数的日志使得量化比较成为可能，可由此识别出执行频率较高的"热块"或者相反的"冷块"。

在生成数据之后，我们运行 cover 工具，来处理生成的日志，生成一个 HTML 报告，并在一个新的浏览器窗口打开它（见图 11-3）。

```
$ go tool cover -html=c.out
```

界面中，每个用绿色（图中显示为浅灰色）标记的语句块表示它被覆盖了，而红色（图中为加阴影的深灰色）的则表示它没有被覆盖。为了清晰起见，我们给红色的文字加了阴影。我们可以立即看到，这里的输入都没有执行一元操作符 Eval 方法。如果添加一个新的测试用例到表格中并且重新运行前面的两条命令，一元表达式代码将变成绿色。

```
{"+x * -x", eval.Env{"x": 2},"-4"}
```

然而，两行 panic 语句仍然是红色。这个并不奇怪，因为这些代码不应该执行到。

实现语句的 100% 覆盖听上去很宏伟，但是在实际情况下这并不可行，也不会行之有效。因为语句得以执行并不意味着这是没有 bug 的，拥有复杂表达式的语句块必须使用不同的输入执行多次来覆盖相关用例。有一些语句（如上面的 panic 语句）就永远不会被执行到。其他的（比如处理少见错误的代码）也很难检测并且实际上也很少会执行。测试基本上是实用主义行为，在编写测试的代价和本可以通过测试避免的错误造成的代价之间进行平衡。覆盖工具可以帮助识别最薄弱的点，但是和编程一样，设计好的测试用例通常需要一丝不苟的精神。

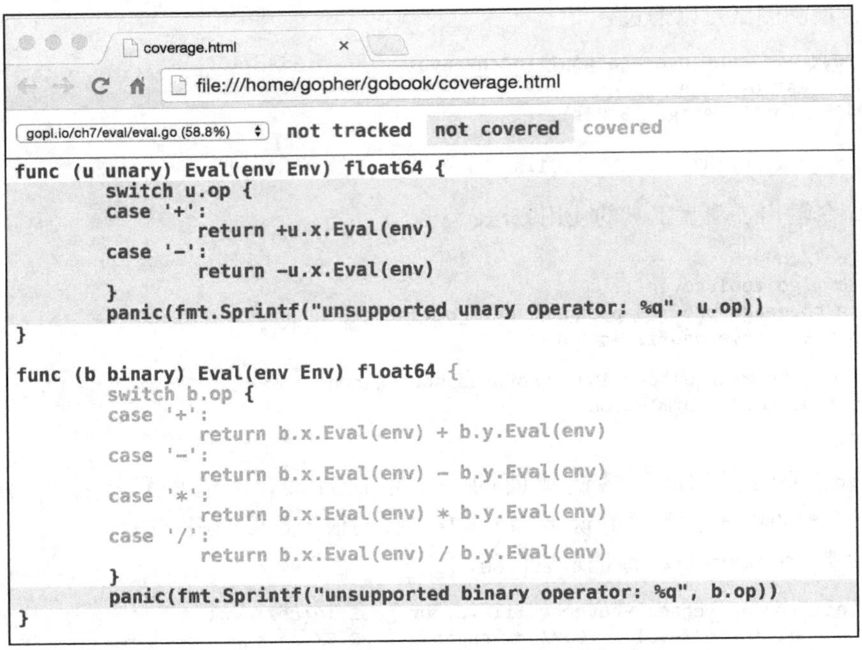

图 11-3　一个覆盖率报告

11.4　Benchmark 函数

基准测试就是在一定的工作负载之下检测程序性能的一种方法。在 Go 里面，基准测试函数看上去像一个测试函数，但是前缀是 Benchmark 并且拥有一个 *testing.B 参数用来提供大多数和 *testing.T 相同的方法，额外增加了一些与性能检测相关方法。它还提供了一个整型成员 N，用来指定被检测操作的执行次数。

这里是 IsPlindrome 函数的基准测试，它在一个循环中调用了 IsPalindrome 共 N 次。

```
import "testing"

func BenchmarkIsPalindrome(b *testing.B) {
    for i := 0; i < b.N; i++ {
        IsPalindrome("A man, a plan, a canal: Panama")
    }
}
```

我们使用下面的命令执行它。和测试不同，默认情况下不会运行任何基准测试。标记 -bench 的参数指定了要运行的基准测试。它是一个匹配 Benchmark 函数名称的正则表达式，它的默认值不匹配任何函数。模式 "." 使它匹配包 word 中所有的基准测试函数，因为这里只有一个基准测试函数，所以和指定 -bench=IsPalindrome 效果一样。

```
$ cd $GOPATH/src/gopl.io/ch11/word2
$ go test -bench=.
PASS
BenchmarkIsPalindrome-8 1000000                 1035 ns/op
ok      gopl.io/ch11/word2      2.179s
```

基准测试名称的数字后缀 8 表示 GOMAXPROCS 的值，这个对于并发基准测试很重要。

报告告诉我们每次 IsPalindrome 调用耗费 1.035ms，这个是 1 000 000 次调用的平均值。

因为基准测试运行器开始的时候并不清楚这个操作的耗时长短，所以开始的时候它使用了比较小的 N 值来做检测，然后为了检测稳定的运行时间，推断出足够大的 N 值。

　　使用基准测试函数来实现循环而不是在测试驱动程序中调用代码的原因是，在基准测试函数中在循环外面可以执行一些必要的初始化代码并且这段时间不加到每次迭代的时间中。如果初始化代码干扰了结果，参数 testing.B 提供了方法用来停止、恢复和重置计时器，但是这些方法很少用到。

　　既然有了基准测试和功能测试，这时就很容易想到让程序更快一点。或许最明显的优化是使得 IsPalindrome 函数的第二次循环在中间停止检测，以避免比较两次：

```
n := len(letters)/2
for i := 0; i < n; i++ {
    if letters[i] != letters[len(letters)-1-i] {
        return false
    }
}
return true
```

但是通常情况下，优化并不能总是带来期望的好处。这个优化在一次实验中仅带来了 4% 的性能提升。

```
$ go test -bench=.
PASS
BenchmarkIsPalindrome-8 1000000                 992 ns/op
ok      gopl.io/ch11/word2      2.093s
```

另外一个主意是为 letters 预分配一个容量足够大的数组，而不是通过连续的 append 调用来追加。像这样声明一个合适长度的数组 letters：

```
letters := make([]rune, 0, len(s))
for _, r := range s {
    if unicode.IsLetter(r) {
        letters = append(letters, unicode.ToLower(r))
    }
}
```

这个改进带来了 35% 的性能提升，另外基准测试运行器报告了 2 000 000 次运行时间的平均值。

```
$ go test -bench=.
PASS
BenchmarkIsPalindrome-8 2000000                 697 ns/op
ok      gopl.io/ch11/word2      1.468s
```

如上面的例子所示，最快的程序通常是那些进行内存分配次数最少的程序。命令行标记 -benchmem 在报告中包含了内存分配统计数据。这里和优化之前的内存分配进行比较：

```
$ go test -bench=. -benchmem
PASS
BenchmarkIsPalindrome    1000000   1026 ns/op   304 B/op   4 allocs/op
```

优化之后：

```
$ go test -bench=. -benchmem
PASS
BenchmarkIsPalindrome    2000000   807 ns/op   128 B/op   1 allocs/op
```

在一次 make 调用中分配完全部所需的内存减少了 75% 的分配次数并且减少了一半的内

存分配。

　　这种基准测试告诉我们给定操作的绝对耗时，但是在很多情况下，引起关注的性能问题是两个不同操作之间的相对耗时。例如，如果一个函数需要 1ms 来处理 1000 个元素，那么它处理 10 000 个或者 100 万个元素需要多久呢？另外一个例子：I/O 缓冲区的最佳大小是多少。对一个应用使用一系列的大小进行基准测试可以帮助我们选择最小的缓冲区并带来最佳的性能表现。第三个例子：对于一个任务来讲，哪种算法表现最佳？对两个不同的算法使用相同的输入，在重要的或者具有代表性的工作负载下，进行基准测试通常可以显示出每个算法的优点和缺点。

　　性能比较函数只是普通的代码。它们的表现形式通常是带有一个参数的函数，被多个不同的 Benchmark 函数传入不同的值来调用，如下所示：

```
func benchmark(b *testing.B, size int) { /* ... */ }
func Benchmark10(b *testing.B)   { benchmark(b, 10) }
func Benchmark100(b *testing.B)  { benchmark(b, 100) }
func Benchmark1000(b *testing.B) { benchmark(b, 1000) }
```

　　参数 size 指定了输入的大小，每个 Benchmark 函数传入的值都不同但是在每个函数内部是一个常量。不要使用 b.N 作为输入的大小。除非把它当作固定大小输入的循环次数，否则该基准测试的结果毫无意义。

　　基准测试比较揭示的模式在程序设计阶段很有用处，但是即使程序正常工作了，我们也不会丢掉基准测试。随着的程序演变，或者它的输入增长了，或者它被部署在其他的操作系统上并拥有一些新特性，我们仍然可以重用基准测试来回顾当初的设计决策。

　　练习 11.6：编写基准测试来比较 2.6.2 节实现的 PopCount 和练习 2.4 和 2.5 的答案。在何种情况下，基于表的测试方法付出和收益均衡。

　　练习 11.7：使用大型伪随机输入，为 6.5 节中 *IntSet 的 Add、UnionWith 和其他的方法编写基准测试。你能让这些方法运行多快？单词长度的选择对性能具有什么影响？这个 IntSet 的性能比使用内置 map 类型实现的功能快多少？

11.5　性能剖析

　　基准测试对检测具体操作的性能很有用，但是当我们在尝试使得一个程序变得更快的时候，我们经常不知道从何做起。每个程序员都了解关于唐纳德·克努斯的不要过早优化的箴言，这句话出现在 1974 年的 " Structured Programming with go to Statements" 一文中。虽然经常被误解为性能并不重要，但是我们可以从原始的语境中得出如下信息：

　　毫无疑问对性能的崇拜会导致滥用。程序员们浪费了大量的时间来思考或担心他们非关键部分代码的执行速度，并且在考虑到程序的调试和维护的时候这些优化的尝试事实上会带来负面的影响。我们必须忘记微小的性能提升，必须说在 97% 的情况下，过早优化是万恶之源。

　　然而我们不可以错过那关键的 3% 的情况。一个好的程序员不会因为这个就自满，明智的方法是他应该仔细地查看关键代码；当然仅在关键代码明确之后。通常情况下先入为主地认定程序哪些部分是关键代码是错误的，使用了检测工具的程序员会发现的普遍经验就是他们的直觉是错的。

　　当我们希望仔细地查看程序的速度时，发现关键代码的最佳技术就是性能剖析。性能剖析是通过自动化手段在程序执行过程中基于一些性能事件的采样来进行性能评测，然后再从这些采样中推断分析，得到的统计报告就称作为性能剖析（profile）。

Go 支持很多种性能剖析方式，每一个都和一个不同方面的性能指标相关，但是它们都需要记录一些相关的事件，每一个都有一个相关的栈信息——在事件发生时活跃的函数调用栈。工具 go test 内置支持一些类别的性能剖析。

CPU 性能剖析识别出执行过程中需要 CPU 最多的函数。在每个 CPU 上面执行的线程都每隔几毫秒会定期地被操作系统中断，在每次中断过程中记录一个性能剖析事件，然后恢复正常执行。

堆性能剖析识别出负责分配最多内存的语句。性能剖析库对协程内部内存分配调用进行采样，因此每个性能剖析事件平均记录了分配的 512KB 内存。

阻塞性能剖析识别出那些阻塞协程最久的操作，例如系统调用，通道发送和接收数据，以及获取锁等。性能分析库在一个 goroutine 每次被上述操作之一阻塞的时候记录一个事件。

获取待测试代码的性能剖析报告很容易，只需要像下面一样指定一个标记即可。当一次使用多个标记的时候需要注意，获取性能分析报告的机制是当获取其中一个类别的报告时会覆盖掉其他类别的报告。

```
$ go test -cpuprofile=cpu.out
$ go test -blockprofile=block.out
$ go test -memprofile=mem.out
```

尽管具体的做法对于短暂的命令行工具和长时间运行的服务器程序有所不同，但是为非测试程序添加性能剖析支持也很容易。性能剖析对于长时间运行的程序尤其有用，所以 Go 运行时的性能剖析特性可以让程序员通过 runtime API 来启用。

在我们获取性能剖析结果后，我们需要使用 pprof 工具来分析它。这是 Go 发布包的标准部分，但是因为不经常使用，所以通过 go tool pprof 间接来使用它。它有很多特性和选项，但是基本的用法只有两个参数，产生性能剖析结果的可执行文件和性能剖析日志。

为了使得性能剖析过程高效并且节约空间，性能剖析日志里面没有包含函数名称而是使用它们的地址。这就意味着 pprof 工具需要可执行文件才能理解数据内容。虽然通常情况下 go test 工具在测试完成之后就丢弃了用于测试而临时产生的可执行文件，在性能剖析启用的时候，它保存并把可执行文件命名为 foo.test，其中 foo 是被测试包的名字。

下面的命令演示如何获取和显示简单的 CPU 性能剖析。我们选择了 net/http 包中的一个基准测试。通常情况下最好对我们关心的具有代表性的具体负载而构建的基准测试进行性能性能剖析。对测试用例进行基准测试永远没有代表性，这也是我们使用过滤器 -run=NONE 来禁用它们的原因。

```
$ go test -run=NONE -bench=ClientServerParallelTLS64 \
    -cpuprofile=cpu.log net/http
PASS
BenchmarkClientServerParallelTLS64-8  1000
   3141325 ns/op  143010 B/op  1747 allocs/op
ok      net/http        3.395s

$ go tool pprof -text -nodecount=10 ./http.test cpu.log
2570ms of 3590ms total (71.59%)
Dropped 129 nodes (cum <= 17.95ms)
```

```
Showing top 10 nodes out of 166 (cum >= 60ms)
    flat  flat%   sum%     cum   cum%
  1730ms 48.19% 48.19%  1750ms 48.75%  crypto/elliptic.p256ReduceDegree
   230ms  6.41% 54.60%   250ms  6.96%  crypto/elliptic.p256Diff
   120ms  3.34% 57.94%   120ms  3.34%  math/big.addMulVVW
   110ms  3.06% 61.00%   110ms  3.06%  syscall.Syscall
    90ms  2.51% 63.51%  1130ms 31.48%  crypto/elliptic.p256Square
    70ms  1.95% 65.46%   120ms  3.34%  runtime.scanobject
    60ms  1.67% 67.13%   830ms 23.12%  crypto/elliptic.p256Mul
    60ms  1.67% 68.80%   190ms  5.29%  math/big.nat.montgomery
    50ms  1.39% 70.19%    50ms  1.39%  crypto/elliptic.p256ReduceCarry
    50ms  1.39% 71.59%    60ms  1.67%  crypto/elliptic.p256Sum
```

标记 -text 指定输出的格式，在这个例子中，首先出现的是一个文本表格，表格中每行一个函数，这些函数是根据消耗 CPU 最多的规则排序的"热函数"。标记 -nodecount=10 限制输出的结果共 10 行。对于较明显的性能问题，这个文本格式的输出或许已经足够暴露问题了。

这个性能剖析结果告诉我们对于这个特定的 HTTPS 基准测试的性能来说椭圆曲线密码学很重要。作为对比，如果一个性能剖析结果主要由 runtime 包中的内存分配函数控制，那么减少内存消耗是一个有价值的优化。

对于更微妙的问题，最好使用 pprof 的图形显示格式之一。这些格式需要 GraphViz，它可以从 www.graphviz.org 下载。标记 -web 渲染了程序中函数的有向图，并标记出函数的 CPU 消耗数值，用颜色突出"热函数"。

这里只讨论了 Go 的性能剖析工具的皮毛。要了解更多内容，可以阅读 Go 博客文章"Go 程序性能检测"。

11.6　Example 函数

被 go test 特殊对待的第三种函数就是示例函数，它们的名字以 Example 开头。它既没有参数也没有结果。这里有 IsPalindrome 的一个示例函数：

```go
func ExampleIsPalindrome() {
    fmt.Println(IsPalindrome("A man, a plan, a canal: Panama"))
    fmt.Println(IsPalindrome("palindrome"))
    // 输出 :
    // true
    // false
}
```

示例函数有三个目的。首要目的是作为文档；比起乏味的描述，举一个好的例子是描述库函数功能最简洁直观的方式。示例也可以用来演示同一 API 中的类型和函数之间的交互，而文档则总是要重点介绍某个点，要么是类型，要么是函数或者整个包。和带注释的例子不同，示例函数是真实的 Go 代码，必须通过编译时检查，所以随着代码的进化它们也不会过时。

基于 Example 函数的后缀，基于 Web 的文档服务器 godoc 可以将示例函数和它所演示的函数或包相关联，因此 ExampleIsPalindrome 将和函数 IsPalindrome 的文档显示在一起，同时如果有一个示例函数就叫 Example，那么它就和包 word 关联在一起。

示例函数的第二个目的是它们是可以通过 go test 运行的可执行测试。如果一个示例函数最后包含一个类似这样的注释 // 输出:，测试驱动程序将执行这个函数并且检查输出到终端的内容匹配这个注释中的文本。

示例函数的第三个目的是提供手动实验代码。在 golang.org 上的 godoc 文档服务器使用 Go Playground 来让用户在 Web 浏览器上面编辑和运行每个示例函数，如图 11-4 所示。这个通常是了解特定函数功能或者了解语言特性最快捷的方法。

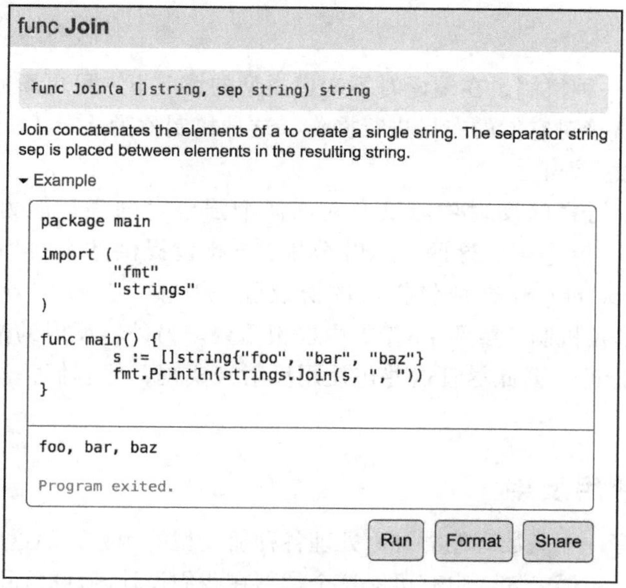

```
func Join

func Join(a []string, sep string) string

Join concatenates the elements of a to create a single string. The separator string
sep is placed between elements in the resulting string.

▼ Example

package main

import (
        "fmt"
        "strings"
)

func main() {
        s := []string{"foo", "bar", "baz"}
        fmt.Println(strings.Join(s, ", "))
}

foo, bar, baz

Program exited.

                                    Run    Format    Share
```

图 11-4 strings.Join 在 godoc 中的交互式例子

本书最后两章讲解 reflect 包和 unsafe 包，这两个包很少会有 Go 程序员使用——当然也很少会需要用到。如果读到这里，你还没有写过任何 Go 程序，现在就可以开始了。

反　射

　　Go 语言提供了一种机制，在编译时不知道类型的情况下，可更新变量、在运行时查看值、调用方法以及直接对它们的布局进行操作，这种机制称为反射（reflection）。反射也让我们可以把类型当做头等值。

　　本章将探讨 Go 语言的反射功能以及它如何增强语言的表达能力，特别是它在实现两个重要 API 中的关键作用。这两个 API 分别是 fmt 包提供的字符串格式化功能，以及 encoding/json 和 encoding/xml 这种包提供的协议编码功能。反射在 text/template 和 html/template 包提供的模板机制（参见 4.6 节）中也很重要。另外，反射的推导比较复杂，也不是为了随意使用设计的，因此尽管这些包使用反射来实现，但它们并没有在自己的 API 中暴露反射。

12.1　为什么使用反射

　　有时我们需要写一个函数有能力统一处理各种值类型的函数，而这些类型可能无法共享同一个接口，也可能布局未知，也有可能这个类型在我们设计函数时还不存在，甚至这个类型会同时存在上面三种问题。

　　一个熟悉的例子是 fmt.Printf 中的格式化逻辑，它可以输出任意类型的任意值，甚至是用户自定义的一个类型。让我们先尝试用我们已学到的知识来实现一个类似的函数。为了简化起见，该函数只接受一个参数，并且与 fmt.Sprint 一样返回一个字符串，所以我们称这个函数为 Sprint。

　　我们先用一个类型分支来判断这个参数是否定义了一个 String 方法，如果已定义则直接调用它。然后添加一些 switch 分支来判断参数的动态类型是否是基本类型（比如 string、int、bool 等），再对每种类型采用不同的格式化操作。

```go
func Sprint(x interface{}) string {
    type stringer interface {
        String() string
    }
    switch x := x.(type) {
    case stringer:
        return x.String()
    case string:
        return x
    case int:
        return strconv.Itoa(x)
    // ...对 int16、uint32 等类型做类似的处理
    case bool:
        if x {
            return "true"
        }
        return "false"
```

```
    default:
        // array、chan、func、map、pointer、slice、struct
        return "???"
    }
}
```

但我们如何处理类似 `[]float64`、`map[string][]string` 的其他类型呢？可以添加更多的分支，但这样的类型有无限种。更何况还有自己命名的类型，比如 `url.Values`？因为即使我们有一个分支来处理 `map[string][]string`（`url.Vallues` 的底层类型），这个分支仍然不会处理 `url.Values`，因为这两个类型不是完全一致的。更何况根本不可能引入 `url.Values` 的处理分支？因为这会导致库依赖于库的客户（即循环引用）。

当我们无法透视一个未知类型的布局时，这段代码就无法继续，这时我们就需要反射了。

12.2　reflect.Type 和 reflect.Value

反射功能由 `reflect` 包提供，它定义了两个重要的类型：`Type` 和 `Value`。`Type` 表示 Go 语言的一个类型，它是一个有很多方法的接口，这些方法可以用来识别类型以及透视类型的组成部分，比如一个结构的各个字段或者一个函数的各个参数。`reflect.Type` 接口只有一个实现，即类型描述符（见 7.5 节），接口值中的动态类型也是类型描述符。

`reflect.TypeOf` 函数接受任何的 `interface{}` 参数，并且把接口中的动态类型以 `reflect.Type` 形式返回。

```
t := reflect.TypeOf(3)  // 一个 reflect.Type
fmt.Println(t.String()) // "int"
fmt.Println(t)          // "int"
```

上面的 `TypeOf(3)` 调用把数值 3 赋给 `interface{}` 参数。回想一下 7.5 节的内容，把一个具体值赋给一个接口类型时会发生一个隐式类型转换，转换会生成一个包含两部分内容的接口值：动态类型部分是操作数的类型（`int`），动态值部分是操作数的值（`3`）。

因为 `reflect.TypeOf` 返回一个接口值对应的动态类型，所以它返回总是具体类型（而不是接口类型）。比如下面的代码输出的是 `"*os.File"` 而不是 `"io.Writer"`。后面我们会看到如何让 `reflect.Type` 也表示一个接口类型。

```
var w io.Writer = os.Stdout
fmt.Println(reflect.TypeOf(w)) // "*os.File"
```

注意，`reflect.Type` 满足 `fmt.Stringer`。因为输出一个接口值的动态类型在调试和日志中很常用，所以 `fmt.Printf` 提供了一个简写方式 `%T`，内部实现就使用了 `reflect.TypeOf`：

```
fmt.Printf("%T\n", 3) // "int"
```

`reflect` 包的另一个重要类型就是 `Value`。`reflect.Value` 可以包含一个任意类型的值。

`reflect.ValueOf` 函数接受任意的 `interface{}` 并将接口的动态值以 `reflect.Value` 的形式返回。与 `reflect.TypeOf` 类似，`reflect.ValueOf` 的返回值也都是具体值，不过 `reflect.Value` 也可以包含一个接口值。

```
v := reflect.ValueOf(3) // 一个 reflect.Value
fmt.Println(v)          // "3"
fmt.Printf("%v\n", v)   // "3"
fmt.Println(v.String()) // 注意: "<int Value>"
```

另一个与 reflect.Type 类似的是，reflect.Value 也满足 fmt.Stringer，但除非 Value 包含的是一个字符串，否则 String 方法的结果仅仅暴露了类型。通常，你需要使用 fmt 包的 %v 功能，它对 reflect.Value 会进行特殊处理。

调用 Value 的 Type 方法会把它的类型以 reflect.Type 方式返回：

```
t := v.Type()           // 一个 reflect.Type
fmt.Println(t.String()) // "int"
```

reflect.ValueOf 的逆操作是 reflect.Value.Interface 方法。它返回一个 interface{} 接口值，与 reflect.Value 包含同一个具体值。

```
v := reflect.ValueOf(3) // a reflect.Value
x := v.Interface()      // an interface{}
i := x.(int)            // an int
fmt.Printf("%d\n", i)   // "3"
```

reflect.Value 和 interface{} 都可以包含任意的值。二者的区别是空接口（interface{}）隐藏了值的布局信息、内置操作和相关方法，所以除非我们知道它的动态类型，并用一个类型断言来渗透进去（上面的代码就用了类型断言），否则我们对所包含值能做的事情很少。作为对比，Value 有很多方法可以用来分析所包含的值，而不用知道它的类型。使用这些技术，我们可以第二次尝试写一个通用的格式化函数，它称为 format.Any。

不用类型分支，我们用 reflect.Value 的 Kind 方法来区分不同的类型。尽管有无限种类型，但类型的分类（kind）只有少数几种：基础类型 Bool、String 以及各种数字类型；聚合类型 Array 和 Struct；引用类型 Chan、Func、Ptr、Slice 和 Map、接口类型 Interface；最后还有 Invalid 类型，表示它们还没有任何值。（reflect.Value 的零值就属于 Invalid 类型。）

gopl.io/ch12/format

```
package format

import (
    "reflect"
    "strconv"
)

// Any 把任何值格式化为一个字符串
func Any(value interface{}) string {
    return formatAtom(reflect.ValueOf(value))
}

// formatAtom 格式化一个值, 且不分析它的内部结构
func formatAtom(v reflect.Value) string {
    switch v.Kind() {
    case reflect.Invalid:
        return "invalid"
    case reflect.Int, reflect.Int8, reflect.Int16,
        reflect.Int32, reflect.Int64:
        return strconv.FormatInt(v.Int(), 10)
    case reflect.Uint, reflect.Uint8, reflect.Uint16,
        reflect.Uint32, reflect.Uint64, reflect.Uintptr:
        return strconv.FormatUint(v.Uint(), 10)
    // ...为简化起见，省略了浮点数和复数的分支...
    case reflect.Bool:
        return strconv.FormatBool(v.Bool())
    case reflect.String:
        return strconv.Quote(v.String())
    case reflect.Chan, reflect.Func, reflect.Ptr, reflect.Slice, reflect.Map:
        return v.Type().String() + " 0x" +
            strconv.FormatUint(uint64(v.Pointer()), 16)
```

```
        default: // reflect.Array, reflect.Struct, reflect.Interface
            return v.Type().String() + " value"
        }
    }
```

到现在为止，该函数把每个值当做一个没有内部结构且不可分割的物体（所以才叫 formatAtom）。对于聚合类型（结构体和数组）以及接口，它只输出了值的类型；对于引用类型（通道、函数、指针、slice 和 map），它输出了类型和以十六进制表示的引用地址。这个结果仍然不够理想，但确实是一个很大的进步。因为 Kind 只关心底层实现，所以 format.Any 对命名类型的效果也很好。比如：

```
var x int64 = 1
var d time.Duration = 1 * time.Nanosecond
fmt.Println(format.Any(x))                    // "1"
fmt.Println(format.Any(d))                    // "1"
fmt.Println(format.Any([]int64{x}))           // "[]int64 0x8202b87b0"
fmt.Println(format.Any([]time.Duration{d}))   // "[]time.Duration 0x8202b87e0"
```

12.3　Display：一个递归的值显示器

接下来我们看一下如何改善组合类型的显示。这次，我们不再实现一个 fmt.Sprint，而是实现一个称为 Display 的调试工具函数，这个函数对给定的任意一个复杂值 x，输出这个复杂值的完整结构，并对找到的每个元素标上这个元素的路径。下面先看一个例子。

```
e, _ := eval.Parse("sqrt(A / pi)")
Display("e", e)
```

在上面的调用中，Display 的参数是一个从表达式求值器生成的语法树（参考 7.9 节）。Display 的输出如下所示：

```
Display e (eval.call):
e.fn = "sqrt"
e.args[0].type = eval.binary
e.args[0].value.op = 47
e.args[0].value.x.type = eval.Var
e.args[0].value.x.value = "A"
e.args[0].value.y.type = eval.Var
e.args[0].value.y.value = "pi"
```

我们应当尽可能避免在包的 API 里边暴露反射相关的内容。我们将定义一个未导出的函数 display 来做真正的递归处理，再暴露 Display，而 Display 则只是一个简单的封装，并且接受一个 interface{} 参数：

gopl.io/ch12/display
```
func Display(name string, x interface{}) {
    fmt.Printf("Display %s (%T):\n", name, x)
    display(name, reflect.ValueOf(x))
}
```

在 display 中，我们使用之前定义的 formatAtom 函数来输出基础值（基础类型、函数和通道），使用 reflect.Value 的一些方法来递归展示复杂类型的每个组成部分。当递归深入时，path 字符串（之前用来表示起始值，比如 "e"）会增长，以表示如何找到当前值（比如 "e.args[0].value"）。

因为我们不用再假装正在实现 `fmt.Sprint`，所以接下来我们将使用 `fmt` 包来简化该示例：

```go
func display(path string, v reflect.Value) {
    switch v.Kind() {
    case reflect.Invalid:
        fmt.Printf("%s = invalid\n", path)
    case reflect.Slice, reflect.Array:
        for i := 0; i < v.Len(); i++ {
            display(fmt.Sprintf("%s[%d]", path, i), v.Index(i))
        }
    case reflect.Struct:
        for i := 0; i < v.NumField(); i++ {
            fieldPath := fmt.Sprintf("%s.%s", path, v.Type().Field(i).Name)
            display(fieldPath, v.Field(i))
        }
    case reflect.Map:
        for _, key := range v.MapKeys() {
            display(fmt.Sprintf("%s[%s]", path,
                formatAtom(key)), v.MapIndex(key))
        }
    case reflect.Ptr:
        if v.IsNil() {
            fmt.Printf("%s = nil\n", path)
        } else {
            display(fmt.Sprintf("(*%s)", path), v.Elem())
        }
    case reflect.Interface:
        if v.IsNil() {
            fmt.Printf("%s = nil\n", path)
        } else {
            fmt.Printf("%s.type = %s\n", path, v.Elem().Type())
            display(path+".value", v.Elem())
        }
    default: // 基本类型、通道、函数
        fmt.Printf("%s = %s\n", path, formatAtom(v))
    }
}
```

接下来将对这些分支逐一讲解。

slice 与数组： 两者的逻辑一致。Len 方法会返回 slice 或者数组中元素的个数，Index(i) 会返回第 i 个元素，返回的元素类型为 reflect.Value（如果 i 越界会崩溃）。这两个方法与内置的 len(a) 和 a[i] 序列操作类似。在每个序列元素上递归调用了 display 函数，只是在路径后边加上了 "[i]"。

尽管 reflect.Value 有很多方法，但对于每个值，只有少量的方法可以安全调用。比如，Index 方法可以在 Slice、Array、String 类型的值上安全调用，但对于其他类型则会崩溃。

结构体： NumField 方法可以报告结果中的字段数，Field(i) 会返回第 i 个字段，返回的字段类型为 reflect.Value。字段列表包括了从匿名字段中做了类型提升的字段。要追加一个类似 ".f" 的字段选择标记到路径中，我们必须先获得结构体的 reflect.Type 才能获到第 i 个字段的名称。

map： MapKeys 方法返回一个元素类型为 reflect.Value 的 slice，每个元素都是一个 map 的键。与平常遍历 map 的结果类似，顺序是不固定的。MapIndex(key) 返回 key 对应的值。我们追加下标记号 "[key]" 到路径中。（此处忽略了一些情形。map 的键类型有可能超出 formatAtom 能处理好的类型，比如数组、结构体、接口都可以是合法的字典键。在练习 12.1 中会有输出完整键的内容。）

　　指针：Elem 方法返回指针指向的变量，同样也是以 reflect.Value 类型返回。这个方法在指针是 nil 时也能正确处理，但返回的结果属于 Invalid 类型，所以我们用 IsNil 来显式检测空指针，方便输出一条更合适的消息。为了避免二义性，在路径前加了一个 "*"，外边再加上一对圆括号。

　　接口：我们再次使用 IsNil 来判断接口是否为空，如果非空，我们通过 v.Elem() 来获取动态值，进一步输出它的类型和值。

　　既然 Display 函数完成了，接下来我们就实际使用一下。下面的 Movie 类型引自 4.5 节，但略有修改：

```
type Movie struct {
    Title, Subtitle string
    Year            int
    Color           bool
    Actor           map[string]string
    Oscars          []string
    Sequel          *string
}
```

下面声明这个类型的一个值，并查看 Display 如何处理这个值：

```
strangelove := Movie{
    Title:    "Dr. Strangelove",
    Subtitle: "How I Learned to Stop Worrying and Love the Bomb",
    Year:     1964,
    Color:    false,
    Actor: map[string]string{
        "Dr. Strangelove":            "Peter Sellers",
        "Grp. Capt. Lionel Mandrake": "Peter Sellers",
        "Pres. Merkin Muffley":       "Peter Sellers",
        "Gen. Buck Turgidson":        "George C. Scott",
        "Brig. Gen. Jack D. Ripper":  "Sterling Hayden",
        `Maj. T.J. "King" Kong`:      "Slim Pickens",
    },

    Oscars: []string{
        "Best Actor (Nomin.)",
        "Best Adapted Screenplay (Nomin.)",
        "Best Director (Nomin.)",
        "Best Picture (Nomin.)",
    },
}
```

调用 Display("strangelove", strangelove) 会输出：

```
Display strangelove (display.Movie):
strangelove.Title = "Dr. Strangelove"
strangelove.Subtitle = "How I Learned to Stop Worrying and Love the Bomb"
strangelove.Year = 1964
strangelove.Color = false
strangelove.Actor["Gen. Buck Turgidson"] = "George C. Scott"
strangelove.Actor["Brig. Gen. Jack D. Ripper"] = "Sterling Hayden"
strangelove.Actor["Maj. T.J. \"King\" Kong"] = "Slim Pickens"
strangelove.Actor["Dr. Strangelove"] = "Peter Sellers"
strangelove.Actor["Grp. Capt. Lionel Mandrake"] = "Peter Sellers"
strangelove.Actor["Pres. Merkin Muffley"] = "Peter Sellers"
strangelove.Oscars[0] = "Best Actor (Nomin.)"
strangelove.Oscars[1] = "Best Adapted Screenplay (Nomin.)"
strangelove.Oscars[2] = "Best Director (Nomin.)"
strangelove.Oscars[3] = "Best Picture (Nomin.)"
strangelove.Sequel = nil
```

我们可以使用 Display 来显示标准库类型的内部结构，比如 *os.File：

```
Display("os.Stderr", os.Stderr)
// 输出：
// 显示 os.Stderr (*os.File):
// (*(*os.Stderr).file).fd = 2
// (*(*os.Stderr).file).name = "/dev/stderr"
// (*(*os.Stderr).file).nepipe = 0
```

注意，即使非导出字段在反射下也是可见的。当然，这个例子的输出在各个平台上可能会有差异，也可能随着库的演进而改变。（毕竟把字段设为私有是由原因的！）

我们还可以把 Display 作用在 reflect.Value 上，并且观察它如何遍历 *os.File 的类型描述符的内部结构。调用 Display("rV",reflect.ValueOf(os.Stderr)) 的输出如下所示，当然，每人得到的结果可能会有不同：

```
Display rV (reflect.Value):
(*rV.typ).size = 8
(*rV.typ).hash = 871609668
(*rV.typ).align = 8
(*rV.typ).fieldAlign = 8
(*rV.typ).kind = 22
(*(*rV.typ).string) = "*os.File"
(*(*(*rV.typ).uncommonType).methods[0].name) = "Chdir"
(*(*(*(*rV.typ).uncommonType).methods[0].mtyp).string) = "func() error"
(*(*(*(*rV.typ).uncommonType).methods[0].typ).string) = "func(*os.File) error"
...
```

注意如下两个例子的差异：

```
var i interface{} = 3

Display("i", i)
// 输出：
// 显示 i (int):
// i = 3

Display("&i", &i)
// 输出：
// 显示 &i (*interface {}):
// (*&i).type = int
// (*&i).value = 3
```

在第一个例子中，Display 调用 reflect.ValueOf(i)，返回值的类型为 Int。正如 12.2 节提到的，因为 reflect.ValueOf 从接口值中提取值部分，所以它永远返回一个具体类型的 Value。

在第二个例子中，Display 调用 reflect.ValueOf(&i)，其返回值的类型为 Ptr，并且是一个指向 i 的指针。在 Display 函数的 Ptr 分支中，会调用这个值的 Elem 方法，返回一个代表变量 i 的 Value，其类型为 Interface。类似这种间接获得的 Value 可以代表任何值，包括接口。这时 display 函数递归调用自己，输出接口的动态类型和动态值。

在当前的实现中，Display 在对象图中存在循环引用时不会自行终止，比如处理一个首尾相接的链表时：

```
// 一个指向自己的结构体
type Cycle struct{ Value int; Tail *Cycle }
var c Cycle
c = Cycle{42, &c}
Display("c", c)
```

Display 输出了一个持续增长的展开式：

```
Display c (display.Cycle):
c.Value = 42
(*c.Tail).Value = 42
(*(*c.Tail).Tail).Value = 42
(*(*(*c.Tail).Tail).Tail).Value = 42
...无穷无尽...
```

很多 Go 程序都至少包含一些循环引用的数据。让 Display 能鲁棒地处理这些循环引用要一些小技巧，需要记录所有曾经被访问过的引用，当然成本也不低。一个通用的解决方案需要 unsafe 语言特性，13.3 节将介绍这个特性。

循环引用在 fmt.Sprinf 中不构成一个大问题，因为它很少尝试输出整个结构体。比如，当它遇到一个指针时，它会输出指针的数字值，这样就打破了循环引用。但如果遇到一个 slice 或者 map 包含自身，它还是会卡住，只是不值得为了这种罕见的案例而去承担处理循环引用的成本。

练习 12.1： 扩展 Display，让它可以处理 map 中键为结构体或者数组的情形。

练习 12.2： 通过限制递归的层数，让 Display 能安全处理循环引用的数据结构。（在 13.3 节中，我们可以看到另外一个检测循环引用的方法。）

12.4　示例：编码 S 表达式

Display 是一个用于显示数据结构的调试例程，但是只要对它稍加修改，就可以用它来对任意 Go 对象进行编码或编排，使之成为适用于进程间通信的可移植记法中的消息。

正如我们在 4.5 节见到的，Go 的标准库支持各种格式，包括 JSON、XML 和 ASN.1。另一种广泛使用的格式是 Lisp 语言中的 S 表达式。与其他格式不同的是，S 表达式还没被 Go 标准库支持，这是因为尽管有几次标准化的尝试并存在很多实现，但它们仍然没有被广泛接受的严格定义。

在本节中，我们会定义一个包，它使用 S 表达式来编码任意的 Go 对象，这个 S 表达式需要支持下面的表达式：

```
42              integer
"hello"         string    (转义方法与 Go一致)
foo             symbol    (直接使用名字，不加引号)
(1 2 3)         list      (用括号括起来的零个及以上元素)
```

布尔值一般用符号 t 表示真，用空列表 () 或者符号 nil 表示假，但为了简化起见，这个实现直接忽略布尔值。通道和函数也被忽略了，因为它们的状态对于反射来说是不透明的。这个实现还忽略了实数、复数和接口，在练习 12.3 中我们会加上这些支持。

我们将按如下思路来把 Go 语言的值编码为 S 表达式。整数和字符串的编码方式是显而易见的。空值直接编码为符号 nil，数组和 slice 则用列表记法来编码。

结构被编码为一个关于字段绑定（field binding）的列表，每个字段绑定都是一个两个元素的列表，其中第一个元素（使用符号）是字段名，第二个元素是字段值。map 也编码为元素对的列表，每个元素对都是 map 中一项的键和值。按照传统，S 表达式使用形式为（key . value）的单个构造单元（cons cell）来表示键值对，而不是用双元素的列表，但为了简化解码过程，我们将忽略带"."的列表表示法。

编码用如下的单个递归调用函数 encode 来实现。它的结构与上一节的 Display 在本质上是一致的：

gopl.io/ch12/sexpr
```go
func encode(buf *bytes.Buffer, v reflect.Value) error {
    switch v.Kind() {
    case reflect.Invalid:
        buf.WriteString("nil")

    case reflect.Int, reflect.Int8, reflect.Int16,
        reflect.Int32, reflect.Int64:
        fmt.Fprintf(buf, "%d", v.Int())

    case reflect.Uint, reflect.Uint8, reflect.Uint16,
        reflect.Uint32, reflect.Uint64, reflect.Uintptr:
        fmt.Fprintf(buf, "%d", v.Uint())

    case reflect.String:
        fmt.Fprintf(buf, "%q", v.String())

    case reflect.Ptr:
        return encode(buf, v.Elem())

    case reflect.Array, reflect.Slice: // (value ...)
        buf.WriteByte('(')
        for i := 0; i < v.Len(); i++ {
            if i > 0 {
                buf.WriteByte(' ')
            }
            if err := encode(buf, v.Index(i)); err != nil {
                return err
            }
        }
        buf.WriteByte(')')

    case reflect.Struct: // ((name value) ...)
        buf.WriteByte('(')
        for i := 0; i < v.NumField(); i++ {
            if i > 0 {
                buf.WriteByte(' ')
            }
            fmt.Fprintf(buf, "(%s ", v.Type().Field(i).Name)
            if err := encode(buf, v.Field(i)); err != nil {
                return err
            }
            buf.WriteByte(')')
        }
        buf.WriteByte(')')
    case reflect.Map: // ((key value) ...)
        buf.WriteByte('(')
        for i, key := range v.MapKeys() {
            if i > 0 {
                buf.WriteByte(' ')
            }
            buf.WriteByte('(')
            if err := encode(buf, key); err != nil {
                return err
            }
            buf.WriteByte(' ')
```

```
            if err := encode(buf, v.MapIndex(key)); err != nil {
                return err
            }
            buf.WriteByte(')')
        }
        buf.WriteByte(')')

    default: // float, complex, bool, chan, func, interface
        return fmt.Errorf("unsupported type: %s", v.Type())
    }
    return nil
}
```

Marshal 函数把上面的编码器封装成一个 API，它类似于其他 encoding/... 包里的 API：

```
// Marshal 把 Go 的值编码为 S 表达式的形式
func Marshal(v interface{}) ([]byte, error) {
    var buf bytes.Buffer
    if err := encode(&buf, reflect.ValueOf(v)); err != nil {
        return nil, err
    }
    return buf.Bytes(), nil
}
```

下面是 12.3 节的 strangelove 应用 Marshal 后的输出：

```
((Title "Dr. Strangelove") (Subtitle "How I Learned to Stop Worrying and Lo
ve the Bomb") (Year 1964) (Actor (("Grp. Capt. Lionel Mandrake" "Peter Sell
ers") ("Pres. Merkin Muffley" "Peter Sellers") ("Gen. Buck Turgidson" "Geor
ge C. Scott") ("Brig. Gen. Jack D. Ripper" "Sterling Hayden") ("Maj. T.J. \
"King\" Kong" "Slim Pickens") ("Dr. Strangelove" "Peter Sellers"))) (Oscars
("Best Actor (Nomin.)" "Best Adapted Screenplay (Nomin.)" "Best Director (N
omin.)" "Best Picture (Nomin.)")) (Sequel nil))
```

整个输出都在一行且使用了最少的空格数，导致读起来很困难。根据 S 表达式的习惯手动格式化后的结果如下所示。把编写 S 表达式的美化打印器留作练习（有点挑战），从 gopl.io 上可以下载一个简单的版本。

```
((Title "Dr. Strangelove")
 (Subtitle "How I Learned to Stop Worrying and Love the Bomb")
 (Year 1964)
 (Actor (("Grp. Capt. Lionel Mandrake" "Peter Sellers")
         ("Pres. Merkin Muffley" "Peter Sellers")
         ("Gen. Buck Turgidson" "George C. Scott")
         ("Brig. Gen. Jack D. Ripper" "Sterling Hayden")
         ("Maj. T.J. \"King\" Kong" "Slim Pickens")
         ("Dr. Strangelove" "Peter Sellers")))
 (Oscars ("Best Actor (Nomin.)"
          "Best Adapted Screenplay (Nomin.)"
          "Best Director (Nomin.)"
          "Best Picture (Nomin.)"))
 (Sequel nil))
```

与 fmt.Print、json.Marshal、Display 这些函数类似，sexpr.Marshal 在遇到循环应用的数据时也会无限循环。

12.6 节会概述 S 表达式解码函数的实现，但在那之前，我们需要先了解一下如何用反射来更新程序中的变量。

练习 12.3：实现 encode 函数缺失的功能。把布尔值编码为 t 和 nil，浮点数则用 Go 语言的表示法，像 1+2i 这种复数则编码为 #C(1.0 2.0)。接口编码为成对的类型名和值，比如 ("[]int"(1 2 3))，但要注意这个方法是有二义性的，因为 reflect.Type.String 方法可能会对不同的类型生成同样的字符串。

练习 12.4：修改 encode 函数，输出如上所示的美化后的 S 表达式。

练习 12.5：改写 encode 函数，从输出 S 表达式改为输出 JSON。使用标准库的解码器 json.Unmarshal 来测试编码器。

练习 12.6：改写 encode 函数，优化输出，如果字段值是其类型的零值则不须编码。

练习 12.7：参考 json.encoder（参见 4.5 节）的风格，创建一个 S 表达式编码器的流式 API。

12.5　使用 reflect.Value 来设置值

到现在为止，在程序中反射还只用来解析变量值。而本节的重点则是如何改变值。

回想一下 Go 语言的表达式，比如 x、x.f[1]、*p 这样的表达式表示一个变量，而 x+1、f(2) 之类的表达式则不表示变量。一个变量是一个可寻址的存储区域，其中包含了一个值，并且它的值可以通过这个地址来更新。

对 reflect.Value 也有一个类似的区分，某些是可寻址的，而其他的并非如此。比如如下的变量声明：

```
x := 2                     // 值类型变量?
a := reflect.ValueOf(2)    // 2      int    no
b := reflect.ValueOf(x)    // 2      int    no
c := reflect.ValueOf(&x)   // &x     *int   no
d := c.Elem()              // 2      int    yes (x)
```

a 里边的值是不可寻址的，它包含的仅仅是整数 2 的一个副本。b 也是如此。c 里边的值也是不可寻址的，它包含的是指针 &x 的一个副本。事实上，通过 reflect.ValueOf(x) 返回的 reflect.Value 都是不可寻址的。但 d 是通过对 c 中的指针提领得来的，所以它是可寻址的。可以通过这个方法，调用 reflect.ValueOf(&x).Elem() 来获得任意变量 x 可寻址的 Value 值。

可以通过变量的 CanAddr 方法来询问 reflect.Value 变量是否可寻址：

```
fmt.Println(a.CanAddr()) // "false"
fmt.Println(b.CanAddr()) // "false"
fmt.Println(c.CanAddr()) // "false"
fmt.Println(d.CanAddr()) // "true"
```

我们可以通过一个指针来间接获取一个可寻址的 reflect.Value，即使这个指针是不可寻址的。可寻址的常见规则都在反射包里边有对应项。比如，slice 的脚标表达式 e[i] 隐式地做了指针去引用，所以即使 e 是不可寻址的，这个表达式仍然是可寻址的。类似地，reflect.ValueOf(e).Index(i) 代表一个变量，尽管 reflect.ValueOf(e) 不是可寻址的，这个变量也是可寻址的。

从一个可寻址的 reflect.Value() 获取变量需要三步。首先，调用 Addr()，返回一个 Value，其中包含一个指向变量的指针，接下来，在这个 Value 上调用 Interface()，会返回一个包含这个指针的 interface{} 值。最后，如果我们知道变量的类型，我们可以使用类型断言来把接口内容转换为一个普通指针。之后就可以通过这个指针来更新变量了：

```
x := 2
d := reflect.ValueOf(&x).Elem()   // d 代表变量 x
px := d.Addr().Interface().(*int) // px := &x
*px = 3                           // x = 3
fmt.Println(x)                    // "3"
```

还可以直接通过可寻址的 reflect.Value 来更新变量，不用通过指针，而是直接调用 reflect.Value.Set 方法：

```
d.Set(reflect.ValueOf(4))
fmt.Println(x) // "4"
```

平常由编译器来检查的那些可赋值性条件，在这种情况下则是在运行时由 Set 方法来检查。上面的变量和值都是 int 类型，但如果变量类型是 int64，这个程序就会崩溃。所以确保这个值对于变量类型是可赋值的是很重要的一件事。

```
d.Set(reflect.ValueOf(int64(5))) // 崩溃: int64 不可赋值给 int
```

当然，在一个不可寻址的 reflect.Value 上调用 Set 方法也会崩溃：

```
x := 2
b := reflect.ValueOf(x)
b.Set(reflect.ValueOf(3)) // 崩溃: 在不可寻址的值上使用 Set
```

我们还有为一些基本类型特化的 Set 变种：SetInt、SetUint、SetString、SetFloat 等：

```
d := reflect.ValueOf(&x).Elem()
d.SetInt(3)
fmt.Println(x) // "3"
```

这些方法还有一定程度的容错性。只要变量类型是某种带符号的整数，比如 SetInt，甚至可以是底层类型为带符号整数的命名类型，都可以成功。如果值太大了还会无提示地截断它。但需要注意的是，在指向 interface{} 变量的 reflect.Value 上调用 SetInt 会奔溃（尽管使用 Set 就没有问题）。

```
x := 1
rx := reflect.ValueOf(&x).Elem()
rx.SetInt(2)                     // OK, x = 2
rx.Set(reflect.ValueOf(3))       // OK, x = 3
rx.SetString("hello")            // 崩溃: 字符串不能赋给整数
rx.Set(reflect.ValueOf("hello")) // 崩溃: 字符串不能赋给整数

var y interface{}
ry := reflect.ValueOf(&y).Elem()
ry.SetInt(2)                     // 崩溃: 在指向接口的 Value 上调用 SetInt
ry.Set(reflect.ValueOf(3))       // OK, y = int(3)
ry.SetString("hello")            // 崩溃: 在指向接口的 Value 上调用 SetString
ry.Set(reflect.ValueOf("hello")) // OK, y = "hello"
```

在把 Display 作用于 os.Stdout 时，我们发现反射可以读取到未导出结构字段的值，通过 Go 语言的常规方法这些值是无法读取的。比如 os.File 结构在类 UNIX 平台上的 fd int 字段。但反射不能更新这些值：

```
stdout := reflect.ValueOf(os.Stdout).Elem() // *os.Stdout, 一个 os.File 变量
fmt.Println(stdout.Type())                   // "os.File"
fd := stdout.FieldByName("fd")
fmt.Println(fd.Int()) // "1"
fd.SetInt(2)          // 崩溃: 未导出字段
```

一个可寻址的 reflect.Value 会记录它是否是通过遍历一个未导出字段来获得的，如果是这样，则不允许修改。所以，在更新变量前用 CanAddr 来检查并不能保证正确。CanSet 方法才能正确地报告一个 reflect.Value 是否可寻址且可更改：

```
fmt.Println(fd.CanAddr(), fd.CanSet()) // "true false"
```

12.6 示例：解码 S 表达式

对于标准库 encoding/... 提供的每一个 Marshal 函数，都有一个对应的 Unmarshal 函数来做解码。正如在 4.5 节中所见到的，对于一个包含编码的 JSON 数据的字节 slice，我们可以按下面的方法解码为 Movie 类型（参见 12.3 节）：

```
data := []byte{/* ... */}
var movie Movie
err := json.Unmarshal(data, &movie)
```

Unmarshal 函数使用反射来修改已存在的 movie 变量的字段，根据 Movie 类型和输入数据来创建新的 map、结构和 slice。

现在为 S 表达式实现一个简单的 Unmarshal 函数，这个函数与上面使用过的标准 json. Unmarshal 函数类似，与之前的 sexpr.Marshal 则正好相反。我必须先提醒你，一个鲁棒且通用的实现需要的代码量远超这个示例能容纳的量（尽管这个示例已经很长了），所以我们必须走一些捷径。我们仅支持了 S 表达式一个有限的子集，并且没有优雅地处理错误。代码的目的是阐释反射，而不是语法分析。

词法分析程序使用 text/scanner 包提供的扫描器 Scanner 类型来把输入流分解成一系列的标记（token），包括注释、标识符、字符串字面量和数字字面量。扫描器的 Scan 方法向前推进扫描位置并且返回下一个标记（类型为 rune）。大部分标记（比如 '('）都只包含单个 rune，但 text/scanner 包则用 rune 类型的小负数区域来表示那些多字符的标记，比如 Ident、String、Int。调用 Scan 会返回标记的类型，调用 TokenText 则会返回标记对应的文本。

因为一个典型的分析器需要多次分析当前的标记，但 Scan 方法会一直推进扫描位置，所以我们把扫描器封装到一个 lexer 辅助类型中，其中保存了 Scan 最近返回的标记。

gopl.io/ch12/sexpr

```
type lexer struct {
    scan  scanner.Scanner
    token rune // 当前标记
}

func (lex *lexer) next()        { lex.token = lex.scan.Scan() }
func (lex *lexer) text() string { return lex.scan.TokenText() }

func (lex *lexer) consume(want rune) {
    if lex.token != want { // 注意：这不是一个好的错误处理示例
        panic(fmt.Sprintf("got %q, want %q", lex.text(), want))
    }
    lex.next()
}
```

让我们先看一下分析器。它有两个主要的函数，第一个是 read，它读取从当前标记开始的 S 表达式，并更新由可寻址的 reflect.Value v 指向的变量。

```
func read(lex *lexer, v reflect.Value) {
    switch lex.token {
        // 仅有的有效标识符是 "nil" 和结构体的字段名
        // "nil" and struct field names.
        if lex.text() == "nil" {
            v.Set(reflect.Zero(v.Type()))
            lex.next()
            return
        }
```

```
case scanner.String:
    s, _ := strconv.Unquote(lex.text()) // 注意：错误被忽略
    v.SetString(s)
    lex.next()
    return
case scanner.Int:
    i, _ := strconv.Atoi(lex.text()) // 注意：错误被忽略
    v.SetInt(int64(i))
    lex.next()
    return
case '(':
    lex.next()
    readList(lex, v)
    lex.next() // consume ')'
    return
}
panic(fmt.Sprintf("unexpected token %q", lex.text()))
}
```

S 表达式为两个不同的目的使用标识符：结构体的字段名和指针的 nil 值。read 函数只处理后一种情形。当它遇到 scanner.Ident "nil" 时，通过 reflect.Zero 函数把 v 设置为其类型的零值。对于其他标识符，则产生一个错误[⊖]。readList 函数（接下来马上要看到）则把标识符处理为结构字段名。

一个 '(' 标记代表一个列表的开始。第二个函数 readList 可把列表解码为多种类型：map、结构体、slice 或者数组，主要根据当前正在处理的 Go 变量类型。对于每种情形，都会循环解析内容直到遇到匹配的右括号 ')'，这个是由 endList 函数来检测的。

比较有趣的地方是递归。最简单的例子是一个数组。在遇到 ')' 之前，我们使用 Index 方法来获得数组的一个元素，再递归调用 read 来填充数据。与其他错误处理类似，如果输入数据导致解码器的下标超过了数组的大小，解码器崩溃。slice 的流程与数组比较类似，不同之处是先创建每一个元素变量，再填充，最后追加到 slice 中。

结构体和 map 在循环的每一轮中都必须解析一个关于 (key value) 的子列表。对于结构体，key 是用来定位字段的符号。与数组的情形类似，我们通过 FieldByName 函数来获得结构体字段的现有变量，再递归调用 read 来填充。对于 map，key 可以是任何类型。与 slice 类似，先创建新变量，递归地填充，最后再把新的键值对插入映射表中。

```
func readList(lex *lexer, v reflect.Value) {
    switch v.Kind() {
    case reflect.Array: // (item ...)
        for i := 0; !endList(lex); i++ {
            read(lex, v.Index(i))
        }

    case reflect.Slice: // (item ...)
        for !endList(lex) {
            item := reflect.New(v.Type().Elem()).Elem()
            read(lex, item)
            v.Set(reflect.Append(v, item))
        }
```

⊖ 根据代码，应该是直接忽略了。——译者注

```
        case reflect.Struct: // ((name value) ...)
            for !endList(lex) {
                lex.consume('(')
                if lex.token != scanner.Ident {
                    panic(fmt.Sprintf("got token %q, want field name", lex.text()))
                }
                name := lex.text()
                lex.next()
                read(lex, v.FieldByName(name))
                lex.consume(')')
            }

        case reflect.Map: // ((key value) ...)
            v.Set(reflect.MakeMap(v.Type()))
            for !endList(lex) {
                lex.consume('(')
                key := reflect.New(v.Type().Key()).Elem()
                read(lex, key)
                value := reflect.New(v.Type().Elem()).Elem()
                read(lex, value)
                v.SetMapIndex(key, value)
                lex.consume(')')
            }

        default:
            panic(fmt.Sprintf("cannot decode list into %v", v.Type()))
        }
    }

    func endList(lex *lexer) bool {
        switch lex.token {
        case scanner.EOF:
            panic("end of file")
        case ')':
            return true
        }
        return false
    }
```

最后，把解析器封装成如下所示的一个导出函数 Unmarshal，隐藏了实现中很多不完美之处。比如在解析过程中遇到错误会崩溃，因此 Unmarshal 使用一个延迟调用来从崩溃中恢复（见 5.10 节），并且返回一条错误消息。

```
// Unmarshal 解析 S 表达式数据并且填充到非 nil 指针 out 指向的变量
func Unmarshal(data []byte, out interface{}) (err error) {
    lex := &lexer{scan: scanner.Scanner{Mode: scanner.GoTokens}}
    lex.scan.Init(bytes.NewReader(data))
    lex.next() // 获取第一个标记
    defer func() {
        // 注意：这不是一个好的错误处理示例
        if x := recover(); x != nil {
            err = fmt.Errorf("error at %s: %v", lex.scan.Position, x)
        }
    }()
    read(lex, reflect.ValueOf(out).Elem())
    return nil
}
```

一个具备用于生产环境的质量的实现对任何的输入都不应当崩溃，而且应当对每次错误详细报告信息，可能的话，应当包含行号或者偏移量。无论如何，我们希望这个示例有助于了解 encoding/json 这类包的底层机制，以及如何使用反射来填充数据结构。

　　练习 12.8：类似于 json.UnMarshal 函数，sexpr.Unmarshal 函数在解码之前就需要完整的字节 slice。仿照 json.Decoder，定义一个 sexpr.Decoder 类型，允许从一个 io.Reader 接口解码一系列的值。使用这个新类型来重新实现 sexpr.Unmarshal。

　　练习 12.9：仿照 xml.Decoder（参考 7.14 节），写一个基于标记的 S 表达式解码 API。你需要 5 个类型的标记：Symbol、String、Int、StartList 和 Endlist。

　　练习 12.10：扩展 sexpr.Unmarshal，以处理练习 12.3 中按你的答案编码的布尔值、浮点数和接口。（提示：为了解码接口，你需要一个 map，其中包含每个支持类型从名字到 reflect.Type 的映射。）

12.7　访问结构体字段标签

　　在 4.5 节我们用结构体字段标签来修改 Go 结构值的 JSON 编码方式。json 字段标签让我们可以选择其他的字段名以及忽略输出的空字段。本节将讨论如何用反射来获取字段标签。

　　在一个 Web 服务器中，绝大部分 HTTP 处理函数的第一件事就是提取请求参数到局部变量中。我们将定义一个工具函数 params.Unpack，使用结构体字段标签来简化 HTTP 处理程序（参考 7.7 节）的编写。

　　首先，展示如何使用这个方法。下面的 search 函数就是一个 HTTP 处理函数，它定义一个变量 data，data 的类型是一个字段与 HTTP 请求参数对应的匿名结构。结构体的字段标签指定参数名称，这些名称一般比较短，含义也比较模糊，毕竟 URL 长度有限，不能随便浪费。Unpack 函数从请求中提取数据来填充这个结构体，这样不仅可以更方便地访问，还避免了手动转换类型。

gopl.io/ch12/search
```go
import "gopl.io/ch12/params"

// search 用于处理 /search URL endpoint.
func search(resp http.ResponseWriter, req *http.Request) {
    var data struct {
        Labels     []string `http:"l"`
        MaxResults int      `http:"max"`
        Exact      bool     `http:"x"`
    }
    data.MaxResults = 10 // 设置默认值
    if err := params.Unpack(req, &data); err != nil {
        http.Error(resp, err.Error(), http.StatusBadRequest) // 400
        return
    }

    // ...其他处理代码...
    fmt.Fprintf(resp, "Search: %+v\n", data)
}
```

　　下面的 Unpack 函数做了三件事情。首先，调用 req.ParseForm() 来解析请求。在这之后，req.Form 就有了所有的请求参数，这个方法对 HTTP GET 和 POST 请求都适用。

　　接着，Unpack 函数构造了一个从每个有效字段名到对应字段变量的映射。在字段有标签时有效字段名与实际字段名可能会有差别。reflect.Type 的 Field 方法会返回一个 reflect. StructField 类型，这个类型提供了每个字段的名称、类型以及一个可选的标签。它的 Tag 字段类型为 reflect.StructTag，底层类型为字符串，提供了一个 Get 方法用于解析和提取对于一个特定键的子串，比如这个例子中用到的 http:"..."。

gopl.io/ch12/params

```
// Unpack 从 HTTP 请求 req 的参数中提取数据填充到 ptr 指向结构体的各个字段
// from the HTTP request parameters in req.
func Unpack(req *http.Request, ptr interface{}) error {
    if err := req.ParseForm(); err != nil {
        return err
    }

    // 创建字段映射表，键为有效名称
    fields := make(map[string]reflect.Value)
    v := reflect.ValueOf(ptr).Elem() // 结构变量
    for i := 0; i < v.NumField(); i++ {
        fieldInfo := v.Type().Field(i) // a reflect.StructField
        tag := fieldInfo.Tag           // a reflect.StructTag
        name := tag.Get("http")
        if name == "" {
            name = strings.ToLower(fieldInfo.Name)
        }
        fields[name] = v.Field(i)
    }

    // 对请求中的每个参数更新结构体中对应的字段
    for name, values := range req.Form {
        f := fields[name]
        if !f.IsValid() {
            continue // 忽略不能识别的 HTTP 参数
        }
        for _, value := range values {
            if f.Kind() == reflect.Slice {
                elem := reflect.New(f.Type().Elem()).Elem()
                if err := populate(elem, value); err != nil {
                    return fmt.Errorf("%s: %v", name, err)
                }
                f.Set(reflect.Append(f, elem))
            } else {
                if err := populate(f, value); err != nil {
                    return fmt.Errorf("%s: %v", name, err)
                }
            }
        }
    }
    return nil
}
```

最后，Unpack 遍历 HTTP 参数中的所有键值对，并且更新对应的结构体字段。注意，同一个参数可能会出现多次。如果有这种情况并且字段是 slice 类型，则这个参数的所有值都会追加到 slice 里。如果不是，则这个字段会被多次覆盖，仅有最后一个值才是有效的。

populate 函数负责从单个 HTTP 请求参数值填充单个字段 v（或者 slice 字段中的单个元素）。现在，它仅支持字符串、有符号整数和布尔值。支持其他类型则留作练习。

```
func populate(v reflect.Value, value string) error {
    switch v.Kind() {
    case reflect.String:
        v.SetString(value)
```

```
    case reflect.Int:
        i, err := strconv.ParseInt(value, 10, 64)
        if err != nil {
            return err
        }
        v.SetInt(i)
    case reflect.Bool:
        b, err := strconv.ParseBool(value)
        if err != nil {
            return err
        }
        v.SetBool(b)
    default:
        return fmt.Errorf("unsupported kind %s", v.Type())
    }
    return nil
}
```

接着把 server 处理程序添加到一个 Web 服务器中。下面就是一个典型的交互过程：

```
$ go build gopl.io/ch12/search
$ ./search &
$ ./fetch 'http://localhost:12345/search'
Search: {Labels:[] MaxResults:10 Exact:false}
$ ./fetch 'http://localhost:12345/search?l=golang&l=programming'
Search: {Labels:[golang programming] MaxResults:10 Exact:false}
$ ./fetch 'http://localhost:12345/search?l=golang&l=programming&max=100'
Search: {Labels:[golang programming] MaxResults:100 Exact:false}
$ ./fetch 'http://localhost:12345/search?x=true&l=golang&l=programming'
Search: {Labels:[golang programming] MaxResults:10 Exact:true}
$ ./fetch 'http://localhost:12345/search?q=hello&x=123'
x: strconv.ParseBool: parsing "123": invalid syntax
$ ./fetch 'http://localhost:12345/search?q=hello&max=lots'
max: strconv.ParseInt: parsing "lots": invalid syntax
```

练习 12.11：写一个与 Unpack 对应的 Pack 函数。给定一个结构体的值，Pack 应当返回一个 URL，这个 URL 的参数与输入的结构体对应。

练习 12.12：扩展字段标签语法来支持参数有效性检验。比如，一个字符串应当是一个有效的 email 地址或者有效的信用卡号码，一个整数应当是一个有效的美国邮编⊖。修改 Unpack 函数来支持这些功能。

练习 12.13：修改 S 表达式编码器（参考 12.4 节）和解码器（参考 12.6 节），支持 sexpr:"..." 形式的字段标签，标签含义同 encoding/json 包（参考 4.5 节）。

12.8　显示类型的方法

最后一个反射示例使用 reflect.Type 来显示一个任意值的类型并枚举它的方法：

gopl.io/ch12/methods
```
// Print 输出值 x 的所有方法
func Print(x interface{}) {
    v := reflect.ValueOf(x)
    t := v.Type()
    fmt.Printf("type %s\n", t)
```

⊖　美国邮编为 5 位整数。——译者注

```
    for i := 0; i < v.NumMethod(); i++ {
        methType := v.Method(i).Type()
        fmt.Printf("func (%s) %s%s\n", t, t.Method(i).Name,
            strings.TrimPrefix(methType.String(), "func"))
    }
}
```

reflect.Type 和 reflect.Value 都 有 一 个 叫 作 Method 的 方 法。 每 个 t.Method(i)（从 reflect.Type 调用）都会返回一个 reflect.Method 类型的实例，这个结构类型描述了这个方法的名称和类型。而每个 v.Method(i)（从 reflect.Value 调用）都会返回一个 reflect.Value，代表一个方法值（6.4 节），即一个已绑定接收者的方法。使用 reflect.Value.Call 方法可以调用 Func 类型的 Value（为节省版面，这里就不演示了），但这个程序只需要它的类型。

下面就是两个类型 time.Duration 和 *strings.Replacer 的方法列表：

```
methods.Print(time.Hour)
// 输出:
// type time.Duration
// func (time.Duration) Hours() float64
// func (time.Duration) Minutes() float64
// func (time.Duration) Nanoseconds() int64
// func (time.Duration) Seconds() float64
// func (time.Duration) String() string

methods.Print(new(strings.Replacer))
// 输出:
// type *strings.Replacer
// func (*strings.Replacer) Replace(string) string
// func (*strings.Replacer) WriteString(io.Writer, string) (int, error)
```

12.9 注意事项

还有很多反射 API，但限于篇幅原因，这里不再展示，但之前的示例揭示了反射能做哪些事情。反射是一个功能和表达能力都很强大的工具，但应该谨慎使用它，具体有三个原因。

第一个原因是基于反射的代码是很脆弱的。能导致编译器报告类型错误的每种写法，在反射中都有一个对应的误用方法。编译器在编译时就能向你报告这个错误，而反射错误则要等到执行时才以崩溃的方式来报告，而这可能是代码写好很久以后，甚至是代码开始执行很久以后才会发生的事。

比如，如果 readList 函数（参考 12.6 节）尝试从输入读取一个字符串然后填充一个 int 类型的变量，那么调用 reflect.Value.SetString 就会崩溃。很多使用反射的程序都有类似的风险，所以对每一个 reflect.Value 都需要仔细注意它的类型、是否可寻址、是否可设置。

回避这种缺陷的最好办法是确保反射的使用完整地封装在包里边，并且如果可能，在包的 API 中避免使用 reflect.Value，尽量使用特定的类型来确保输入是合法的值。如果做不到这点，那就需要在每个危险操作前都做额外的动态检查。作为标准库中的一个示例，当 fmt.Printf 遇到操作数类型不合适时，它不会莫名奇妙地崩溃，而是输出一条描述性的错误消息。尽管程序仍然有 bug，但定位起来就简单多了。

```
fmt.Printf("%d %s\n", "hello", 42) // "%!d(string=hello) %!s(int=42)"
```

反射还降低了自动重构和分析工具的安全性与准确度，因为它们无法检测到类型信息。

　　避免使用反射的第二个原因是类型其实也算是某种形式的文档，而反射的相关操作则无法做静态类型检查，所以大量使用反射的代码是很难理解的。对于接受 interface{} 或者 reflect.Value 的函数，一定要写清楚期望的参数类型和其他限制条件（即不变量）。

　　第三个原因是基于反射的函数会比为特定类型优化的函数慢一两个数量级。在一个典型的程序中，大部分函数与整体性能无关，所以为了让程序更清晰可以使用反射。测试就很合适使用反射，因为大部分测试都使用小数据集。但对于关键路径上的函数，则最好避免使用反射。

低 级 编 程

Go 语言的设计确保了一些安全的属性从而限制了 Go 程序可能"出错"的途径。在编译期间，类型检查检测那些尝试把结果赋给不正确类型的操作，例如，从一个字符串减去另一个字符串。严格的类型转换规则阻止了直接对内置类型字符串、map、slice 和通道的内部访问。

对于那些无法静态检测的错误，例如数组访问越界或者 nil 指针引用，动态检测确保程序在一个禁止的操作发生的时候立即终止并给出错误提示信息。自动内存管理（垃圾回收）防止了"释放后使用"的 bug，以及大多数的内存泄漏。

很多实现的细节是无法通过 Go 程序来访问的。对于聚合类型（如结构体）的内存布局或者一个函数对应的机器码，就无法了解识别出当前运行的 goroutine 所在的线程也不可行。事实上，Go 协程调度器可以自由地将 goroutine 从一个线程移动到另一个线程。指针会识别所引用的变量，而不用暴露出变量的地址。在垃圾回收的过程中，变量地址会被移动，同时指针也会透明地更新。

总之，这些特性使得 Go 程序（尤其是那些出错的程序）比起 C 来行为更加可预测并且减少了神秘性。通过隐藏底层细节，它们可以使得 Go 程序高度可移植，因为语言的语义很大程度上独立于任何特定的编译器、操作系统或者 CPU 架构。（并非完全独立，有一些细节漏掉了，例如处理器的字宽度，某些表达式的计算顺序，以及强加给编译器的限制性实现。）

偶尔，我们会选择放弃一些有益的保障来实现最可能的高性能，和以其他语言编写的库进行交互或者实现一个无法使用纯 Go 描述的函数。

本章将揭示包 unsafe 如何让我们打破常规，以及如何使用 cgo 工具来为 C 函数库和系统调用创建 Go 语言的绑定。

本章所讲述的内容不可以滥用。如果对细节部分不深思熟虑，将会带来各种不可预测的、奇怪的、非局部性错误，C 语言的程序员经常碰到这些问题。使用 unsafe 包中的内容也无法保证和 Go 未来的发布版兼容，因为无论是无意还是有意，这个包里面的内容都会依赖一些未知的实现细节，而它们可能发生未知的变化。

包 unsafe 是很神奇的，虽然它像普通的包并且像普通包那样导入，但是它事实上是由编译器实现的。它提供了对语言内置特性的访问功能，而这些特性一般是不可见的，因为它们暴露了 Go 详细的内存布局。把这些特性单独放在一个包中，就使得它们的本来就不频繁的使用场合变得更加引入注目。另外，一些环境下，出于安全原因，unsafe 包的使用是受限制的。

包 unsafe 广泛使用在和操作系统交互的低级包（比如 runtime、os、syscall 和 net）中，但是普通程序从来不需要使用它。

13.1 unsafe.Sizeof、Alignof 和 Offsetof

函数 unsafe.Sizeof 报告传递给它的参数在内存中占用的字节长度，这个参数可以是任何类型的表达式，不会计算表达式。Sizeof 调用返回一个 uintptr 类型的常量表达式，所以这个结果可以作为数组类型的维度或者用于计算其他的常量。

```
import "unsafe"
fmt.Println(unsafe.Sizeof(float64(0))) // "8"
```

Sizeof 仅报告每个数据结构固定部分的内存占用的字节长度，例如指针或者字符串的长度，但是不会报告诸如字符串内容这种间接内容。非聚合类型的典型长度如下所示，当然准确的长度随工具链的不同而不同。为了可移植性，我们将以字来表示引用类型（或者包含引用的类型）的长度。在 32 位系统上，字的长度是 4 个字节；而在 64 位系统上，字的长度是 8 个字节。

在类型的值在内存中对齐的情况下，计算机的加载或者写入会很高效。例如，一个两字节值（如 int16）的地址应该是一个偶数，一个四字节值（如 rune）的地址应该是 4 的整数倍，一个八字节值（如 float64、uint64 或者 64 位指针）的地址应该是 8 的整数倍。更大整数倍的对齐很少见，即使是像 complex128 这种大的数据类型。

因此，聚合类型（结构体或数组）的值的长度至少是它的成员或元素长度之和，并且由于"内存间隙"的存在，或许比这个更大一些。内存空位是由编译器添加的未使用的内存地址，用来确保连续的成员或者元素相对于结构体或数组的起始地址是对齐的。

类型	大小
bool	1 个字节
int*N*、uint*N*、float*N*、complex*N*	*N* / 8 字节（例如 float64 是 8 字节）
int、uint、uintptr	1 个字
*T	1 个字
string	2 个字（数据、长度）
[]T	3 个字（数据、长度、容量）
map	1 个字
func	1 个字
chan	1 个字
interface	两个字（类型、值）

语言规范并没有要求成员声明的顺序对应内存中的布局顺序，所以在理论上，编译器可以自由安排。尽管这样说，但是实际上没人这样做。如果结构体成员的类型是不同的，那么将相同类型的成员定义在一起可以更节约内存空间。例如下面的三个结构体拥有相同的成员，但是第一个定义比其他两个定义要多占至多 50% 的内存。

```
                             // 64位      32位
struct{ bool; float64; int16 }  // 3 个字    4 个字
struct{ float64; int16; bool }  // 两个字    3 个字
struct{ bool; int16; float64 }  // 两个字    3 个字
```

对齐算法的细节已经超出本书的范围了，同时不值得担心每个结构体的内存布局，但是在为高效组合的数据结构经常分配内存的时候可以更加紧凑、快速。

函数 unsafe.Alignof 报告它参数类型所要求的对齐方式。和 Sizeof 一样，它的参数可以是任意类型的表达式，并且返回一个常量。典型地，布尔类型和数值类型对齐到它们的长度（最大 8 字节），而其他的类型则按字对齐。

函数 unsafe.Offsetof，计算成员 f 相对于结构体 x 起始地址的偏移值，如果有内存空位，也计算在内，该函数的操作数必须是一个成员选择器 x.f。

图 13-1 演示了一个结构体变量 x 和它在典型的 32 位和 64 位系统上的内存布局。灰色

的部分都是内存空位。

```
var x struct {
    a bool
    b int16
    c []int
}
```

 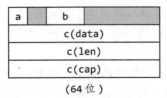

图 13-1   结构体中的内存空位

下面的代码演示了对结构体 x 以及 x 的三个成员调用 unsafe 的三个函数的结果：

在典型的 32 位平台上：

```
Sizeof(x)   = 16  Alignof(x)   = 4
Sizeof(x.a) = 1   Alignof(x.a) = 1   Offsetof(x.a) = 0
Sizeof(x.b) = 2   Alignof(x.b) = 2   Offsetof(x.b) = 2
Sizeof(x.c) = 12  Alignof(x.c) = 4   Offsetof(x.c) = 4
```

在典型的 64 位平台上：

```
Sizeof(x)   = 32  Alignof(x)   = 8
Sizeof(x.a) = 1   Alignof(x.a) = 1   Offsetof(x.a) = 0
Sizeof(x.b) = 2   Alignof(x.b) = 2   Offsetof(x.b) = 2
Sizeof(x.c) = 24  Alignof(x.c) = 8   Offsetof(x.c) = 8
```

虽然它们的名字叫作 unsafe，但是这些函数本身是安全的，并且在做内存优化的时候，它们对理解程序底层内存布局很有帮助。

13.2   unsafe.Pointer

很多指针类型都写作 *T，意思是"一个指向 T 类型变量的指针"。unsafe.Pointer 类型是一种特殊类型的指针，它可以存储任何变量的地址。当然，我们无法间接地通过一个 unsafe.Pointer 变量来使用 *p，因为我们不知道这个表达式的具体类型。和普通的指针一样，unsafe.Pointer 类型的指针是可比较的并且可以和 nil 做比较，nil 是指针类型的零值。

一个普通的指针 *T 可以转换为 unsafe.Pointer 类型的指针，另外一个 unsafe.Pointer 类型的指针也可以转换回普通指针，而且可以不必和原来的类型 *T 相同。例如，通过转换一个 *float64 类型的指针到 *uint64 类型，可以查看一下浮点类型变量的位模式：

```
package math

func Float64bits(f float64) uint64 { return *(*uint64)(unsafe.Pointer(&f)) }

fmt.Printf("%#016x\n", Float64bits(1.0)) // "0x3ff0000000000000"
```

也可以通过结果指针来更新位模式。这个对一个浮点类型的变量来说是无害的，但是通常使用 unsafe.Pointer 进行类型转换可以让我们将任意值写入内存中，并因此破坏了类型系统。

unsafe.Pointer 类型也可以转换为 uintptr 类型，uintptr 类型保存了指针所指向地址的数值，这就可以让我们对地址进行数值计算。（回忆一下第 3 章，uintptr 类型是一个足够大的无符号整型，可以用来表示任何地址。）这种转换当然也可以反过来，但是这种从 uintptr 到 unsafe.Pointer 的转换也会破坏类型系统，因为并不是所有的数值都是合法的内存地址。

很多 unsafe.Pointer 类型的值都是从普通指针到原始内存地址以及再从内存地址到普通指针进行转换的中间值。下面的例子获取变量 x 的地址，然后加上其成员 b 的地址偏移量，并将结果转换为 *int16 指针类型，接着通过这个指针更新 x.b 的值。

gopl.io/ch13/unsafeptr

```
var x struct {
    a bool
    b int16
    c []int
}

// 等代于 to pb := &x.b
pb := (*int16)(unsafe.Pointer(
    uintptr(unsafe.Pointer(&x)) + unsafe.Offsetof(x.b)))
*pb = 42

fmt.Println(x.b) // "42"
```

虽然这种语法看上去很冗长，这或许也不是坏事，因为这些特性不应该被随意使用，但是不要尝试引入 uintptr 类型的临时变量来破坏整行代码。下面这段代码是不正确的：

```
// 注意：很微妙的错误
tmp := uintptr(unsafe.Pointer(&x)) + unsafe.Offsetof(x.b)
pb := (*int16)(unsafe.Pointer(tmp))
*pb = 42
```

原因很微妙。一些垃圾回收器在内存中把变量移来移去以减少内存碎片或者为了进行簿记工作。这种类型的垃圾回收器称为移动的垃圾回收器。当一个变量在内存中移动后，该变量所指向旧地址的所有指针都需要更新以指向新地址。从垃圾回收器的角度看，unsafe.Pointer 是一个变量的指针，当变量移动的时候，它的值也需要改变，而 uintptr 仅仅是一个数值，所以它的值是不会变的。上面的错误代码使得垃圾回收器无法通过到非指针变量 tmp 了解它背后的指针。当第二条语句执行的时候，变量 x 可能在内存中已经移动了，这个时候 tmp 中的值就不是变量 &x.b 的地址了。第三条语句将向一个任意的内存地址写入值 42。

上面的问题会导致很多其他的错误写法。例如在这条语句执行之后，将没有指针指向 new 创建的那个变量。

```
pT := uintptr(unsafe.Pointer(new(T))) // 注意：错误
```

在这种情况下，垃圾回收器将会在语句执行结束后回收内存，在这之后，pT 存储的是变量旧的地址，不过这个时候这个地址对应的已经不是那个变量了。

当前版本的 Go 实现没有使用移动垃圾回收器（尽管未来可能会），但是不要暗自庆幸，因为当前版本的 Go 确实会在内存中移动变量。回忆一下 5.2 节，goroutine 栈会根据需要增长。这个时候，旧栈上面的所有的变量会重新分配到新的、更大的栈上面，所以我们不能指望变量的地址值在它的整个生命周期都不会变。

在本书撰写的时候，在将 unsafe.Pointer 转换为 uintptr 之后，并没有什么清晰的指导意见可以让 Go 程序员参考（可以看 Go issue 7192），所以我们强烈建议你遵守最小可用原则。可认为所有的 uintptr 值都包含一个变量的旧地址，并且减少 unsafe.Pointer 到 uintptr 之间的转换到使用这个 uintptr 之间的操作次数。在上面的第一个例子中，转换为 uintptr，加上成员地址偏移量，然后再转换回来，都是在一条语句中实现的。

当调用一个返回 uintptr 类型的库函数时，例如下面 reflect 包中函数所返回的值，这些结果应该立刻转换为 unsafe.Pointer 来确保它们在接下来的代码中继续指向同一个变量。

```
package reflect
func (Value) Pointer() uintptr
func (Value) UnsafeAddr() uintptr
func (Value) InterfaceData() [2]uintptr // （索引 1）
```

13.3 示例：深度相等

包 reflect 中的 DeepEqual 函数用来报告两个变量的值是否"深度"相等。DeepEqual 函数对基本类型使用内置的 == 操作符进行比较；对于组合类型，它逐层深入比较相应的元素。因为这个函数适合于任意一对变量值，甚至是那些无法通过 == 来进行比较的值，所以这个函数在测试中广泛使用。下面的测试使用 DeepEqual 来比较两个 []string 类型的值：

```
func TestSplit(t *testing.T) {
    got := strings.Split("a:b:c", ":")
    want := []string{"a", "b", "c"};
    if !reflect.DeepEqual(got, want) { /* ... */ }
}
```

虽然 DeepEqual 很方便，但是它的特点就是判断过于武断。例如，它不会认为一个值为 nil 的 map 和一个值不为 nil 的空 map 相等，也不会判断出一个值为 nil 的 slice 和一个值不为 nil 的空 slice 相等。

```
var a, b []string = nil, []string{}
fmt.Println(reflect.DeepEqual(a, b)) // "false"

var c, d map[string]int = nil, make(map[string]int)
fmt.Println(reflect.DeepEqual(c, d)) // "false"
```

在本节，我们将定义一个函数 Equal 来比较两个任意类型的值。和 DeepEqual 类似，它基于值来比较 slice 和 map，但是和 DeepEqual 不同的是，它认为一个值为 nil 的 slice 或 map 和一个值不为 nil 的空 slice 或 map 相等。对参数的基本递归检查可以通过反射来实现，方式和 12.3 节看过的 Display 程序类似。和平常一样，我们定义一个未导出函数 equal 用来进行递归检查。现在不用关心参数 seen。对于每对进行比较的值 x 和 y，equal 函数检查两者是否合法以及它们是否具有相同的类型。函数的结果通过 switch 的 case 语句返回，在 case 语句中比较两个相同类型的值。为了节约篇幅，我们目前已经很熟悉的类型就省略了。

gopl.io/ch13/equal
```
func equal(x, y reflect.Value, seen map[comparison]bool) bool {
    if !x.IsValid() || !y.IsValid() {
        return x.IsValid() == y.IsValid()
    }
    if x.Type() != y.Type() {
        return false
    }
    // ...省略了循环检查（参见后面）...

    switch x.Kind() {
    case reflect.Bool:
        return x.Bool() == y.Bool()
```

```
    case reflect.String:
        return x.String() == y.String()

    // ...为了简洁，数值类型就省略了...

    case reflect.Chan, reflect.UnsafePointer, reflect.Func:
        return x.Pointer() == y.Pointer()

    case reflect.Ptr, reflect.Interface:
        return equal(x.Elem(), y.Elem(), seen)

    case reflect.Array, reflect.Slice:
        if x.Len() != y.Len() {
            return false
        }
        for i := 0; i < x.Len(); i++ {
            if !equal(x.Index(i), y.Index(i), seen) {
                return false
            }
        }
        return true

    // ...为了简洁，结构体和map类型就省略了...
    }
    panic("unreachable")
}
```

和通常一样，在 API 中不暴露使用反射的细节，所以导出的 Equal 函数必须对参数显式调用 reflect.ValueOf 函数。

```
// Equal 函数检查 x 和 y 是否深度相等
func Equal(x, y interface{}) bool {
    seen := make(map[comparison]bool)
    return equal(reflect.ValueOf(x), reflect.ValueOf(y), seen)
}

type comparison struct {
    x, y unsafe.Pointer
    t    reflect.Type
}
```

为了确保算法终止甚至可以对循环数据结构进行比较，它必须记录哪两对变量已经比较过了，并且避免再次进行比较。Equal 函数分配了一个叫作 comparison 的结构体集合，每个元素都包含两个变量的地址（使用 unsafe.Pointer 值表示）以及比较的类型。除了变量的地址外，还需要记录比较的类型，因为不同的变量可能拥有相同的地址。例如，如果 x 和 y 都是数组，x 和 x[0] 的地址是一样的，当然 y 和 y[0] 的地址也一样，这个时候区分开是比较了 x 和 y 还是比较了 x[0] 和 y[0] 就很重要。

当 equal 发现它的两个参数类型相同的时候，在执行 switch 语句进行比较之前，它检查这两个变量是否已经比较过了，如果已经比较过，则终止这次递归比较。

```
// 循环检查
if x.CanAddr() && y.CanAddr() {
    xptr := unsafe.Pointer(x.UnsafeAddr())
    yptr := unsafe.Pointer(y.UnsafeAddr())
    if xptr == yptr {
        return true // identical references
    }
    c := comparison{xptr, yptr, x.Type()}
```

```
        if seen[c] {
            return true // already seen
        }
        seen[c] = true
    }
```

这里是 Equal 函数的实际例子：

```
fmt.Println(Equal([]int{1, 2, 3}, []int{1, 2, 3}))         // "true"
fmt.Println(Equal([]string{"foo"}, []string{"bar"}))       // "false"
fmt.Println(Equal([]string(nil), []string{}))              // "true"
fmt.Println(Equal(map[string]int(nil), map[string]int{}))  // "true"
```

它甚至适用于循环输入，这和 12.3 节使得 Display 函数在循环中卡住的循环输入类似。

```
// 循环链表 a -> b -> a 和 c -> c
type link struct {
    value string
    tail  *link
}
a, b, c := &link{value: "a"}, &link{value: "b"}, &link{value: "c"}
a.tail, b.tail, c.tail = b, a, c
fmt.Println(Equal(a, a)) // "true"
fmt.Println(Equal(b, b)) // "true"
fmt.Println(Equal(c, c)) // "true"
fmt.Println(Equal(a, b)) // "false"
fmt.Println(Equal(a, c)) // "false"
```

练习 13.1：定义一个深度比较函数，该函数把数值（任何类型）之间的差小于 10^{-9} 视为相等。

练习 13.2：编写一个函数来判断它的参数是否是一个循环数据结构体。

13.4 使用 cgo 调用 C 代码

一个 Go 程序或许需要调用用 C 实现的硬件驱动程序，查询一个用 C++ 实现的嵌入式数据库，或者使用一些以 Fortran 实现的线性代数协程。C 作为一种编程混合语言已经很久了，所以无论那些广泛使用的包是哪种语言实现的，它们都导出了和 C 兼容的 API。

在本节，我们将使用 cgo 来构建一个简单的数据压缩程序，cgo 是用来为 C 函数创建 Go 绑定的工具。诸如此类的工具都叫作外部函数接口（FFI），并且 cgo 不是 Go 程序唯一的工具。SWIG（swig.org）是另一个工具；它提供了更加复杂的特性用来集成 C++ 的类，但是这里不打算演示。

标准库的 compress/... 子包中提供了流行压缩算法的压缩器和解压缩器，包括 LZW（UNIX 工具 compress 使用的算法）和 DEFLATE（GNU 工具 gzip 使用的算法）。这些包中的 API 有些许的不同，但是它们都提供一个对 io.Writer 的封装用来对写入的数据进行压缩，并且还有一个对 io.Reader 的封装，当从中读取数据的同时进行解压缩。例如：

```
package gzip // compress/gzip

func NewWriter(w io.Writer) io.WriteCloser
func NewReader(r io.Reader) (io.ReadCloser, error)
```

bzip2 算法基于优雅的 Burrows-Wheeler 变换，它比 gzip 运行起来慢但是可以得到更好的压缩效果。包 compress/bzip2 提供了 bzip2 的解压缩器，但是目前该包还没有提供压缩功能。从头开始开发工作量较大，但是恰好有一个文档完善且高性能的的开源 C 语言实现：来自 bzip.org 的 libbzip2 包。

如果 C 库很小，我们可以使用纯 Go 语言来移植它，并且如果性能对我们来说不是很关键，我们最好使用包 os/exec 以辅助子进程的方式来调用 C 程序。仅当你需要使用拥有有限 C API 并且复杂的、性能关键的库时，使用 cgo 来把它们包装成 Go 语言的绑定才有意义。本节剩下的部分将通过一个例子来说明。

从 C 的包 libbzip2 中，我们需要结构体类型 bz_stream，这个结构体包含输入和输出缓冲区，以及三个 C 函数：BZ2_bzCompressInit，它用来分配流的缓冲区；BZ2_bzCompress，它用来压缩输入缓冲区中的数据并写出到输出缓冲区；以及 BZ2_bzCompressEnd，它用来释放缓冲区。（不用担心 libbzip2 包的工作机制，本例的目的就是演示各部分如何一起工作。）

我们从 Go 语言中直接调用 C 函数 BZ2_bzCompressInit 和 BZ2_bzCompressEnd，但是对于 BZ2_bzCompress 函数，我们使用 C 语言定义个了包装函数，来演示它如何使用。下面的 C 源文件和 Go 代码都在包中：

gopl.io/ch13/bzip

```c
/* 文件是 gopl.io/ch13/bzip/bzip2.c */
/* 对 libbzip2 的简单包装适合 cgo    */
#include <bzlib.h>

int bz2compress(bz_stream *s, int action,
                char *in, unsigned *inlen, char *out, unsigned *outlen) {
    s->next_in = in;
    s->avail_in = *inlen;
    s->next_out = out;
    s->avail_out = *outlen;
    int r = BZ2_bzCompress(s, action);
    *inlen -= s->avail_in;
    *outlen -= s->avail_out;
    return r;
}
```

现在我们来看 Go 代码，第一部分如下所示。声明 import "C" 很特别。没有包的名字是 C，但是这个导入会在 Go 编译器看到它之前促使 go build 利用 cgo 工具预处理文件。

```go
// 包 bzip 封装了一个使用 bzip2 压缩算法的 writer(bzip.org)
package bzip

/*
#cgo CFLAGS: -I/usr/include
#cgo LDFLAGS: -L/usr/lib -lbz2
#include <bzlib.h>
int bz2compress(bz_stream *s, int action,
                char *in, unsigned *inlen, char *out, unsigned *outlen);
*/
import "C"
import (
    "io"
    "unsafe"
)

type writer struct {
    w      io.Writer // 基本输出流
    stream *C.bz_stream
    outbuf [64 * 1024]byte
}
```

```
// NewWriter 对于 bzip2 压缩的流返回一个 writer
func NewWriter(out io.Writer) io.WriteCloser {
    const (
        blockSize  = 9
        verbosity  = 0
        workFactor = 30
    )
    w := &writer{w: out, stream: C.bz2alloc()}
    C.BZ2_bzCompressInit(w.stream, blockSize, verbosity, workFactor)
    return w
}
```

在预处理过程中，cgo 产生一个临时包，这个包里面包含了所有 C 函数和类型对应的 Go 语言声明，例如 C.bz_stream 和 C.BZ2_bzCompressInit。cgo 工具通过以一种特殊的方式调用 C 编译器 import "C" 声明之前的注释来发现这些类型。

这些注释还可以包含 #cgo 指令用来指定 C 工具链中其他的选项。CFLAGS 和 LDFLAGS 的值将为编译器和链接器命令指定额外的参数，用来发现头文件 bzlib.h 和归档库 libbz2.a。这个例子假定它们都在系统的 /usr 目录下。根据个人的安装情况，你或许需要修改或者删除这些标记。

NewWriter 调用 C 函数 BZ2_bzCompressInit 来初始化流的缓冲区。这个 writer 类型包含一个额外的缓冲区用来耗尽解压缩器的输出缓冲区。

下面所示的 Write 方法将未压缩的数据写入压缩器中，然后在一个循环中调用 bz2compress 函数，直到所有的数据压缩完毕。注意，Go 程序可以访问 C 的类型（比如 bz_stream、char 和 uint），C 的函数（比如 bz2compress），甚至是类似 C 的预处理宏的对象（例如 BZ_RUN），都通过 C.x 的方式来访问。即使类型 C.uint 和 Go 的 uint 的长度相同，它们的类型也不同。

```
func (w *writer) Write(data []byte) (int, error) {
    if w.stream == nil {
        panic("closed")
    }
    var total int // 写入的未压缩字节
    for len(data) > 0 {
        inlen, outlen := C.uint(len(data)), C.uint(cap(w.outbuf))
        C.bz2compress(w.stream, C.BZ_RUN,
            (*C.char)(unsafe.Pointer(&data[0])), &inlen,
            (*C.char)(unsafe.Pointer(&w.outbuf)), &outlen)
        total += int(inlen)
        data = data[inlen:]
        if _, err := w.w.Write(w.outbuf[:outlen]); err != nil {
            return total, err
        }
    }
    return total, nil
}
```

每次循环都会将剩余 data 的地址和长度，以及 w.outbuf 的地址和容量传递给函数 bz2compress。两个表示长度的变量是通过它们的地址来传递的，而不是值，这样 C 函数就可以更新它们以此了解压缩了多少数据以及生成了多少压缩后的数据。然后把每块压缩后的数据写入底层 io.Writer。

Close 方法和 Write 方法结构相似，使用一个循环来将任何剩余的压缩后的数据从输出流缓冲区写入底层。

```go
// Close 方法清空压缩的数据并关闭流
// 它不会关闭底层的 io.Writer
func (w *writer) Close() error {
    if w.stream == nil {
        panic("closed")
    }
    defer func() {
        C.BZ2_bzCompressEnd(w.stream)
        C.bz2free(w.stream)
        w.stream = nil
    }()
    for {
        inlen, outlen := C.uint(0), C.uint(cap(w.outbuf))
        r := C.bz2compress(w.stream, C.BZ_FINISH, nil, &inlen,
            (*C.char)(unsafe.Pointer(&w.outbuf)), &outlen)
        if _, err := w.w.Write(w.outbuf[:outlen]); err != nil {
            return err
        }
        if r == C.BZ_STREAM_END {
            return nil
        }
    }
}
```

完成之后，`Close` 方法调用 `C.BZ2_bzCompressEnd` 来释放流缓冲区，使用 `defer` 来确保所有路径返回后一定会释放资源。在这个时候，`w.stream` 指针就不能安全地解引用了。为了安全，把它设置为 `nil`，并且为每个方法调用都添加显式的 `nil` 检查，这样如果用户在 `Close` 之后错误地调用一个方法该程序就会宕机。

不但 `writer` 不是并发安全的，而且并发调用 `Close` 和 `Write` 也会导致 C 代码崩溃。在练习 13.3 中修复它。

下面的程序 bzipper 是一个使用了新包的 bzip2 压缩器命令。它和很多 UNIX 系统上面的 bzip2 命令相似。

gopl.io/ch13/bzipper
```go
// Bzipper 读取输入，使用 bzip2 压缩然后输出数据
package main

import (
    "io"
    "log"
    "os"

    "gopl.io/ch13/bzip"
)

func main() {
    w := bzip.NewWriter(os.Stdout)
    if _, err := io.Copy(w, os.Stdin); err != nil {
        log.Fatalf("bzipper: %v\n", err)
    }
    if err := w.Close(); err != nil {
        log.Fatalf("bzipper: close: %v\n", err)
    }
}
```

在下面的部分，使用 bzipper 来压缩 /usr/share/dict/words 文件，这个文件是系统的字典，我们把它从 938 848 个字节压缩到 335 495 个字节，将近是原来的 1/3 大小，然后再使

用系统命令 bunzip2 来解压缩它。我们检查压缩前和解压缩后的文件发现它们的 SHA256 散列值是一致的，因此我们相信我们实现的压缩器是正确的。（如果你系统上面没有 sha256sum 命令，那么使用练习 4.2 的答案。）

```
$ go build gopl.io/ch13/bzipper
$ wc -c < /usr/share/dict/words
938848
$ sha256sum < /usr/share/dict/words
126a4ef38493313edc50b86f90dfdaf7c59ec6c948451eac228f2f3a8ab1a6ed -
$ ./bzipper < /usr/share/dict/words | wc -c
335405
$ ./bzipper < /usr/share/dict/words | bunzip2 | sha256sum
126a4ef38493313edc50b86f90dfdaf7c59ec6c948451eac228f2f3a8ab1a6ed -
```

我们演示了如何将 C 库链接进 Go 程序中。反过来，可以将 Go 程序编译为静态库然后链接进 C 程序中，也可以编译为动态库通过 C 程序来加载和共享。这里仅讲解了 cgo 很浅显的知识，另外关于内存管理、指针、回调、信号处理、字符串、错误处理、析构器以及 goroutine 和系统线程的关系等还有很多内容，其中很多内容都很微妙。尤其是，正确地从 GO 传递指针给 C 以及反向传递的过程都很复杂，原因和 13.2 节讨论过的内容相似，并且当前也还没有权威的解释。如果想了解更多的内容，可以访问 https://golang.org/cmd/cgo。

练习 13.3：使用 sync.Mutex 来使得 bzip.writer 在多 goroutine 的情况下可以安全使用。

练习 13.4：依赖 C 函数库的实现是有缺点的。请使用另外一个 bzip.NewWriter 的纯 Go 实现，它使用 os/exec 包将 /bin/bzip2 作为一个子进程执行。

13.5   关于安全的注意事项

上一章结尾对反射接口的使用方法给出了警告。这些警告对于本章讲解的包 unsafe 更加适用。

高级语言将程序、程序员和神秘的机器指令集隔离开来，并且也隔离了诸如变量在内存中的存储位置，数据类型有多大，数据结构的内存布局，以及关于机器的其他实现细节。由于这个隔离层的存在，我们可以编写安全健壮的代码并且不加改动就可以在任何操作系统上运行。

包 unsafe 可以让程序员穿透这层隔离去使用一些关键的但通过其他方式无法使用到的特性，或者是为了实现更高的性能。付出的代价通常就是程序的可移植性和安全性，所以当你使用 unsafe 的时候就得自己承担风险。对于如何使用以及何时使用 unsafe 包的功能，建议参考 11.5 节引用的 Knuth 对于过早优化的评论。大多数程序员永远都不需要使用 unsafe 包。当然，偶尔还是存在这种情况，其中一些关键代码最好还是通过 unsafe 来写。如果在仔细研究和评估后确认 unsafe 包是最佳的选择，那么还是尽可能地限制在小范围内使用，这样大多数的程序就不会了解它在哪里使用。

从现在开始，可以将最后两章放到脑后了。开始写一些 Go 程序，避免使用 reflect 和 unsafe 包，只在你必须使用的时候再复习这两章。

开始快乐地使用 Go 编程吧。我们希望你和我们一样喜欢用 Go 来编程。